21世纪高等教育环境工程系列教材

环境工程设计基础

主　编　邱贤华　杨　莉
参　编　熊贞晟　王白杨
　　　　熊　辉　叶　皓
主　审　魏立安

机械工业出版社

本书是根据作者近20年来的教学实践，并考虑环境工程专业学生在课程设计、毕业设计方面以及相关工程技术人员的需求编写的。本书力求既顾及全面，又简明扼要；既重视教学要求，又注意工程实用。本书的内容包括：绪论，环境工程设计制图基础，环境工程设计资料收集与准备，建设项目工程分析及概预算，污水处理工艺选择与设计计算，废气、噪声、固体废物处理设计计算实例。附图为环境工程设计中常用的一些图，以供读者参考。

本书既是一本教学用书，又可作为工具书；既有一定的理论深度，又有较强的实用性；既适合环境专业工作者参考阅读，又可满足本科生与研究生不同层次读者的需求，同时还可作为环境工程设计人员的培训教材。

图书在版编目（CIP）数据

环境工程设计基础/邱贤华，杨莉主编. —北京：机械工业出版社，2015.3（2026.2重印）

21世纪高等教育环境工程系列教材

ISBN 978-7-111-50884-7

Ⅰ.①环… Ⅱ.①邱… ②杨… Ⅲ.①环境工程-设计-高等学校-教材 Ⅳ.①X505

中国版本图书馆CIP数据核字（2015）第162644号

机械工业出版社（北京市百万庄大街22号 邮政编码100037）

策划编辑：马军平 责任编辑：马军平 臧程程 版式设计：霍永明

责任校对：张 薇 封面设计：路恩中 责任印制：郜 敏

河北虎彩印刷有限公司印刷

2026年2月第1版第9次印刷

184mm×260mm · 13.25印张 · 323千字

标准书号：ISBN 978-7-111-50884-7

定价：39.00元

电话服务

客服电话：010-88361066

010-88379833

010-68326294

网络服务

机 工 官 网：www.cmpbook.com

机 工 官 博：weibo.com/cmp1952

金 书 网：www.golden-book.com

机工教育服务网：www.cmpedu.com

前　言

“环境工程设计基础”作为高等教育教学环节的一个组成部分，其目的是使学生巩固已学过的专业知识，初步确立正确的环境保护指导思想，综合运用所学的知识，培养学生全面考虑和解决实际问题的能力，提高设计计算、制图、应用计算机等方面的基本技能，提高运用文献、技术资料和工具书的能力。

本书是根据编者近20年来教学实践和收集使用的教学资料，并考虑环境工程专业学生在课程设计、毕业设计方面以及相关工程技术人员的需求编写的。本书力求既顾及全面，又简明扼要；既重视教学要求，又注意工程实用。本书既是一本教学用书，又可作为工具书；既有一定的理论深度，又有较强的实用性；既适合环境专业工作者参考阅读，又可满足本科生与研究生不同层次读者的需求，同时还可作为环境工程设计人员的培训教材。

本书由南昌航空大学的邱贤华、杨莉主编，熊贞晟、王白杨、熊辉、叶皓参与了本书的编写。南昌航空大学的魏立安教授审阅了书稿，并提出了许多有建设性的意见和建议，在此深表谢意。在本书编写过程中，南昌航空大学环境工程专业的郑吕哲、张绍泽、苏翔宇、周悦梅四位同学参与了校稿与部分图的绘制，在此表示感谢。

由于作者水平有限，疏漏与不足之处在所难免，敬请读者给予批评和指正。

编　者

目　　录

第1章 绪 论

1

《建设项目环境保护管理条例》于1998年11月18日国务院第10次常务会议通过，于1998年11月29日正式颁布并且实施。总则明确规定，建设产生污染的建设项目，必须遵守污染物排放的国家标准和地方标准；在实施重点污染物排放总量控制的区域内，还必须符合重点污染物排放总量控制的要求。工业建设项目应当采用能耗物耗小、污染物产生量少的清洁生产工艺，合理利用自然资源，防止环境污染和生态破坏。改建、扩建项目和技术改造项目必须采取措施，治理与该项目有关的原有环境污染和生态破坏。这为环境工程设计奠定了基础，建设项目针对自身产生的污染必须进行治理，而合理的设计原则和方案对于污染治理有着至关重要的指导作用。

1.1 环境工程设计的范围和规定

1.1.1 环境工程设计范围及要求

环境工程设计的范围很广泛，贯穿于整个环境工程建设过程中，在环境工程前期阶段，包括环境工程的立项、工程可行性研究报告、环境影响评价、编制设计任务书、制订方案等，都必须有设计人员的参与。在工程施工阶段，环境工程施工的依据只能是环境工程设计图及其他有关文件，而且强调必须严格按图（设计）施工。施工的材料、处理设备等必须符合工程设计文件中的材料设备表和设计图要求。在环境工程后期，处理设备的试运行、测试、验收、鉴定、工程总结和竣工图，也必须有设计人员参加。图1-1表示了我国工程项目管理程序图。

1.1.2 环境工程设计规定

1987年3月20日，国家计划委员会、国务院环境保护委员会颁布《建设项目环境保护设计规定》，该规定根据《中华人民共和国环境保护法（试行）》及《建设项目环境保护管理办法》等制定，它规定环境保护设计必须遵循国家有关环境保护法律、法规，合理开发和充分利用各种自然资源，严格控制环境污染，保护和改善生态环境。环境保护设计必须按国家规定的设计程度进行，执行环境影响报告书（表）的编审制度，执行防治污染及其他公害的设施与主体工程同时设计、同时施工、同时投产的“三同时”制度。

1.2 环境工程设计阶段划分

环境工程设计必须按照阶段进行，并严格按照设计要求完善各阶段的设计内容。环境工程设计分为前期工作和工程设计两部分，其中建议书和可行性研究报告编制属于前期工作，如图 1-2 所示。

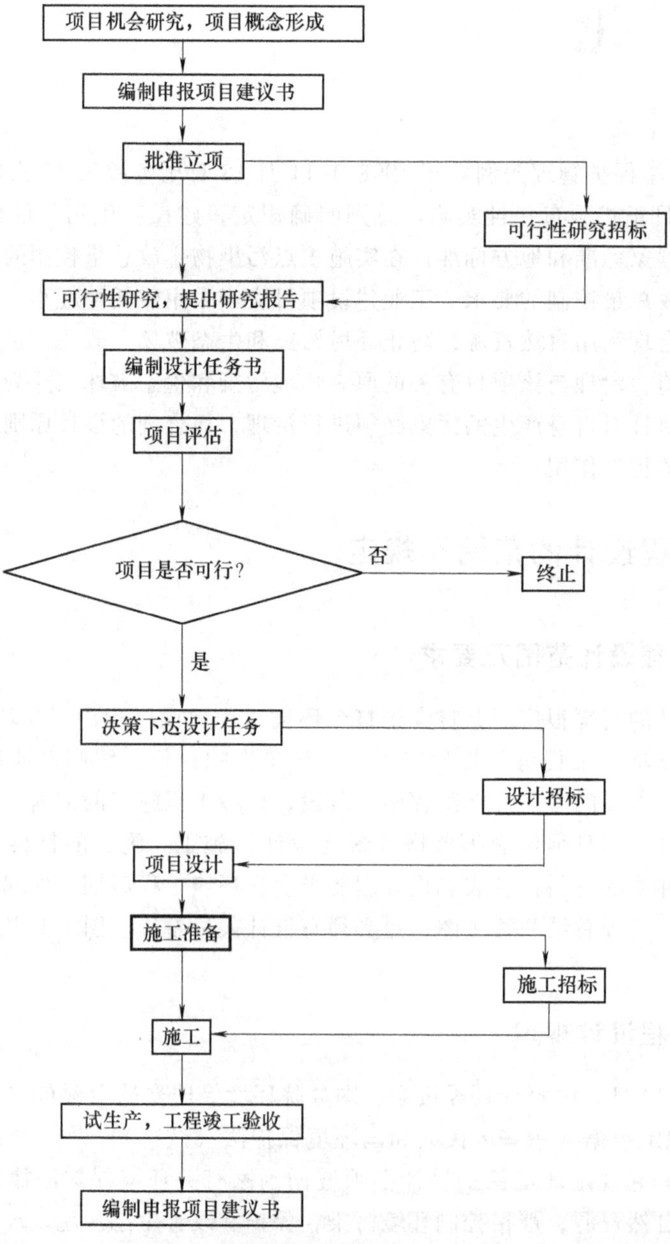

图 1-1　工程项目管理程序图

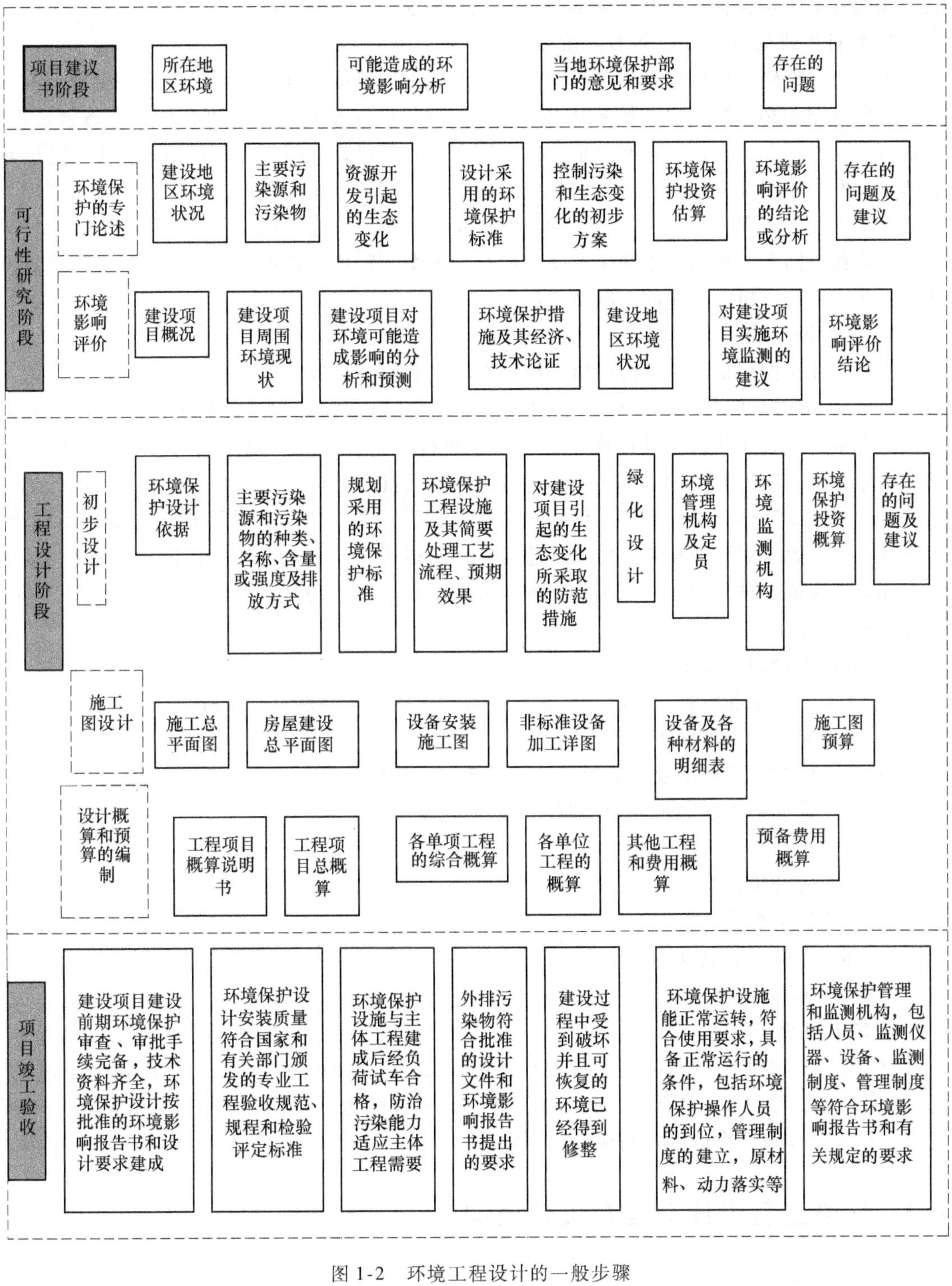

图 1-2 环境工程设计的一般步骤

1. 项目建议书阶段

项目建议书中应根据建设项目的性质、规模、建设地区的环境现状等有关资料，对建设项目建成投产后可能造成的环境影响进行简要说明，其主要内容有所在地区的环境现状、可能造成的环境影响分析、当地环保部门的意见和要求、存在的问题。

2. 可行性研究（设计任务书）阶段

工程可行性研究应以批准的项目建议书和委托书为依据，其主要任务是：在充分调查研究、评价预测和必要的勘察工作基础上，对项目建设的必要性、技术可行性、经济合理性、实施可能性进行综合性的研究和论证，对不同建设方案进行比较，作出该项目是否可行的正确结论，并推荐建设方案。在可行性研究报告书中，应有环境保护的专门论述，其主要内容有建设地区的环境现状、主要污染源和主要污染物、资源开发可能引起的生态变化、设计采用的环境保护标准、控制污染和生态变化的初步方案、环境保护投资估算、环境影响评价的结论或环境影响分析、存在的问题及建议。

3. 初步设计阶段

初步设计应根据批准的可行性研究报告进行编制，应明确工程规模、建设目的、投资效益、设计原则和标准，深化设计方案，确定拆迁、征地范围和数量，提出设计中存在的问题、注意事项及有关建议，其深度应能控制工程投资，满足编制施工图设计、主要设备订货、招标及施工准备的要求。当无条件获得该项目已批准的可行性研究报告时，可用已批准该项目的方案设计作为依据。初步设计文件应包括设计说明书、设计图样、主要工程数量、主要材料设备数量和工程概算。另外，建设项目的初步设计必须有环境保护篇（章），具体落实环境影响报告书（表）及其应审批意见所确定的各项环境保护措施。环境保护篇（章）包含下列主要内容：

1）环境保护设计依据。

2）主要污染源和污染物的种类、名称、数量、含量或强度及排放方式。

3）规划采用的环境保护标准。

4）环境保护工程设施及其简要处理工艺流程、预期效果。

5）对建设项目引起的生态变化所采取的防范措施。

6）绿化设计。

7）环境管理机构及定员。

8）环境监测机构。

9）环境保护投资概算。

10）存在的问题及建议。

4. 施工图设计阶段

建设项目环境保护设施的施工图设计，必须按已批准的初步设计文件及其环境保护篇（章）所确定的各种措施和要求进行。施工图设计文件应包括设计说明书、设计图样、工程数量、材料设备表、修正概算或施工图预算。

1.3 环境工程设计分类及设计原则

1.3.1 环境工程设计分类

环境工程设计主要按照投资额和专业来划分，具体分类方法见表 1-1，一般设计类型都是综合性的，如中型水污染防治工程设计。

表 1-1 环境工程设计分类方法

分类方法	分类内容	备 注
投资额	特大型、大型、中型、小型	投资额在500万元以下的称为小型工程设计,500万元~2000万元称为中型工程设计,2000万元以上称为大型工程设计,超过亿元的称为特大型工程设计
专业	水污染防治工程设计	工业废水治理、城镇污水处理、污(废)水回用
	大气污染防治工程设计	工业锅炉烟气治理、发电锅炉烟气治理、工业窑炉烟气治理、其他工业废气治理
	固体废物处理处置与资源化工程设计	一般工业固体废物处理与利用、危险废物处理处置、医疗废物处置、城镇生活垃圾处置、焚烧工程、卫生填埋工程、堆肥工程
	物理性污染防治工程设计	噪声与振动治理、电磁污染防治
	污染修复工程设计	污染水体、土壤、矿山修复等工程

1.3.2 环境工程设计原则

根据《建设项目环境保护设计规定》，环境工程设计原则如下：

1. 选址与总图布置

1）建设项目的选址或选线，必须全面考虑建设地区的自然环境和社会环境，对选址或选线地区的地理、地形、地质、水文、气象、名胜古迹、城乡规划、土地利用、工农业布局、自然保护区现状及其发展规划等因素进行调查研究，并在收集建设地区的大气、水体、土壤等基本环境要素背景资料的基础上进行综合分析论证，制订最佳的规划设计方案。

2）凡排放有毒有害废水、废气、废渣（液）、恶臭、噪声、放射性元素等物质或因素的建设项目，严禁在城市规划确定的生活居住区、文教区，水源保护区、名胜古迹、风景游览区、温泉、疗养区和自然保护区等界区内选址。铁路、公路等的选线，应尽量减轻对沿途自然生态的破坏和污染。

3）排放有毒有害气体的建设项目应布置在生活居住区污染系数最小方位的上风侧，排放有毒有害废水的建设项目应布置在当地生活饮用水水源的下游，废渣堆置场地应与生活居住区及自然水体保持规定的距离。

4）环境保护设施用地应与主体工程用地同时选定。

5）产生有毒有害气体、粉尘、烟雾、恶臭、噪声等物质或因素的建设项目与生活居住区之间，应保持必要的卫生防护距离，并采取绿化措施。

6）建设项目的总图布置，在满足主体工程需要的前提下，宜将污染危害最大的设施布置在远离非污染设施的地段，然后合理地确定其余设施的相应位置，尽可能避免互相影响和污染。

7）新建项目的行政管理和生活设施，应布置在靠近生活居住区的一侧，并作为建设项目的非扩建端。

8）建设项目的主要烟囱（排气筒），火炬设施，有毒有害原料、成品的贮存设施，装卸站等，宜布置在厂区常年主导风向的下风侧。

9）新建项目应有绿化设计，其绿化覆盖率可根据建设项目的种类不同而异，城市内的建设项目应按当地有关绿化规划的要求执行。

2. 污染防治

（1）污染防治原则

1）工艺设计应积极采用无毒无害或低毒低害的原料，采用不产生或少产生污染的新技术、新工艺、新设备，最大限度地提高资源、能源利用率，尽可能在生产过程中把污染物减少到最低限度。

2）建设项目的供热、供电及供煤气的规划设计应根据条件尽量采用热电结合、集中供热或联片供热、集中供应民用煤气的建设方案。

3）环境保护工程设计应因地制宜地采用行之有效的治理和综合利用技术。

4）应采取各种有效措施，避免或抑制污染物的无组织排放。如：①设置专用容器或其他设施，用以回收采样、溢流、事故、检修时排出的物料或废弃物；②设备、管道等必须采取有效的密封措施，防止物料跑、冒、滴、漏；③粉状或散装物料的贮存、装卸、筛分、运输等过程应设置抑制粉尘飞扬的设施。

5）废弃物的输送及排放装置宜设置计量、采样及分析设施。

6）废弃物在处理或综合利用过程中，如有二次污染物产生，还应采取防止二次污染的措施。

7）建设项目产生的各种污染或污染因素，必须符合国家或省、自治区、直辖市颁布的排放标准和有关法规后，方可向外排放。

8）贮存、运输、使用放射性物质及放射性废弃物的处理，必须符合《放射性防护规定》和《放射性同位素工作卫生防护管理办法》等的要求。

（2）废气、粉尘污染防治

1）凡在生产过程中产生有毒有害气体、粉尘、酸雾、恶臭、气溶胶等物质，宜设计成密闭的生产工艺和设备，尽可能避免敞开式操作。如果向外排放，还应设置除尘、吸收等净化设施。

2）各种锅炉、炉窑、冶炼等装置排放的烟气，必须设有除尘、净化设施。

3）含有易挥发物质的液体原料、成品、中间产品等贮存设施，应有防止挥发物质逸出的措施。

4）开发和利用煤炭的建设项目，其设计应符合《关于防治煤烟型污染技术政策的规定》。

5）废气中所含的气体、粉尘及余能等，其中有回收利用价值的，应尽可能地回收利用，无利用价值的应采取妥善处理措施。

（3）废水污染防治

1）建设项目的设计必须坚持节约用水的原则，生产装置排出的废水应合理回收，重复利用。

2）废水的输送设计，应按清污分流的原则，根据废水的水质、水量、处理方法等因素，通过综合比较，合理划分废水输送系统。

3）工业废水和生活污水（含医院污水）的处理设计，应根据废水的水质、水量及其变化、处理后的水质要求及地区特点等，确定最佳处理方法和流程。

4）拟定废水处理工艺时，应优先考虑利用废水、废气、废渣（液）等进行“以废治废”的综合治理。

5）废水中所含的各种物质，如固体物质、重金属及其化合物、易挥发性物体、酸或碱类、油类及余能等，凡有利用价值的应考虑回收或综合利用。

6）工业废水和生活废水（含医院污水）排入城市排水系统时，其水质应符合有关排入城市下水道的水质标准的要求。

7）输送有毒有害或有腐蚀性物质的废水的沟渠、地下管线检查井等，必须采取防渗漏和防腐蚀措施。

8）水质处理应选用无毒、低毒、高效或污染较轻的水处理药剂。

9）对受纳水体造成热污染的排水，应采取防止热污染的措施。

10）原（燃）料露天堆场，应有防止雨水冲刷、物料流失而造成污染的措施。

11）经常受有害物质污染的装置、作业场所的墙壁和地面的冲洗水及受污染的雨水，应排入相应的废水管网。

12）严禁采用渗井、渗坑、废矿井或用净水稀释等手段排放有毒有害废水。

（4）废渣（液）污染防治

1）废渣（液）的处理设计应根据废渣（液）的数量、性质，并结合地区特点等，进行综合比较，确定其处理方法。对有利用价值的，应考虑采取回收或综合利用措施；对没有利用价值的，可采取无害化堆置或焚烧等处理措施。

2）废渣（液）的临时贮存，应根据排出量、运输方式、利用或处理能力等情况，妥善设置堆场、贮罐等缓冲设施，不得任意堆放。

3）不同的废渣（液）宜分别单独贮存，以便管理和利用。两种或两种以上废渣（液）混合贮存时，应符合下列要求：①不产生有毒有害物质及其他有害化学反应；②有利于贮存或综合处理。

4）废渣（液）的输送设计，应有防止污染环境的措施。输送含水量大的废渣和高浓液时，应采取措施避免沿途滴洒。有毒有害废渣、易扬尘废渣的装卸和运输，应采取密闭和增湿等措施，防止发生污染和中毒事故。

5）生产装置及辅助设施、作业场所，污水处理设施等排出的各种废渣（液）必须收集并进行处理，不得采取任何方式排入自然水体或任意抛弃。

6）可燃质废渣（液）的焚烧处理，应符合下列要求：①焚烧所产生的有害气体必须有相应的净化处理设施；②焚烧后的残渣应有妥善的处理设施。

7）含有可溶性剧毒的废渣禁止直接埋入地下或排入地面水体。设计此类废渣的堆场时，必须设有防水、防渗漏或防止扬散的措施，还须设置堆场雨水或渗出液的收集处理和采样监测设施。

8）一般工业废渣、废矿石、尾矿等，可设置堆场或尾矿坝进行堆存，但应设置防止粉尘飞扬、淋沥水与溢流水、自燃等各种危害的有效措施。

9）含有贵重金属的废渣宜视具体情况采取回收处理措施。

（5）噪声控制

1）噪声控制首先控制噪声源，选用低噪声的工艺和设备，必要时还应采取相应控制措施。

2）管道设计，应合理布置并采用正确的结构，防止产生振动和噪声。

3）总体布置应综合考虑声学因素，合理规划，利用地形、建筑物等阻挡噪声传播，并合理分隔吵闹区和安静区，避免或减少高噪声设备对安静区的影响。

4）建设项目产生的噪声对周围环境的影响应符合有关城市区域环境噪声标准的规定。

思考题与习题

1. 环境工程设计阶段如何划分？
2. 环境工程设计原则有哪些？
3. 环境工程设计分为哪些类型？

2

第2章 环境工程设计制图基础

环境工程专业到目前为止还没有出台专门的制图标准，这是因为环境工程本身就是一门交叉学科，涉及的方面很多。比如一项污水治理工程主要涉及土建、管道等，在制图上一般参考建筑制图标准和给水排水制图标准，而一项大气污染控制工程主要涉及设备、管道等，在制图上参考机械制图标准更为合适。环境工程专业制图应符合国家最新发布的相关标准GB/T 50001—2010《房屋建筑制图统一标准》GB/T 50106—2010《建筑给水排水制图标准》、GB/T 14665—2012《机械制图 CAD制图规则》。

环境工程图是表达环境工程设施的结构形状、大小、位置、材料及有关技术要求等的图样，以供交流设计和施工人员按图施工，一般有基本图（平面图、高程图、剖面图及轴测图等）和详图。与建筑工程图一样，亦具有小比例、多详图、多图例等特点。

由于环境工程系统的组成各有特点，所以它们的工程图样也要针对其特点采用适当的图示方法。例如，对于水处理构筑物及设备，可像一般工程物体一样，使用工程制图中通常采用的多面正投影图、假想剖切等图示方法来表达；对于管道部分，除在构筑物工艺图、详图等中的管道以外，由于管道长度大而直径小，且横断面形状变化不多，所以常采用不同线型的单线或附加字母的单线来表示，且对管道上的附件、配件、一些小型构筑物及室内的卫生器具采用各种图例符号来表示，不画出其真实的投影图。本章主要讨论环境工程图，重点是水处理工程图的图示方法和特点，通过这些内容的学习，使读者掌握环境工程图阅读和绘制的基本方法。

2.1 制图基本知识

2.1.1 图纸幅面与标题栏

1. 图纸幅面

根据工程图样的大小和复杂程度，需采用不同尺寸的图纸幅面。为了便于图纸的装订、复制、管理和交流，国标对图纸的幅面大小作了规定见表2-1。

图纸图框格式，可分为需要装订和不需要装订的两种。一般工程的图纸都需要装订，如图2-1、图2-2所示的格式，其中 a 为装订边尺寸，c 为内框与外框的距离。表2-1中的 e 是指不需要装订的图纸内框与外框的距离。

表 2-1 图纸幅面和格式 （单位：mm）

幅面代号	A0	A1	A2	A3	A4
$B \times L$	841×1189	594×841	420×594	297×420	210×297
e	20		10		
c	10			5	
a	25				

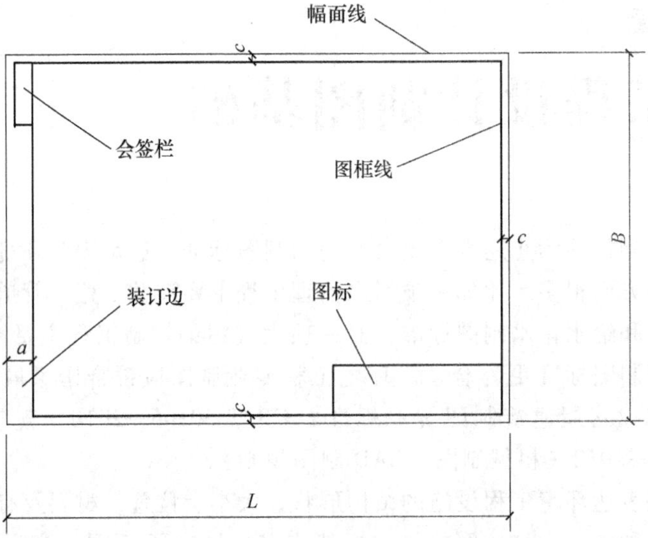

图 2-1 A0～A3 横式图框格式

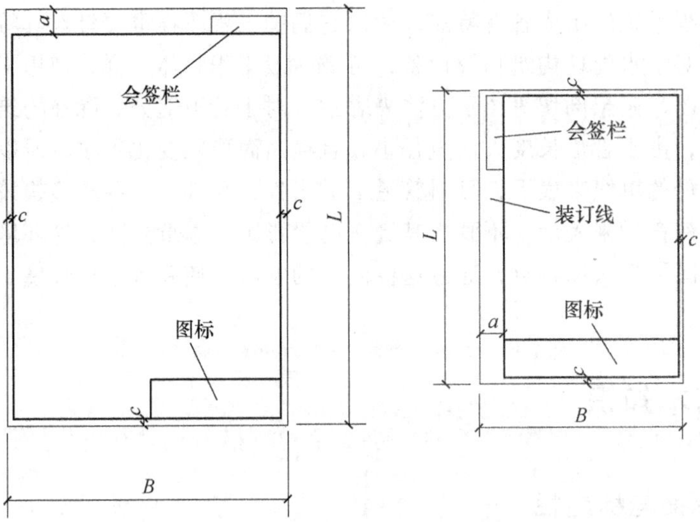

图 2-2 A0～A4 立式图框格式

2. 标题栏

标题栏应放置在图纸右下角，应包括设计单位名称区、签字区、工程名称区、图名区和图号区。标题栏格式有多种形式，其中毕业设计中常采用 A1、A2、A3 三种幅面，并不需要画出会签栏。图 2-3 所示是会签栏的格式，标题栏的注意事项有：

1）图幅不限的情况主要是印刷的标准图纸（由于制版关系）和几张图纸拼接而成。

2）选用图纸幅面时，应以一种规格图纸为主，尽量避免幅面掺杂使用。

3）国内工程图标宽 180mm，高 40mm；国外工程图标宽 180mm，高 50mm，如图 2-4 所示。

毕业设计建议采用图 2-5 所示的格式（供参考），图框线、标题栏外框线和标题栏分格线的线宽要符合表 2-2 所列的规定。

图 2-3　会签栏

图 2-4　图标格式

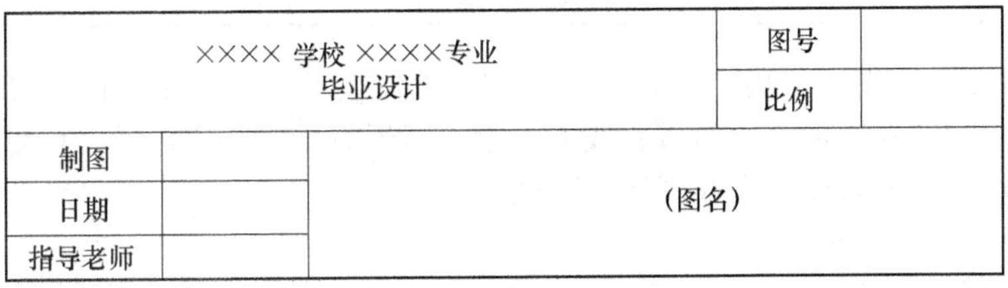

图 2-5　标题栏形式

表 2-2　图框和标题栏的线宽　（单位：mm）

图幅代号	图线框	标题栏	
		外框线	分格线
A0、A1	1.4	0.7	0.35
A2、A3、A4	1.0	0.7	0.35

2.1.2　比例

1. 方式

1）数字比例尺，工程图上常用。

2）直线比例尺，用带数字的线段表示，标明直线上每单位长度代表实地上多少距离，地形图上常用。

2. 一般规定

（1）给水排水工程图比例

1）给水排水工程图所用的比例，参见表 2-3 规定选用。

表 2-3　给水排水工程图比例

名　称	比　例
区域规划图	1:50000、1:10000、1:5000、1:2000
区域位置图	1:10000、1:5000、1:2000、1:1000
厂区（小区）平面图	1:2000、1:1000、1:500、1:200
管道纵断面图	横向 1:1000、1:500；纵向 1:200、1:100

（续）

名　称	比　例
水处理厂（站）平面图	1:1000、1:500、1:200、1:100
水处理流程图	无比例
水处理高程图	无比例
水处理构筑物平剖面图	1:60、1:50、1:40、1:30、1:10
泵房平剖面图	1:100、1:60、1:50、1:40、1:30
室内给水排水平面图	1:300、1:200、1:100、1:50
给水排水系统图	1:200、1:100、1:50
设备加工图	1:100、1:50、1:40、1:30、1:20、1:10、1:2、1:1
部件、零件详图	1:50、1:40、1:30、1:20、1:10、1:5、1:3、1:2、1:1、2:1

2）给水排水工程图一般用（阿拉伯）数字比例尺表示比例，注写位置要求如下：某图的比例与图名一起放在图形下面的横粗线上；整张图纸只用一个比例时，可以注写在图标内图名的下面；详图比例须注写在详图图名右侧。

（2）机械（设备）图比例

1）绘制机械图样的比例参见表 2-4。

2）同一部件或设备的不同视图，应采用相同的比例。

3）当在图样上绘制直径或厚度小于 2.0mm 的孔或薄壁以及较小的斜度和锥度时，允许该部分不按比例画出。

表 2-4　机械图的比例（n 为正整数）

与实物相同	1:1
缩小的比例	1:2；1:2.5；1:3；1:4；1:5；$1:10^n$；$1:2\times10^n$；$1:5\times10^n$
放大的比例	2:1；2.5:1；4:1；5:1；10:1；$10^n:1$

2.1.3　图线

图面的各种线条，可采用表 2-5 所列的线型。图样中所用各种图线的宽度，可根据粗实线的宽度 b 而定，在 $b=0.4\sim1.2$mm 范围内选用（按图形大小与复杂程度），同一图样中同类型线条的宽度应基本上保持一致。

1）实线、虚线、点画线一般分为粗、中、细线，折断线、波浪线为细线。

2）点画线、虚线首末两端应为线段；相交时，应交于线段处；线段及间距保持一致。

3）折断线：采用直线折断的折断线必须经过全部被折断的图面，折断符号应在被折断的图面以内。圆形的构件应采用曲线折断。图 2-6、图 2-7 分别是直线折断、圆形构造折断示意图。

4）波浪线：为局部需要表示构造层次时，可以画波浪线，以表示其内部构造。图 2-8 为局部构造折断示意图。

2.1.4　字体

基本要求：

1）书写字体必须做到：字体工整、笔画清楚、间隔均匀、排列整齐。

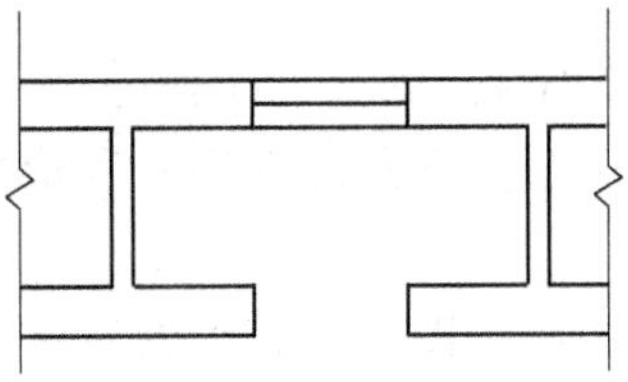

图 2-6　直线折断

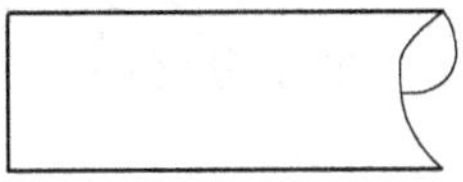

图 2-7　圆形构造折断

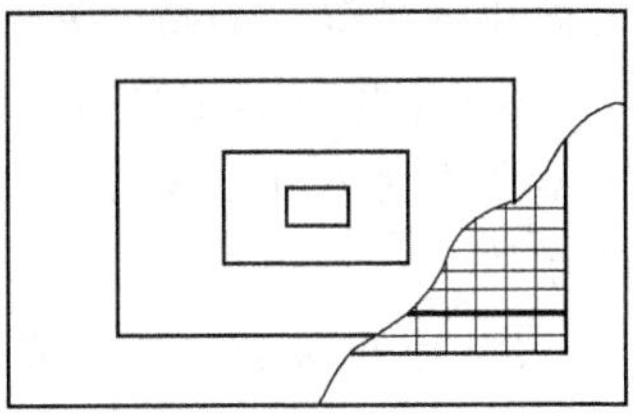

图 2-8　局部构造折断

表 2-5　图线形式（$b=0.4\sim1.2$mm）

序号	名称		线型	宽度	适用范围
1	实线	粗实线		b	1. 双线管道轮廓线 2. 单线管路线 3. 轴测管路线 4. 剖切线 5. 图名线 6. 钢筋线 7. 机械图可见轮廓线 8. 图标、图框的外框线
2	实线	中实线		$b/2$	1. 工艺图构筑物轮廓线 2. 结构图构筑物轮廓线
3	实线	细实线		$b/4$	1. 尺寸线、尺寸界线 2. 剖面线 3. 引出线 4. 重合剖面轮廓线 5. 辅助线 6. 展开图中表面光滑过渡线 7. 展开弯折线 8. 相同要素表示线 9. 零件局部的放大范围线 10. 图标、表格的分格线
4	虚线（首末或相交处应为线段）	粗虚线		b	1. 双线管道不可见轮廓线 2. 不可见钢筋线
5	虚线（首末或相交处应为线段）	中虚线		$b/2$	1. 构筑物不可见轮廓线 2. 机械图不可见轮廓线
6	虚线（首末或相交处应为线段）	细虚线		$b/4$	土建图中已被剖去的示意位置线
7	点画线（首末或相交处应为线段）	粗点画线		b	平面图上起重机轨道线
8	点画线（首末或相交处应为线段）	中点画线		$b/2$	结构平面图上构件（屋架、层面梁、楼面梁、基础梁、边系梁、过梁等）布置线
9	点画线（首末或相交处应为线段）	细点画线		$b/4$	1. 中心线 2. 定位轴线
10	折断线			$b/4$	折断线

2）字体高度（用 h 表示）的公称尺寸系列为：1.8mm、2.5mm、3.5mm、5mm、7mm、10mm、14mm、20mm。如需要书写更大的字，其字体高度应按 $\sqrt{2}$ 的比率递增。字体高度代表字体的号数。

3）汉字应写成长仿宋体字，并应采用国务院正式公布推行的《汉字简化方案》中规定的简化字。汉字的高度 h 不应小于 3.5mm，其字宽一般为 $h/\sqrt{2}$。

4）字母和数字分 A 型和 B 型。A 型字体的笔画宽度（d）为字高（h）的十四分之一，B 型字体的笔画宽度（d）为字高（h）的十分之一。在同一图样上，只允许选用一种形式的字体。

5）字母和数字可写成斜体和直体，但不可斜体、直体混杂，应全图统一。通常数字字高为 3.5mm 或 2.5mm；字母字高为 5mm、3.5mm 或 2.5mm；说明文字及表格中的文字字高为 5mm 或 7mm；各图形下的图名及标题栏（简称图标）中的图名字高为 10mm 或 7mm。斜体字字头向右倾斜，与水平基准线成 75°。

6）大标题、图册封面等中的汉字，可书写成更大的字。既可写成长仿宋体，又可采用其他字体。若用长仿宋体，其高度应按$\sqrt{2}$的比例递增；若写成其他字体，除大小应适宜外，还应该易于辨认。环境工程专业图中，除采用长仿宋体外，较常采用隶书书写大标题及图册封面。

2.1.5 尺寸注写规则

1. 尺寸注写的基本规则

1）尺寸界线应自图形的轮廓线、轴线或中心线处引出，与尺寸线垂直并略超出尺寸线约 2mm。

2）轮廓线、轴线或中心线也可以作为尺寸界线。

3）一般情况下尺寸界线应与尺寸线垂直，当尺寸界线与其他图线有重叠情况时，允许将尺寸界线倾斜引出；图 2-9 是尺寸注写示意图。

4）尺寸线应尽量不与其他图线相交，安排平行尺寸线时，应使小尺寸在内，大尺寸在外。

5）轮廓线、轴线、中心线或延长线，均不可作为尺寸线使用。

6）尺寸数字应根据其读数的方向注写在靠近尺寸线上方中部，且相距 1mm。如没有足够的注写位置，最外边的尺寸数字可注写在尺寸界线的外侧，中间相邻的尺寸数字可引出注写，如图 2-10 所示。

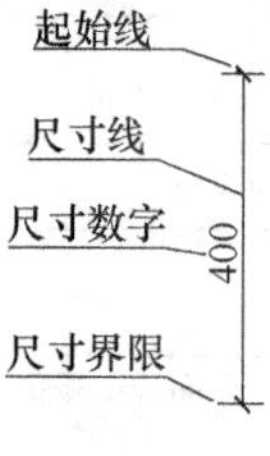

图 2-9 尺寸注写示意图

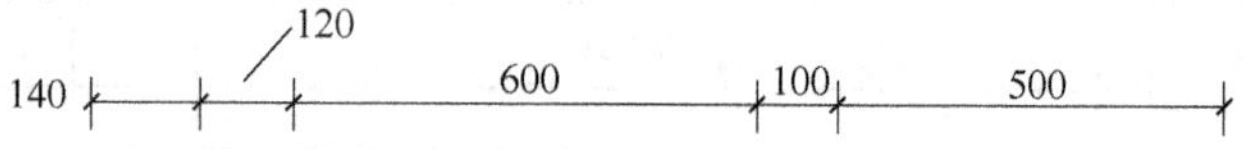

图 2-10 尺寸数字的注写

2. 单位

工程图中除标高及总平面图中以米（m）为单位外，其余一般均以毫米（mm）为单位，特殊情况下需用其他单位时须注明计量单位。

3. 构筑物或零件的真实大小

应以图样上所注的尺寸为依据，与图形的大小及绘图的准确度无关。

4. 尺寸标注

一个图形中每一个尺寸一般仅标注一次，但在实际需要时也可重复注出。

2.1.6　标高

一般地形图是以大地水准面，即把多年平均海水面作为零点，它又称为水准面。各地面点与大地水准面的垂直距离，称为绝对高程。各测量点与当地假定的水准面的垂直距离，称为相对高程。目前，我国水准点的高程已规定以青岛水准原点为依据，按 1965 年计算结果，原点高程定为高出黄海平均海水面 72.29m。

标高符号以倒三角加水平线形式表达。在特殊情况下，注写数字的地方不够时，可用引出线（垂直于倒三角底边）移出水平线；总平面图上室外整平标高，必须以全部涂黑的三角形标高符号表示，如图 2-11 所示。

图 2-11　标高标注示意图

在立面图及剖面图上，标高符号的尖端可向上指或向下指，注写的数字可在横线上边或下边；在一个详图中，如需同时表示几个不同的标高时，除一个标高外，其他几个标高可注写在括弧内，如图 2-12 所示。

图 2-12　立面图、剖面图、详图标高标注示意图

标高的标注方式符合下列规定。

1）压力管道应标注管中心的标高；沟渠和重力流管道宜标注沟（管）内底的标高，如图 2-13a 所示。

2）在平面图中，管道标高应按图 2-13b 所示的方式标注；沟渠标高应按图 2-14 所示的方式标注。

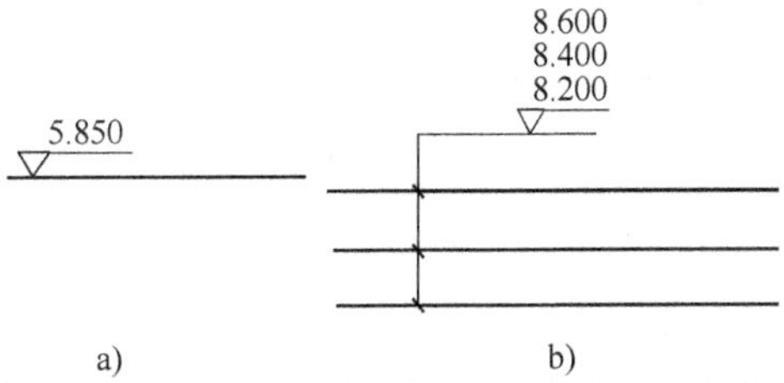

图 2-13　平面图中管道标高的标注

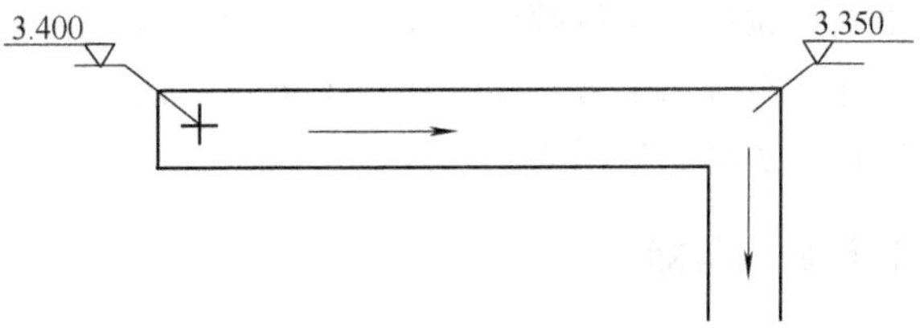

图 2-14　平面图中沟渠标高的标注

3）在剖面图中，管道及水位的标高应按图 2-15 所示的方式标注。

4）在轴测图中，管道标高应按图 2-16 所示的方式标注。

各种水处理构筑物均应注明其主要结构部位标高，如池顶、池底、出水堰等。必须注明主要水位标高，如进出口水位、构筑物中的水位；同时应标注各种进出管道的位置标高。

泵站应注明进水水位标高、泵站底板标高、积水池最高水位标高、最低水位标高、泵轴

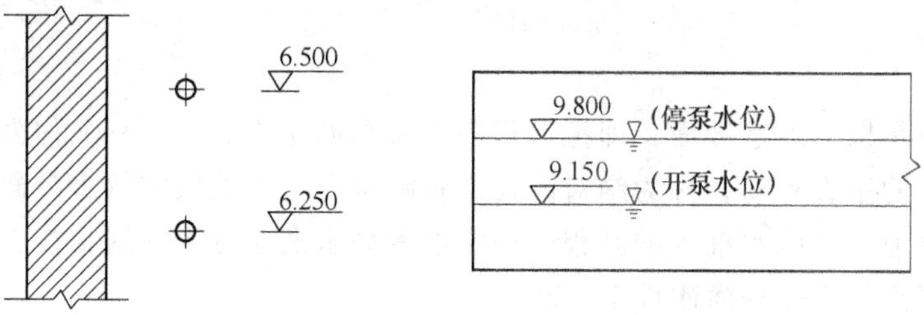

图 2-15　剖面图中管道及水位标高的标注

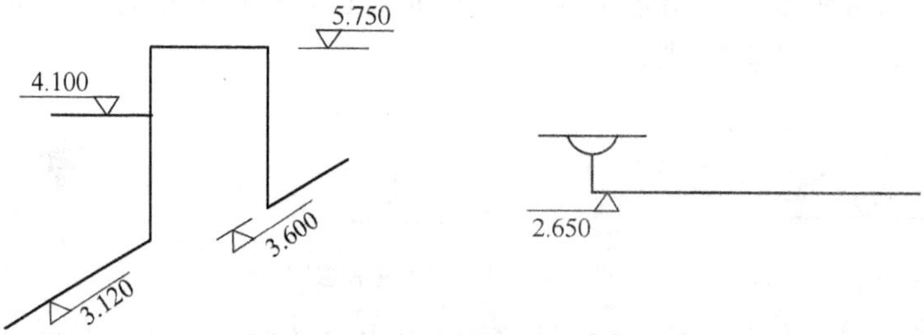

图 2-16　轴测图中管道标高的标注

标高、水泵机组标高、泵站室内地坪以及室外地面标高等。

沟渠和重力流管应标注起始点、转角点、连接点、变坡点、变尺寸点及交叉点的标高。

2.1.7　剖切符号

画剖面图时，必须用剖切符号指明剖切位置和投射方向，还要对每个剖切符号进行编号，并在剖面下标注相应的名称。

剖切符号的剖切位置线用两段粗实线绘制，长度为 6 ~ 10mm，在图中不得与其图线相交，一般至多转折 1 次。剖视方向线应与剖切位置线垂直相交，其中投射方向上的线段长度为 4 ~ 6mm，并在其端部标注剖切符号的编号。剖切符号的编号要用阿拉伯数字按顺序由左至右、由下至上连续编排，编号数字一律水平书写。剖切符号的画法如图 2-17 所示。

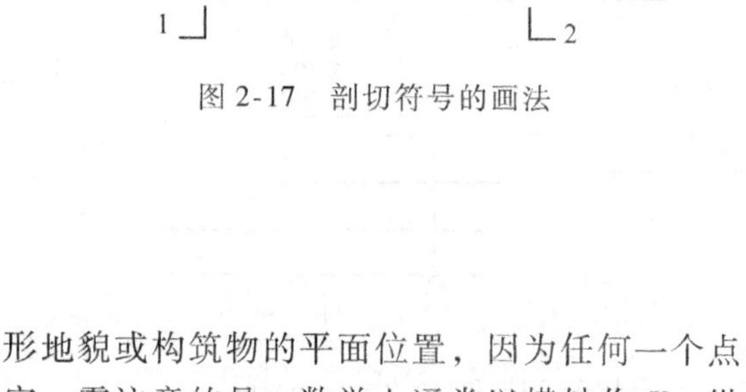

图 2-17　剖切符号的画法

2.1.8　坐标

地形图或工程图通常用坐标网来控制地形地貌或构筑物的平面位置，因为任何一个点的位置，都可以根据它至纵横两轴的距离来确定。需注意的是，数学上通常以横轴作 X，纵轴作 Y，而地形图和工程图上经常以纵轴作 X，横轴作 Y，二者计算原理相同，但使用的象限不同。

2.1.9　方向标

1）指北针。在工程设计平面图中一般以指北针表明管道或建筑物的朝向；指北针用细实线绘制，圆的直径为 24mm，指针尾部宽度为 3mm，需要用大直径指北针时，指针尾部宽度宜为直径的 1/8，如图 2-18 所示。

2）风玫瑰图。风玫瑰图又称风向频率玫瑰图，可指出工程所在地的常年风向频率、风速及朝向。风向，指来风方向，即从外面吹向地区中心，风向频率指在一定时间内各种风向出现的次数占所有观测总次数的百分比。在地形图或总平面图中风玫瑰图表明方向及风向（图 2-19）。

3）轴测图或系统图指北针。在轴测图或系统图也用指北针表明方向，指北针由左下角指向右上角，与水平线成 45°夹角，并以椭圆的短边轴线作指北针中心线，如图 2-20 所示。

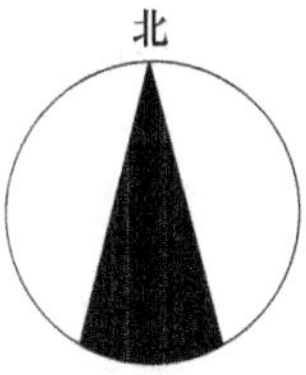

图 2-18　指北针

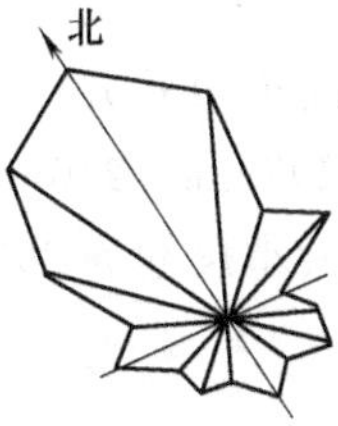

图 2-19　风玫瑰图

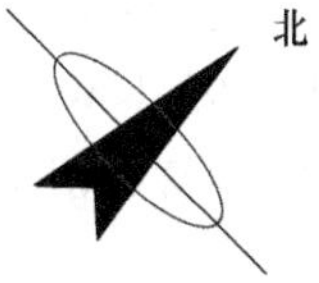

图 2-20　轴测图或系统图指北针

2.1.10　索引标志

1）图上某一部分或某一构件、局部剖面等的详图索引标志见表 2-6。

表 2-6　详图索引标志

详图索引标志	局部剖面详图索引标志	详图标志
图上某一部分或某一构件另有详图时，用直径 8～16mm 的细实线圆圈表示	图上某一局部剖面另有详图时，用直径 8～10mm 的细实线单圆圈及剖切线表示	详图的编号用外细内粗的双圆圈表示，内圈直径 14mm，外圈直径 16mm
（详图编号） 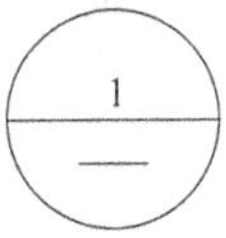 详图在本张图样上	（剖面详图编号） 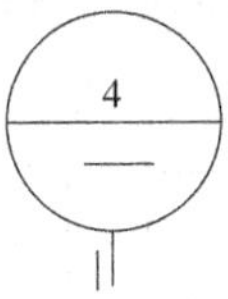 局部剖面详图在本张图样上	（详图编号）　1:20 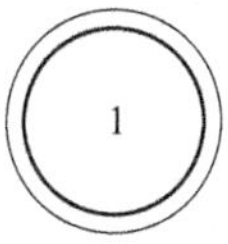 被索引图样在本张图样上
（详图编号） 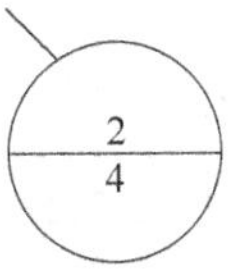 （详图所在图样编号） 详图不在本张图样上	（剖面详图编号） 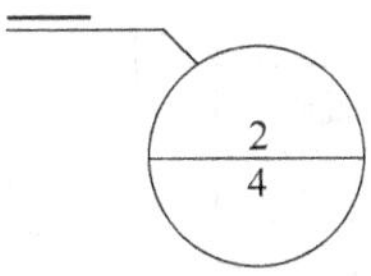 （剖面详图所在图样编号） 局部剖面详图不在本张图样上	（详图编号）　1:10 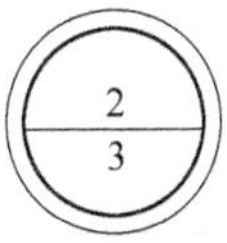 （被索引图样的所在图样编号） 被索引图样不在本张图样上
（标准图册编号）（标准详图编号） 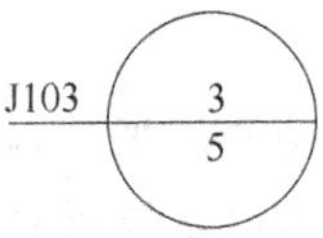 （详图所在图样编号）采用标准详图	注：粗线（剖切线）表示剖视方向，必须贯穿所切剖面的全部。如粗线在引出线之上，即表示该剖面的剖视方向是向上	

① 引出线应采用水平或垂直或45°或60°细实线表示，且应对准索引标志的圆心，圆圈内过圆心画一水平线、分子表示详图编号，分母表示该详图所在图纸编号。

② 如有文字说明，一般可注写在引出线的水平线的上面，引出线同时索引几个相同部分时，各引出线应尽量平行。

2）设备、金属零件或构件、管道及其配件等编号，以细实线引出，在短横实线上加数字表示。

3）建筑物轴线以引出线加细实线单圆圈（直径6~8mm）表示。

2.1.11 图样折叠方法

1）不装订的图样折叠时，应将图面折向外方，并使右下角的图标露在外面。图样折叠后的大小，应以A4基本幅画的尺寸（297mm×210mm）为准。

2）需装订的图样折叠时，折成的大小尺寸为297mm×185mm。

2.2 环境工程毕业设计绘图

设计图样是表达工程设计的基本文件。环境工程毕业设计图样既是工程设计图样，又受毕业设计时间、毕业设计教学基本要求等因素的限制，因此，环境工程毕业设计图样不能全部按照施工图的要求绘制，一部分可以按照初步设计（或扩大初步设计）的要求绘制。

绘图是工程设计的基本训练，毕业设计中鼓励学生用计算机绘图；同时也要求学生有一定数量的手工绘图。

1. 图面布置

图面编排要求比例恰当，布置紧凑合理，图与图之间、图与表的间距要适当；图幅选择应合适，能用A2图表达清楚的，就不用A1图；图面布置要有层次，突出重点。图2-21所示为构筑物设计图图面布置的几种常用形式。图2-22所示为污水处理厂平面图图面布置常用的一种形式。

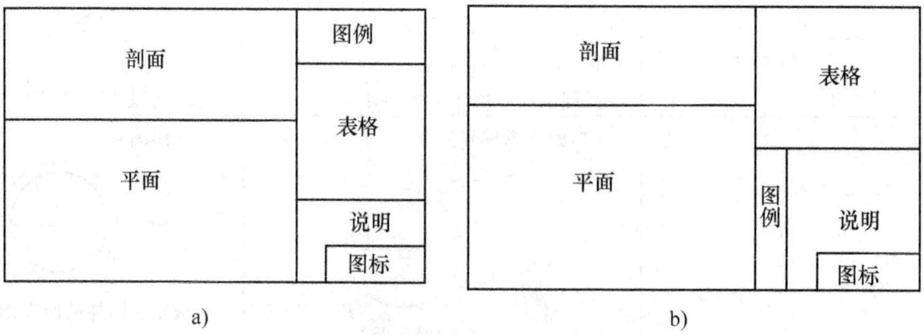

图2-21 构筑物设计图图面布置形式

2. 绘图

环境工程专业毕业设计由于时间有限，不能把所有工程图样全部绘制出来，因此各设计组应结合设计题目的特点，明确哪些图样必须绘制，哪些图样可以选做。这里仅介绍一些绘图基本原则。

（1）绘图的一般规定　绘制设计图样时，应遵守下列规定：

1）在同一工程项目的设计图样中，图纸、术语、绘图表示方法一致。

2）在同一工程子项的设计图样中，图纸规格应一致，如有困难时，不宜超过两种规格。

3）图样图号应按下列规定编排：①系统原理图在前，平面图、剖面图、放大图、轴测图、详图依次在后；②平面图中应地下各层在前，地上各层依次在后；③水处理流程图在前，平面图、剖面图、放大图、详图依次在后；④总平面图在前，管道节点图、阀门井示意图、管道纵断面图或管道高程表、详图依次在后。

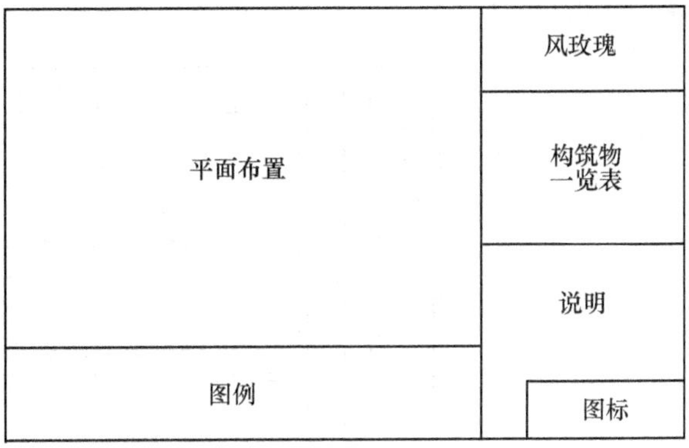

图2-22　污水处理厂平面图图面布置

（2）平面图的绘制　环境工程平面图主要是用来说明建筑物、构筑物的平面位置及各类管道的平面布置情况，绘制时应满足：①建筑物、构筑物、道路的形状、编号、坐标、标高等应与总图专业图样相一致；②在平面布置图上应注明管道类别、坐标、控制尺寸、节点编号及各建筑物、构筑物的管道进出口位置，在水厂平面布置图上应标出各处理构筑物以及建筑物的坐标；③在不绘制管道纵断面图的平面图上，应将各种管道的管径、坡度、管道长度、标高等标注清楚。

（3）系统原理图的绘制　环境工程管道系统原理图的绘制一般采用“正面斜等轴测”，即 Y 轴与水平线成45°，三个轴的变形系数均用1。绘制时应满足：

1）系统图上管道用粗实线表示，并应标明管径、坡度、标高及建筑物轴线号等。

2）以平面图左端立管为起点，顺时针自左向右按编号依次顺序均匀排列，不按比例绘制。

3）横管以首根立管为起点，按平面图的连接顺序，水平方向所在层与立管连接，如水平呈环状管网，绘两条平行线并与两端封闭。

4）立管上的引出管在该层水平绘出，如支管上的用水或排水器具另有详图时，其支管可在分户水表后断掉，并注明详见图号。

5）管道阀门及附件、各种设备及构筑物均应示意绘出。

6）楼地面线、层高相同时应等距离绘制，夹层、跃层、同层升降部分应以楼层线反映，在图样的左端注明楼层层数和建筑标高。

（4）单体构筑物图　单体构筑物一般需要绘制平面图和剖面图来表明工艺布置情况。在平面图上，按照不覆土的情况将地下管道画成实线，对所取平面以上的部分，如清水池的检修孔、通风孔等，如确需要表示，可用虚线绘制。图2-23为V形滤池构造简图。

1）对于工艺布置较复杂的构筑物，可用几个平面图表示，但应标明各层平面图的位置。

一个平面图上也能表示两个不同位置的平面位置，具体做法是在剖面图上用转折的剖切线标明其位置，如图2-24所示。

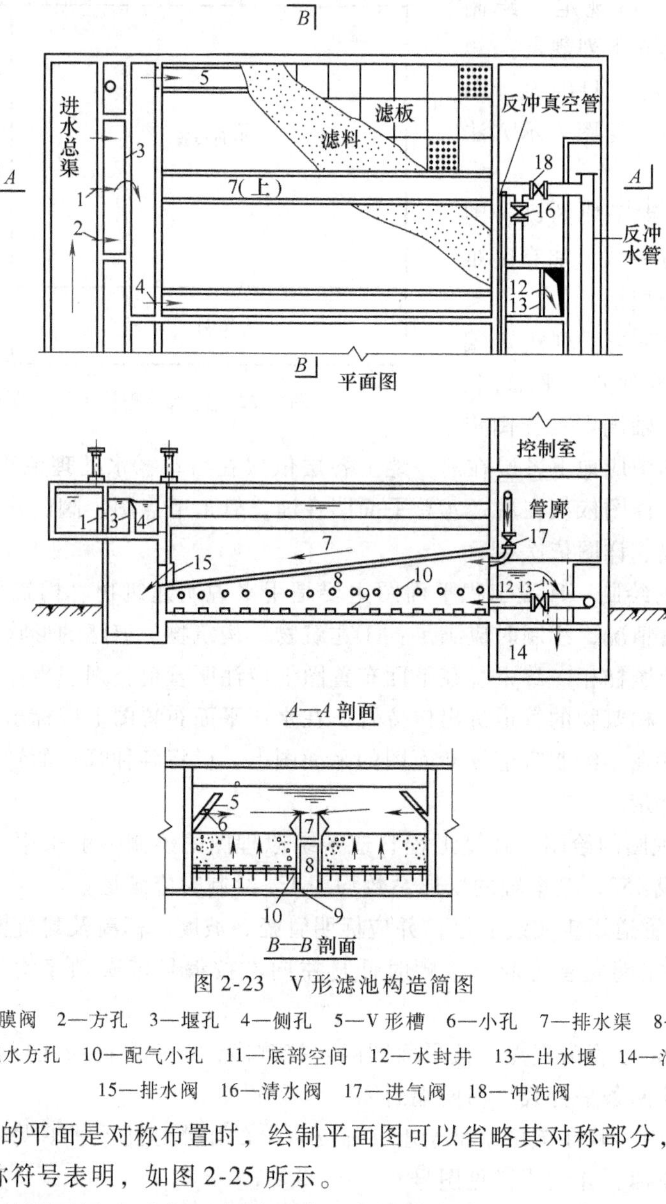

图 2-23 V 形滤池构造简图

1—进水气动隔膜阀 2—方孔 3—堰孔 4—侧孔 5—V 形槽 6—小孔 7—排水渠 8—气、水分配渠 9—配水方孔 10—配气小孔 11—底部空间 12—水封井 13—出水堰 14—清水渠 15—排水阀 16—清水阀 17—进气阀 18—冲洗阀

2）当构筑物的平面是对称布置时，绘制平面图可以省略其对称部分，但应在平面对称的中轴线上用对称符号表明，如图 2-25 所示。

3）当构筑物的平面尺寸过大，在图上难以全面绘制时，在不影响所表示的工艺部分内容的前提下，其间可用折线断开，但其总尺寸仍需注明，如图 2-26 所示。

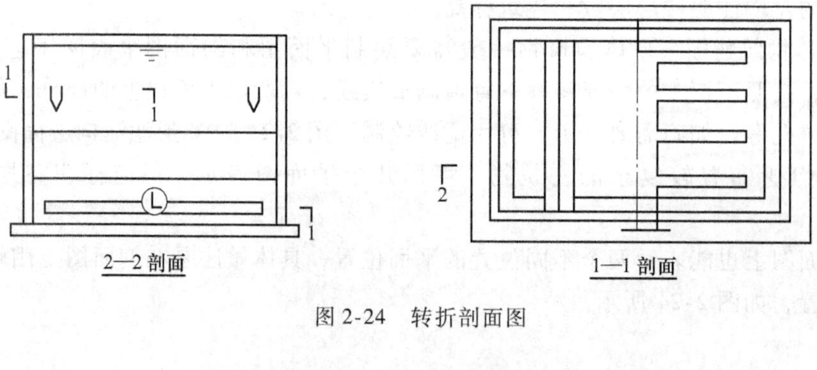

图 2-24 转折剖面图

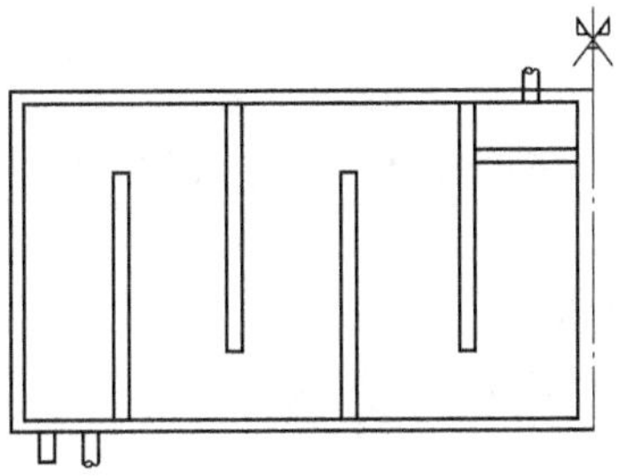

图 2-25　对称布置图

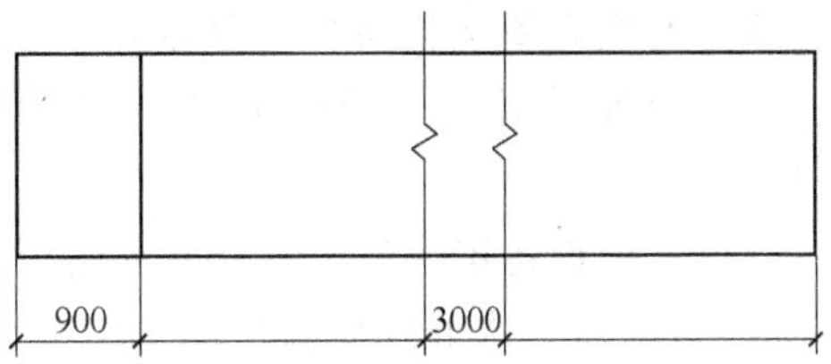

图 2-26　折线图

4）构筑物进水管、出水管（渠）、溢流管等管道名称应在图上标明。用双线画的管道，当管壁间净距不小于 3mm 时，应画出管道中心线；管道横剖面上圆的直径不小于 4mm 时，应画出十字形的管道中心线，如图 2-27 所示。

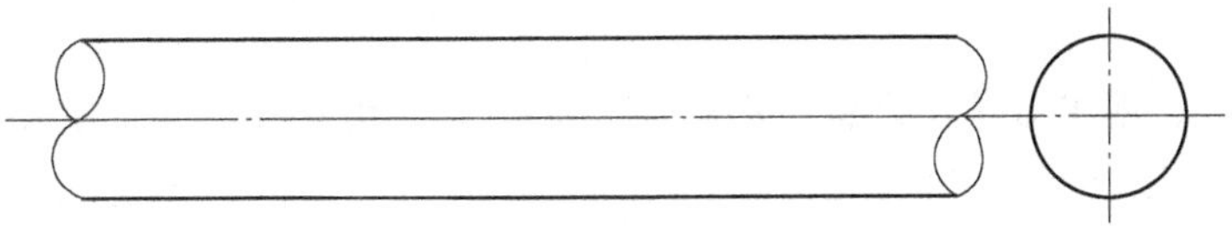

图 2-27　管道表示方法

5）穿墙管预留孔洞以及墙壁上的穿墙孔洞可用阴影号表示，如图 2-28 所示。

图 2-28　穿墙孔洞

6）对于被剖切的池壁、池底、墙及井壁灯，应分别绘出其建筑材料及土壤符号。

7）管道中的水流方向，以及水处理构筑物的进水、出水方向均应以箭头表示，并标明构筑物进水来源及出水去向，如来自沉砂池、去曝气池等。

（5）管道纵断面图　管道纵断面图是用来表示管道纵向布置情况的，绘制时应满足：①压力管道用单粗实线绘制；②重力管道宜用双粗实线绘制，但对应平面示意图中用单粗实线绘制；③绘制与本管道相交的道路、铁路、河谷、建筑物、构筑物，以及其他专业管道、管沟及电缆等的水平距离和标高；④纵断面图中应标明地面标高、管道标高、坡度、管径等。

（6）给水管道节点详图　管道节点详图能够表示节点上配件和管件的设置情况，绘制时应满足：

1）节点详图不按比例绘制，配件和管件用标准符号表示。

2）管道节点位置、编号应与总平面图一致。

3）管道应注明管径、管长。

4）节点应绘制所包括的平面形状和大小、阀门、管件、连接方式、管径及定位尺寸。

（7）净水和水处理工艺流程图的绘制　净水和水处理工艺流程图宜按下列规定绘制：

1）净水和水处理工艺流程图可不按比例绘制。

2）处理设备（构筑物）及附加设备形状以细实线绘制。

3）处理设备（构筑物）之间的管道以中粗实线绘制，辅助设备的管道以中粗实线绘制。

4）各种设备用编号表示，并应附设备编号与名称对照说明。

（8）取水、水处理厂高程图　取水、水处理厂高程图宜按下列规定绘制：

1）构筑物之间的管道以中粗实线绘制。

2）各构筑物必要时按形状以单细实线绘制。

3）各种构筑物的水面、底、顶以及管道应注明标高。

4）各种构筑物下方应注明构筑物名称。

（9）建筑环境工程平面图的绘制　建筑环境工程平面图应按下列规定绘制：

1）建筑物轮廓线、轴线号、房间名称、绘图比例等均应与建筑专业一致，并用细实线绘制。

2）各类管道、用水器具及设备、消火栓、喷洒头、雨水斗、阀门、附件、立管位置等应按图例以正投影法绘制在平面图上。

3）安装在下层空间或埋设在地面下而为本层使用的管道，可绘制于本层平面图上，如有地下层，排出管、引入管、汇聚横干管可绘于地下层内。

4）各类管道应标注管径。

5）立管应按管道类别和代号自左向右分别进行编号，且各楼相一致，消火栓可按需求分层按顺序编号。

6）排出管、引入管应注明与建筑轴线的定位尺寸、穿建筑物外墙标高、防水套管形式。

7）±0.00标高层平面图应在右上方绘制指北针。

（10）图样上各种表格、表头的绘制　在环境工程的设计图样上，应绘制一些必要的表格。常用表格表头的格式可参照表2-7～表2-10。

表2-7　设备表

序号	名称	规格	数量	备注

表2-8　材料表

序号	名称	规格	单位	数量	备注

表2-9　管件

序号	名称	规格	材料	单位	数量	备注

表2-10　闸门井

序号	名称	主要尺寸	结构形式	单位	数量	选用	图号	备注

2.3　环境工程专业图中的管道

管道即指液体或气体沿管子流通的通道，它是环境工程专业图中图示的重要内容。本节主要讲述环境工程专业制图中的管道图示及其应用，管道连接及其图示，管道的标注及管道画法等内容。

2.3.1　管道图示及其应用

管道一般由管子、管件及其附属设备等组成。如果按照投影制图的方法画管道，则应将上述各组成部分的规格、形式、大小、数量及连接方式都遵循正投影规律并按一定的比例画出来。但是在实际绘图时，却是根据管道图样的比例及其用途来决定管道图示的详细程度。在环境工程专业图中一般有下列三种管道图示方法。

1. 单线管道图

在比例较小的图样中，无法按照投影关系画出细而长的各种管道，不论管道的粗细，都只采用位于各管道中心轴线上的、线宽为 b 的单线图例来表示管道。

环境工程制图中常见的管道图例见表 2-11。

表 2-11　环境工程专业图的管道图例

图　例	说　明
————————	用于一张图内只有一种管道
—— J —— —— P —— —— J_1 —— —— J_2 ——	用汉语拼音字头表示管道类别，如“J”表示给水管，“P”表示排水管。若同类管道需要再详细区分，常在字母右下角依次加注数字编号，如表中的“J_1”“J_2”即分别表示两种给水管道 用于一张图内的管道多于一种时，并应在图上加画图例
- - - - - - - - - ———·———	以不同线型图例表示管道类别，常用于多于一种管道，但类别不甚多的图中。应在图上加画图例

用单粗线绘制各种管道的图示方法在给水排水专业图中得到广泛的应用。通常用于室内给水排水平面图、给水管道系统图、排水管道系统图；室外给水排水平面图、管道节点图、给水管道纵断面图；水处理厂（站）平面图、水处理高程图。有时，在水处理构筑物工艺图中管径太小的个别管道也用单粗线绘制。

在同一张图上的给水、排水管道，习惯上用粗实线表示给水管道，粗虚线表示排水管道。

2. 双线管道图

此种管道图示只用两条粗实线表示管道，不画管道中心轴线。一般用于重力管道纵断面图，如室外排水管道纵断面图。

3. 三线管道图

这种管道图示就是用两条粗实线画出管道轮廓线，用一条细单点画线画出管道中心轴线。同一张图上的不同类别管道常用文字注明。

三线管道图广泛地应用于环境工程专业图中的各种详图，如室内卫生设备安装详图，管道及管件安装详图，水处理构筑物工艺图及泵房平、剖面图等。

此外，在封闭循环回水管道节点图中，当管道连接高差较大时，亦采用这种管道图示。

2.3.2 管道连接及其图示

在环境工程中经常需要把管子、管件连接并组合成各种管道系统，不同材质、不同用途的管道还可能采用不同的连接方式。环境工程中常用的管道连接方式及其图示、图例见表2-12。

表 2-12 管道连接方式及其图示、图例

图示 连接方式	投影画法	简化图示	图例	备注
法兰连接	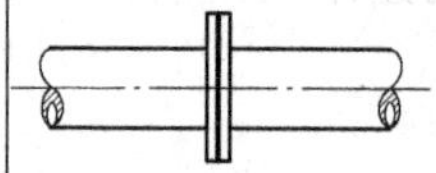	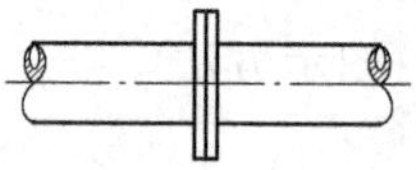	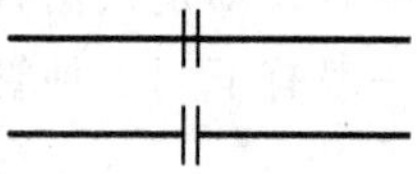	省去螺栓、螺母等连接件。可拆卸，多用于钢管、塑料管、承压铸铁管等
承插连接	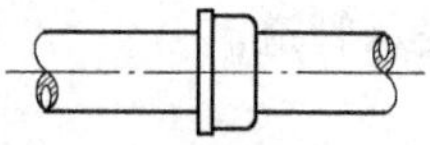	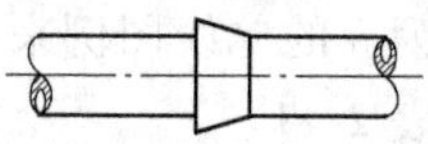	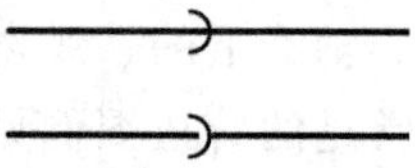	不可经常拆卸，半永久性连接，多用于铸铁管、陶土管等
螺纹连接	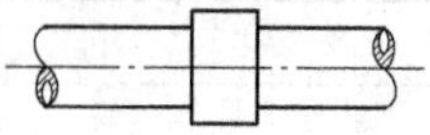	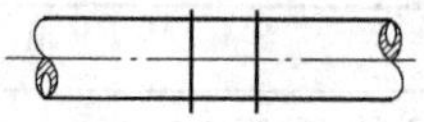		可拆卸，多用于钢管、塑料管等
焊接	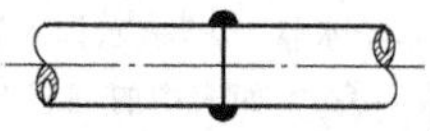	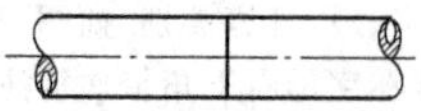		不可拆卸，永久连接，多用于塑料管、钢管等

2.3.3 管道的标注

1. 标高

给水排水制图应标注管道起讫点、转角点、连接点、变坡点、交叉点的标高。对于压力管道宜标注管中心标高；室内外重力管道宜标注管内底标高。若在室内有多种管道架空敷设且共用支架时，为了方便标高的标注，对于重力管道也可标注管中心标高，但图中应加以说明。室内管道应标注相对标高；室外管道宜标注绝对标高，必要时可标注相对标高。

2. 管径

管径尺寸应以毫米（mm）为单位。对我国管材产品，管径有不同的标注要求，见表2-13。

表 2-13 管径标注

管径标注	用公称直径 *DN* 表示	用管道内径 *d* 表示	用管外径 *D*×壁厚表示
适用范围	1. 低压流体输送用镀锌焊接钢管 2. 不镀锌焊接钢管 3. 铸铁管 4. 硬聚氯乙烯管、聚丙烯管	1. 耐酸陶瓷管 2. 混凝土管 3. 钢筋混凝土管 4. 陶土管(缸瓦管)	1. 无缝钢管 2. 螺旋缝焊接钢管
标注举例	*DN*200	*d*380	*D*108×4

注：根据有关标准，螺旋缝焊接钢管的管径用外径×壁厚表示，而直缝卷焊钢管管径以公称直径表示。

本书使用最多的管径标注，是用管道公称直径 *DN* 表示的。

2.3.4　管道的画法

不同材质的管子与其各种形式的管件，在采用不同的管道连接方式时，便组成了空间位置各异、用途不同的管道系统。此处仅以法兰连接和承插连接 90°弯管为例，来说明单线管道图的画法。

在给水排水工程制图中，常采用正投影和轴测投影两种投影作图方法来绘制单线管道图，此处只阐述其正投影画法。

由于单线管道图广泛地应用于比例较小的图形中，所以一般不画连接圆弧，而画成相交直线。若为 90°弯管，即画成相互垂直、交接方整的两条直线。为了在平面图纸上表示管道的空间情况，建议将垂直于投影面的管道用直径 2 ~ 3mm 的细线圆圈表示，如上述的 90°弯管便画成图 2-29 所示的形式。在给水排水工程图中常用的几种管道组合，若按照单线管道图的画法，即如图 2-30 所示。若还需图示出管道连接方式，可再在其相应位置，像图 2-29 中的法兰连接和承插连接那样，按图例画出其图例符号即可。

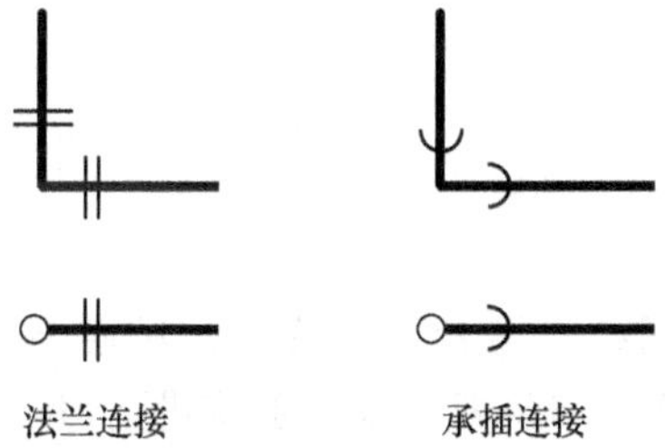

图 2-29　90°弯管单线管道图

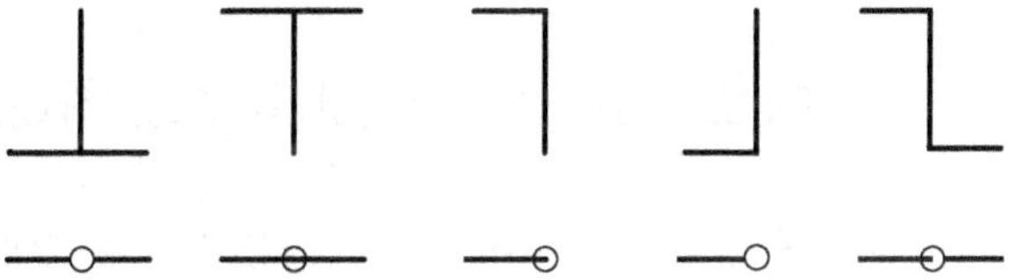

图 2-30　垂直管与水平管组合画法

图 2-31 是采用上述两种管道图示方法分别绘制的法兰连接和承插连接的管道正投影图（*DN*200）。

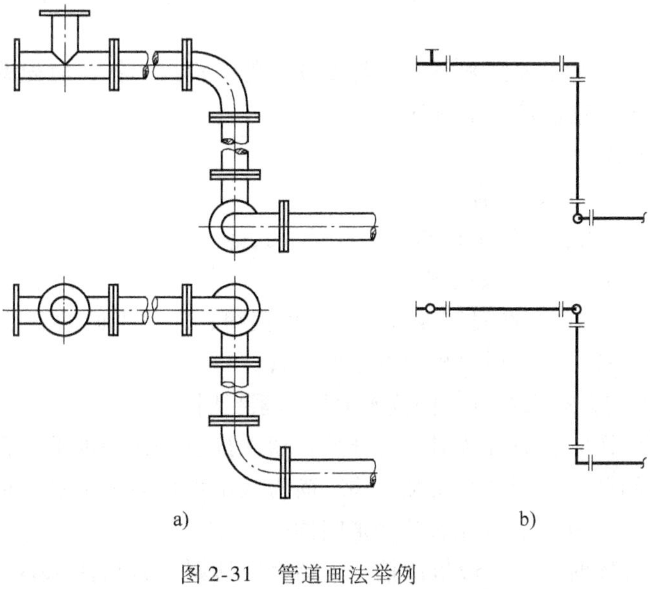

a)　　b)

图 2-31　管道画法举例

a）三线管道图—法兰连接　b）单线管道图—法兰连接

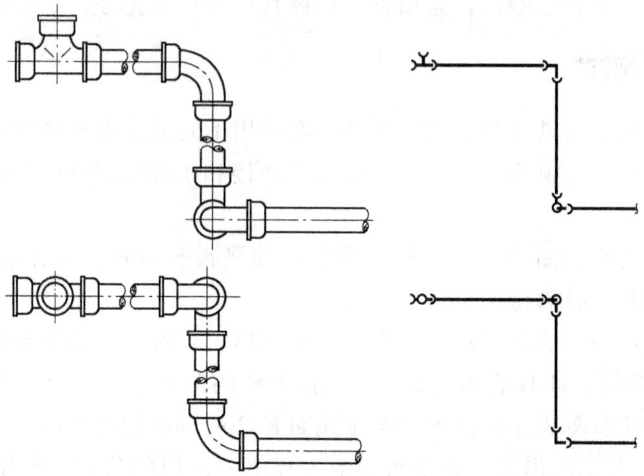

c) d)

图 2-31 管道画法举例（续）

c）三线管道图—承压连接 d）单线管道图—承压连接

2.4 室内给水排水平面图和系统图的阅读

给水排水平面图和系统图是室内给水排水工程的重要图样，两者相互关联，互相补充，共同表达室内给水排水管道、卫生设施等的形状、大小及其空间位置。本节着重讲述室内给水排水平面图和系统图的读图要领，并以给水排水平面图（图 2-32）和系统图（图 2-33、图 2-34）为例，介绍室内给水排水平面图和系统图的阅读方法。

2.4.1 读图要领

1. 读图顺序

阅读室内给水排水平面图和系统图与阅读其他工程图一样，应先看图标、图例及有关文字说明，然后看图。读图的一般顺序是：

（1）浏览平面图

1）先看底层平面图，再看楼层平面图。

2）先看给水引入管、排水排出管，再顾及其他。

（2）对照平面图，阅读系统图

1）先找平面图和系统图对应编号，然后再读图；先找平面图和系统图相同编号的给水引入管、排水排出管，而后再找相同编号的立管。

2）顺水流方向，按系统分组阅读平面图和系统图。

阅读给水系统图时，通常从引入管开始，依次按引入管→水平干管→立管→支管→配水器具的顺序进行阅读。假若设有高位水箱，尚需找出水箱的进水管，再由水箱的出水管→水平干管→立管→支管→配水器具的顺序来阅读。

阅读排水系统图时，则一般依次按卫生器具、地漏及其他泄水口→连接管→横（水平）支管→立管→排出管→检查井的顺序进行阅读。

2. 读图要点

阅读室内给水排水平面图和系统图的要点一般有：

（1）平面图

1）给水引入管和排水排出管的数量、位置。

2）底层及楼层中，每一层需要用水和排水的房间名称、位置、数量、地（楼）面标高以及房间内平面布置情况。

（2）系统图

1）根据底层平面图和系统图中给水引入管相同的编号，将给水系统分组；根据底层平面图和系统图中排水排出管相同的编号，把排水系统也分成若干组，以相应立管作为联系纽带，按系统分组阅读系统图。

2）以管道为主线，循水流方向，紧密联系平面图，弄清各条给水引入管和排水排出管服务对象的位置、规格，进而明确给水系统和排水系统的各组管道空间位置及其走向，从而想象出该建筑物整个给水排水工程的空间状况。

2.4.2　读图举例

按上述读图要领，读图 2-32、图 2-33 和图 2-34，即“科—3 楼”给水排水平面图、给水系统图和排水系统图。

1. 浏览平面图（图 2-32）

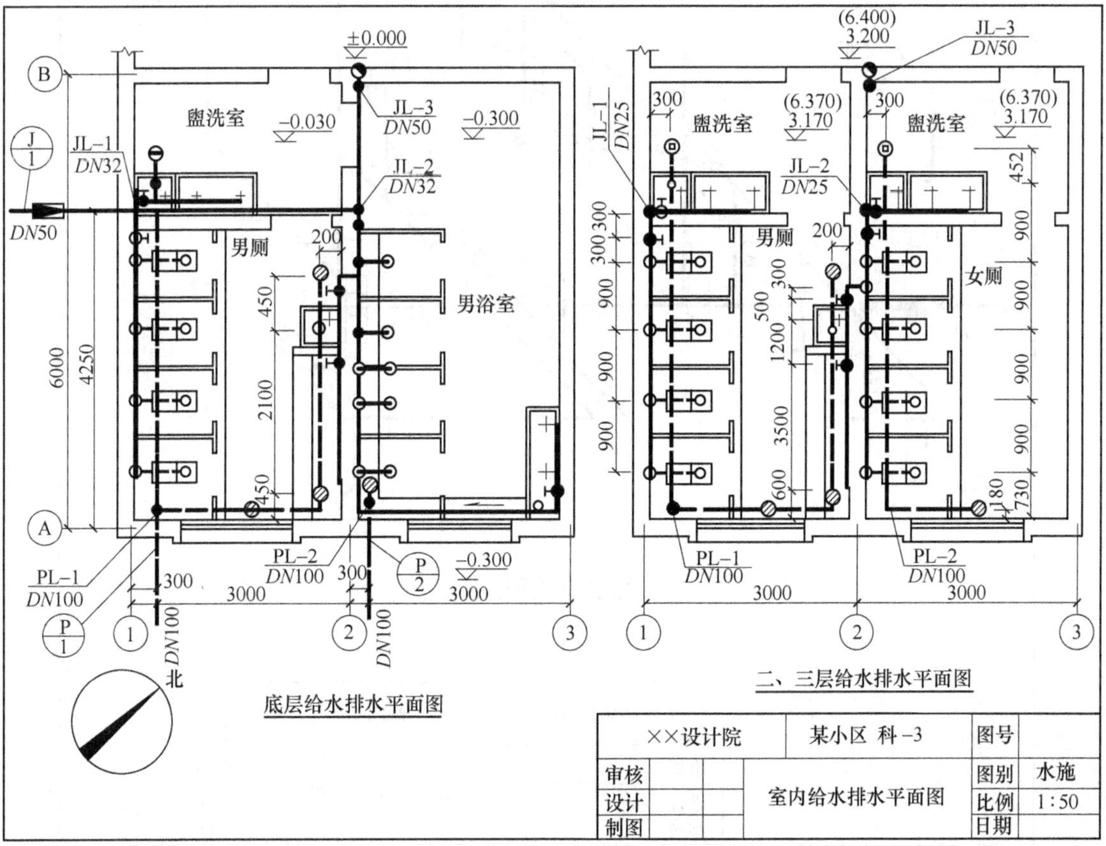

图 2-32　室内给水排水平面图

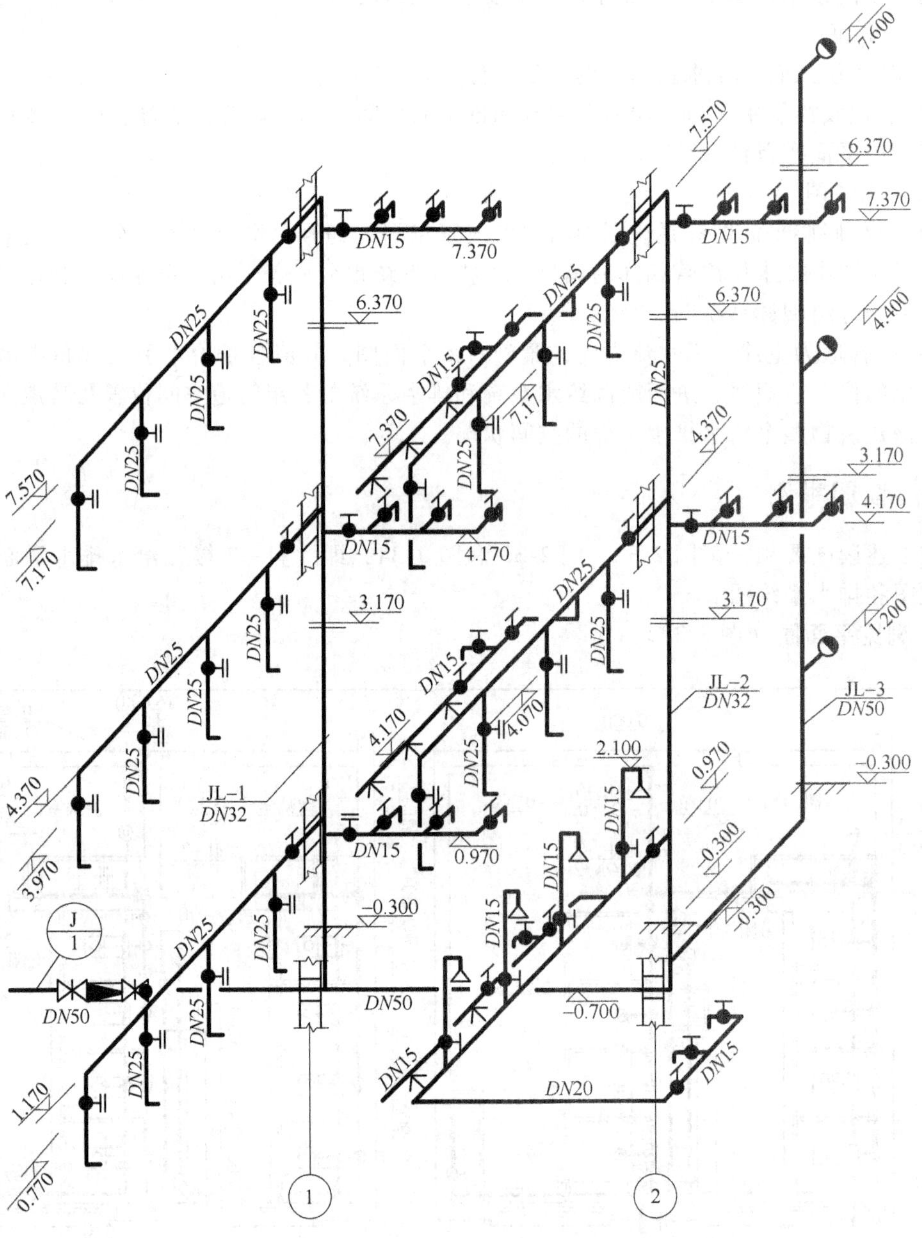

室内给水管道系统图

××设计院			某小区 科 -3	图号	
审核			室内给水管道系统图	图别	水施
设计				比例	1:50
制图				日期	

图 2-33　室内给水管道系统图

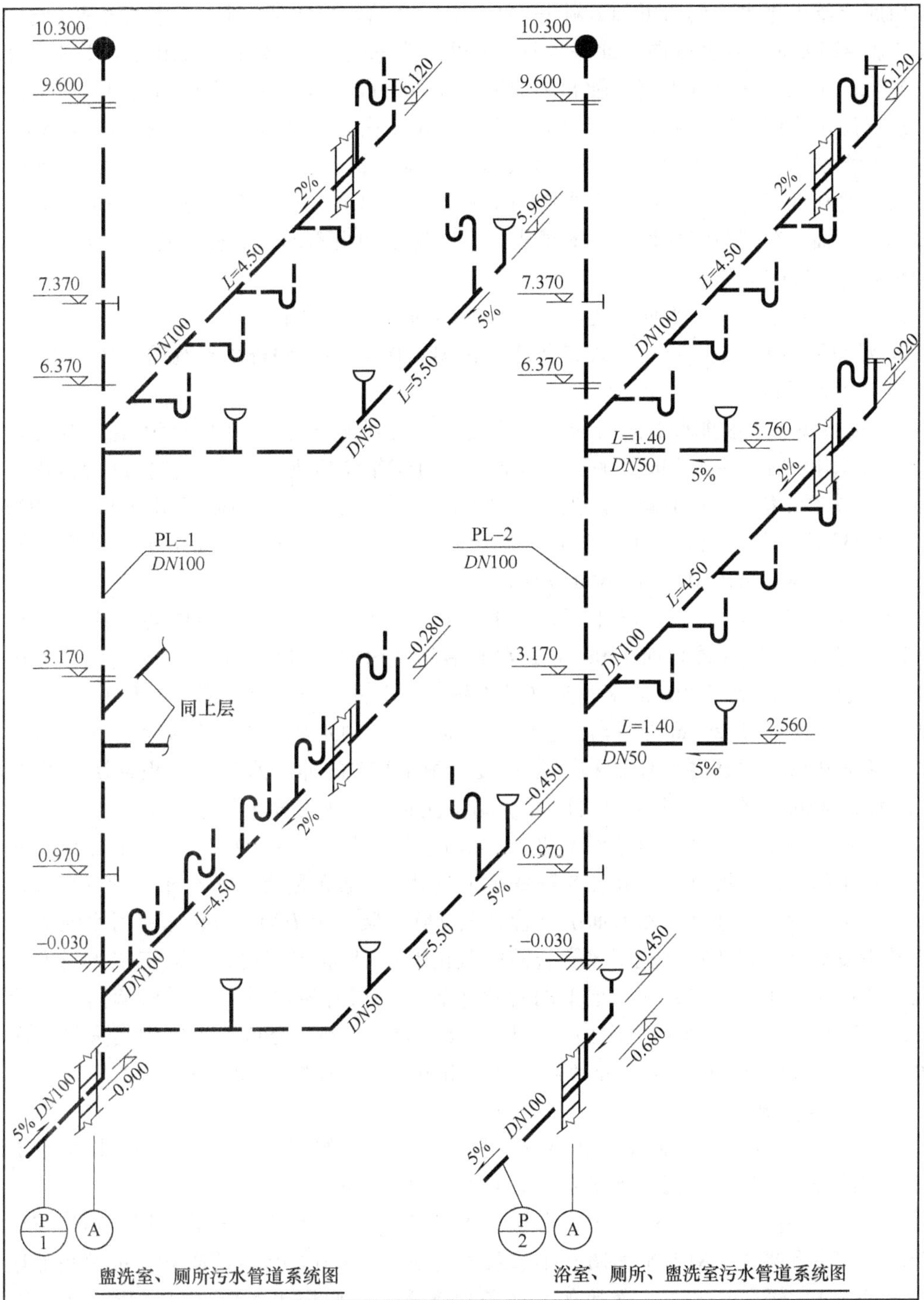

××设计院			某小区 科 -3	图号	
审核			室内排水管道系统图	图别	水施
设计				比例	1∶50
制图				日期	

图 2-34　室内排水管道系统图

由底层给水排水平面图可知，科—3 楼只有一条给水引入管 J/1，经水表井平行于Ⓐ轴，且距Ⓐ轴 4250mm，自西南向东北进入科—3 楼；科—3 楼有两条排水排出管 P/1 和 P/2，两管均平行于①轴，并且分别离①轴和②轴偏东各 300mm，自西北向东南离开科—3 楼。

底层用水房间有盥洗室、男厕及男浴室。盥洗室内有一个污水池、清扫口以及配有两个水龙头的盥洗槽。男厕内设四套蹲式大便器，无水箱，自闭式冲洗。在大便器对面有小便槽、污水池和地漏各一个。男浴室内有四个淋浴器、两个水龙头的盥洗槽及一个地漏。另外在②轴与Ⓑ轴相交转角墙处设有一套消火栓。盥洗室和男厕的地面标高均为 -0.03m，浴室地面标高为 -0.03m。

二、三层用水房间的平面布置与底层有所不同，可自行阅读。

2. 对照平面图（图 2-32），**阅读给水系统图**（图 2-33）**和排水系统图**（图 2-34）

（1）给水系统

1）对照底层给水排水平面图和给水系统图，找到编号为 J/1 的 *DN*50 给水引入管，其上有一水表井，标高 -0.70m，平行于Ⓐ轴，穿过①轴墙后进入盥洗室，再过②轴墙后进入男浴室，并且在盥洗室和男厕之间隔墙分别与①、②轴相交的墙角附近引出 JL—1/*DN*32 和 JL—2/*DN*32 两立管，然后于 JL—2 上标高为 -0.30m 处，顺②轴墙面引水平干管至Ⓑ轴与②轴相交的墙角处引出 JL—3/*DN*50 立管。

2）由图 2-32 和图 2-33 可知，立管 JL—1 主要给盥洗室和男厕中的大便器供水。在 JL—1 上每层高出地（楼）面 1.000m 处都有沿隔墙面的 *DN*15 的水平支管，其上装有一个 *DN*15 的截止阀和三个 *DN*15 的水龙头（其中污水池上方一个，盥洗槽上方两个）；并且在高出每层地（楼）面 1.200m 处引出沿①轴内墙面 *DN*25 的水平支管，穿隔墙进入男厕，在该支管上装截止阀，并在各大便器相应位置接四根 *DN*25 的冲洗水管，每根冲洗水管上离地（楼）面 0.800m 处各装一个延时自闭冲洗阀。立管 JL—2 主要供男浴室或女厕和男厕中小便槽、污水池的用水。底层距地面 1.000m 处沿②轴东侧墙面有 *DN*25 的水平支管，其上装有一个截止阀、四个淋浴器，并在与隔壁污水池对应位置的附近接平行于Ⓐ轴的短管，穿②轴墙至男厕，然后沿②轴西侧墙面引支管，该支管上装一个 *DN*15 截止阀、污水池的一个水龙头及小便槽上的多孔管（包括多孔管前的截止阀）。与底层相比，二、三层无浴室，改设女厕，所以立管 JL—2 在二、三层上的管道布置与底层有所不同，可对照阅读。再看立管 JL—3，供消防用水，在每层高出内走道地（楼）面 1.200m 处接一个室内消火栓。内走道地面标高为 ±0.00m，楼面标高分别为 3.20m 和 6.40m，如图 2-32 所示。

（2）排水系统

1）在底层给水排水平面图上找出编号为 P/1 和 P/2 的排水排出管，再在排水系统图上找到相同编号，然后分别阅读排水系统的 P/1 组和 P/2 组。

2）读 P/1 组。由图 2-32 可知，在①～②轴间三个楼层的平面布置相同，均设布局完全相同的盥洗室和男厕。对照平面图和排水系统图可知 P/1 在①轴与Ⓐ轴相交的墙角处连接排水立管 PL—1。每层与 PL—1 连接的有两条横支管，它们均居各地（楼）面之下。盥洗室内，污水经 *DN*50 的一个地上 N 形存水弯排入端部设有一清扫口且沿①轴内墙面的水平支管内，此横支管穿隔墙进入男厕内，接纳由四个 *DN*100 的地（楼）面下 N（P）形存水弯送来的大便器冲洗水。底层的横支管起点标高 -0.28m，坡度 2%，*DN*100。与 PL—1 相接的另一横支管始于男厕内且中心距②轴西侧墙面 200mm 的圆形地漏。该横支管平行于②轴，依次接纳地（楼）面上方的 N 形存水弯和小便槽内的圆形地漏输来的污水后，在②轴与Ⓐ

轴相交的墙角处向左弯，顺Ⓐ轴内侧墙面，接纳男厕地（楼）面圆形地漏输来的地面污水后，与 PL—1 相接。图中的几个地漏均无存水弯，可见这些地漏都是钟罩式地漏。这种自带水封的地漏可兼作清扫口。立管 PL—1/*DN*100 的上端穿出屋面，顶端标高为 10.30m，装置甲型通气帽。在 PL—1 中间标高分别为 0.97m 和 7.37m 处各设一个检查口。立管 PL—1 下端连排出管 P/1。P/1 的起点标高为 -0.90m，*DN*100，坡度 5%。P/1 管中心离①轴内侧 300mm，平行于①轴并穿过Ⓐ轴墙到室外。

读图可知，由于排水管道皆布置在相应各地（楼）面下方，所以各层的排水管，在本层的平面图上实际都是不可见的。

3）对于 P/2 组，可按上述读法，自行阅读。

2.5　建筑物给水排水总平面图

建筑物给水排水总平面图的图示重点在于反映该建筑物室内与室外给水排水的连接情况。本节将介绍建筑物给水排水总平面图的阅读、图示特点及其画法。

2.5.1　建筑物给水排水总平面图的阅读

阅读建筑物给水排水总平面图一般按系统进行，必要时尚需与建筑物室内底层给水排水平面图对照阅读。

现以图 2-35 所示的科—3 楼给水排水总平面图为例，介绍阅读的方法。

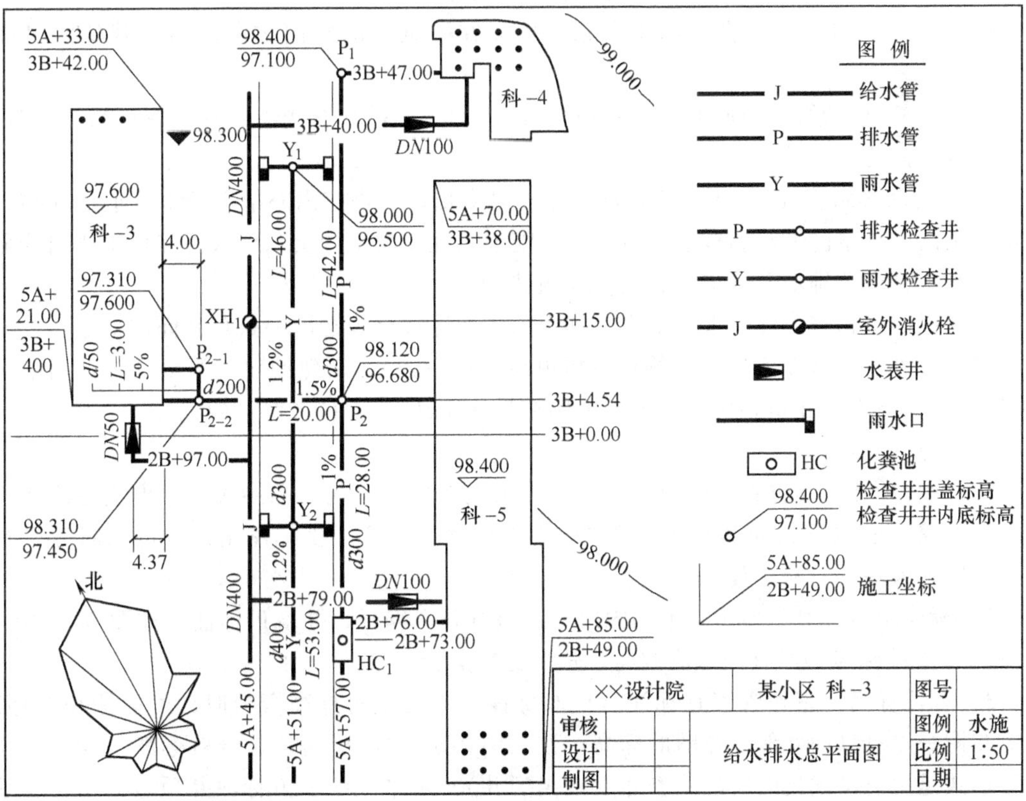

图 2-35　建筑物给水排水总平面图

1. 给水系统

科—3 楼的给水来自由西南向东北的原有给水管 *DN*400，此水管中心的施工坐标为 5A +45.00，在与 2B +97.00 相交处接一根与之垂直伸向西北的支管 *DN*50，该支管在距科—3 楼东侧外墙面 4.37m 处转 90°弯。于 3B +0.00 处接水表节点后进入科—3 楼，此段水管即前述的给水引入管 J/1。室外原给水管在 3B +15.00 处装一个室外消火栓后，沿道路西侧继续伸向东北。

2. 排水系统

科—3 楼的排水系统 P/1 和 P/2 分别在室外排水检查井 P_{2-2} 和 P_{2-1} 处与室外排水管网相接。两检查井的中心距科—3 楼东侧外墙面均为 4.00m，井盖标高 98.31m（室外地面标高为 98.30m），P_{2-1} 的井内底标高为 97.60m，P_{2-2} 的井内底标高是 97.45m。两井间用长度为 3.00m，内径 *d*150，坡度为 5% 的管道连接。从 P_{2-2} 开始改用 *d*200，长为 20.00m 的管道，自西北向东南，在检查井 P_2 与对面科—5 楼的一根排出管汇合后，进入道路东侧的排水管 *d*300，并流入城市排水干管网。

2.5.2 建筑物给水排水总平面图的图示特点

通过读图 2-35，可知建筑物给水排水总平面图虽然属于室内给水排水工程图，但其主要目的是要清楚地表达出室内外给水排水的连接，因而具有如下图示特点。

（1）比例　通常采用与该建筑物建筑总平面图相同的比例，一般不小于 1:500，若管（渠）复杂，也可用大于建筑总平面图的比例画出。

（2）布图方向　建筑物给水排水总平面图在图纸上的布图方向应与其建筑总平面图相同。

（3）建筑物建筑总平面图　按建筑总平面图和给水排水图例绘制有关建筑物、构筑物，一般应画出指北针或风玫瑰。

（4）给水排水管（渠）　由于此图的重点是突出建筑物室内外给水排水管道的连接，所以可仅画出局部室内给水和排水管道，只要能清楚地反映室内给水引入管和排水排出管分别与室外给水管道和排水管（渠）的连接情况即可。

习惯把建筑物室内外给水和室内外排水的平面连接合画在同一张总平面图上。

（5）图线　如表 2-5 所述，管道用粗单线（*b*）画出，新建的建筑物可见轮廓用中实线（0.5*b*）画，原有的建筑物可见轮廓及图例符号均用细实线（0.35*b*）绘制。

（6）标注

1）标注尺寸。常将管道的管径（或排水渠断面规格）就近标注或用引出线标注在相应管（渠）旁。管（渠）及其附属构筑物的平面位置，用施工坐标注出，也可用附近原有房屋或道路等为基准，标注其定位尺寸。

2）标注编号。对于多于一个的阀门井、检查井应编号，并就近标注，如图 2-35 中 P_1、P_2 等。检查井编号顺序宜循水流方向，先干管后支管。

3）标注标高。室外管道宜标注其绝对标高，当无绝对标高资料时，可标注相对标高，但应与同一建筑物的其他专业图的标高一致。图 2-35 中的标高均是绝对标高。标注标高的一般形式是用引出线指向所注检查井（或阀门井），水平横线上方标注井顶盖标高，水平线下方注写井内底标高，或者在水平线上方注写其编号，下方注写井底标高。

总平面图中坐标、尺寸及标高均以米为单位，取至小数点后两位。

(7) 施工说明　施工说明一般包括以下内容：管径、尺寸、标高的单位；与室内底层设计地面标高 ±0.00 相当的绝对标高值；管道敷设方式、材料及防腐措施；检查井等的标准图号、规格以及安装质量验收标准等施工要求。图 2-35 所示办公楼给水排水总平面图的施工说明从略。

2.5.3　建筑物给水排水总平面图的画法

绘制建筑物给水排水总平面图底稿图的一般步骤是：

1) 描绘建筑总平面图或用大于建筑总平面图的比例抄绘建筑总平面图。

2) 根据室内底层给水排水平面图，画出给水引入管和排水排出管。

3) 画原有的室外给水排水管（渠）道，并绘制它们分别与给水引入管和排水排出管之间的连接管线。

4) 画给水系统中的水表井、阀门井、消火栓等；画排水系统中的检查井及化粪池等。

5) 布置管径、标高、定位尺寸、编号等标注及施工说明文字。

2.6　给水排水管道纵断面图

由于市区、建筑小区、厂区和校区的管、线类别较多，诸如给水管、污水管（渠）、雨水管（渠）、电力电缆、通信电缆、热力管沟、各种燃气管（煤气、天然气）等，并且这些管线纵横交错，情况复杂，为清楚地图示设计管道沿线垂直方向的变化及所处地面起伏情况，该设计管道与其他管道交叉情况，该管道的管径、坡度和管道基础等，所以有必要绘制市区、建筑小区和校区的管道纵断面图。当然，简单管道可不画管道纵断面图。本节将述及给水排水管道纵断面图的阅读、图示特点及画法。

2.6.1　给水排水管道纵断面图的阅读

阅读管道纵断面图一般首先根据纵断面图中的检查井或阀门井编号，对照相应的给水排水平面图，确定所阅读的管道纵断面图图示的是哪条管道，其平面位置及走向如何。然后再将管道纵断面图配合相应的室外给水排水平面图进行阅读。给水管道纵断面图和排水管道纵断面图的阅读方法是一样的，现以排水管道纵断面图为例，说明管道纵断面图的阅读方法。

读图 2-36 所示的某建筑小区排水管道纵断面图。

图中检查井编号为 $P_1 \sim P_5$，图 2-36 图示管道为以东北角排水检查井 P_1 为起点，途经检查井 $P_2 \sim HC_1$，到东南角 P_3 的东部南北排水干管管段，再转 90°弯，由东南向西北经过 P4 至 P5 的南部东西排水干管管段的排水管道。

起点检查井 P_1 处设计地面标高 98.30m，管内底标高 96.70m，则埋设深度为 1.60m (98.30m—96.70m)。同样可得各检查井处的地面标高、管内底标高及埋设深度。图中还表示出，排水管在 P_1 与 P_2 之间和 P_2 与 HC_1 之间分别距 P_1 井中心线右（西南）7.00m 和距 HC_1 左边线左（东北）2.00m 两处与给水管交叉，前者的管中心标高是 97.00m、管径 $DN100$，后者的管中心标高是 96.68m、管径 $DN100$。在 P_3 与 P_4 两检查井之间，该排水管分别于距 P_3 中心线右（西北）12.00m 和 6.00m 处与给水管和雨水管交叉，给水管中心标高 96.28m、管径 $DN400$，雨水管内底标高 96.10m、管径 $d400$。因此在检查井 P_3 内，上游管内底标高 95.60m，而下游管内底标高 94.70m，上下游管内底标高落差 0.90m（95.60m − 94.70m）。因而从检查井 P_3 开始，排水管的埋设深度均超过 $P_1 \sim HC_1$ 管段的埋设深度。

其余各项如管径、坡度及管道基础等均可从图中直接读出。

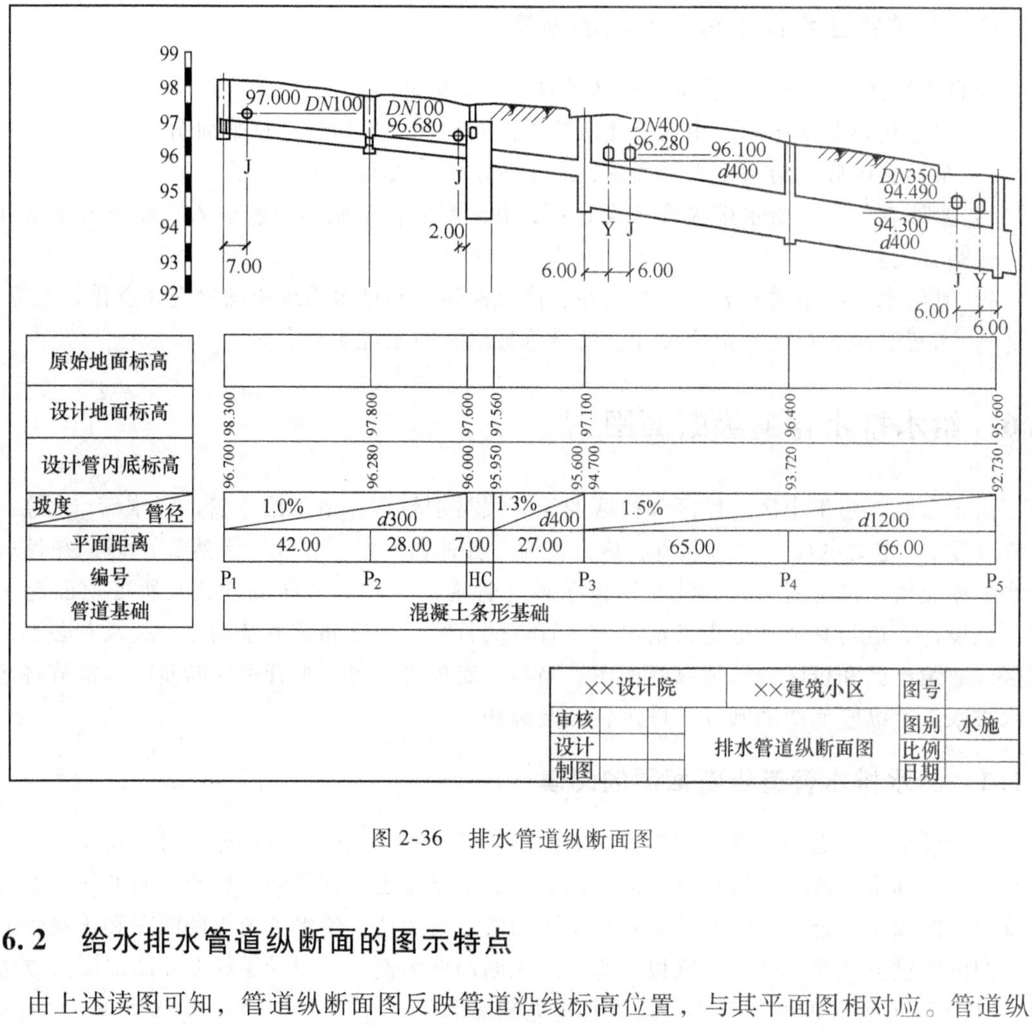

图 2-36 排水管道纵断面图

2.6.2 给水排水管道纵断面的图示特点

由上述读图可知，管道纵断面图反映管道沿线标高位置，与其平面图相对应。管道纵断面图具有下列图示特点。

1. 表达方式

采用沿管轴线的铅垂面剖切各管段后而组成的管道纵断面和列有该管的有关设计数据及名称的表格一起，共同表达该管道沿线高程变化、检查井或阀门井深度及该管在垂直方向上与其他管渠交叉等情况。

2. 比例

管道纵断面图的比例与一般图样的比例不同，通常在纵（垂直）方向和横（水平）方向上采用不同的比例绘制纵断面图，纵横之比一般为 1:5。管道纵断面图常用比例见表 2-3。

3. 图面布置

如图2-36所示，起点井（检查井或阀门井）居图纸左边，从左往右即该管中水流的方向，并在起点井（检查井或阀门井）的左边设一标高塔尺，注相应绝对标高值。若无绝对标高资料时，可注相对标高，且应与相应的总图一致。图纸下部绘有各项设计名称、数据的表格，标准格式及分格尺寸，如图2-37所示。在图形和表格之间标注与该管道交叉的各地下管道、地沟、电缆沟等的相对距离和各自的标高及其相应代号等。

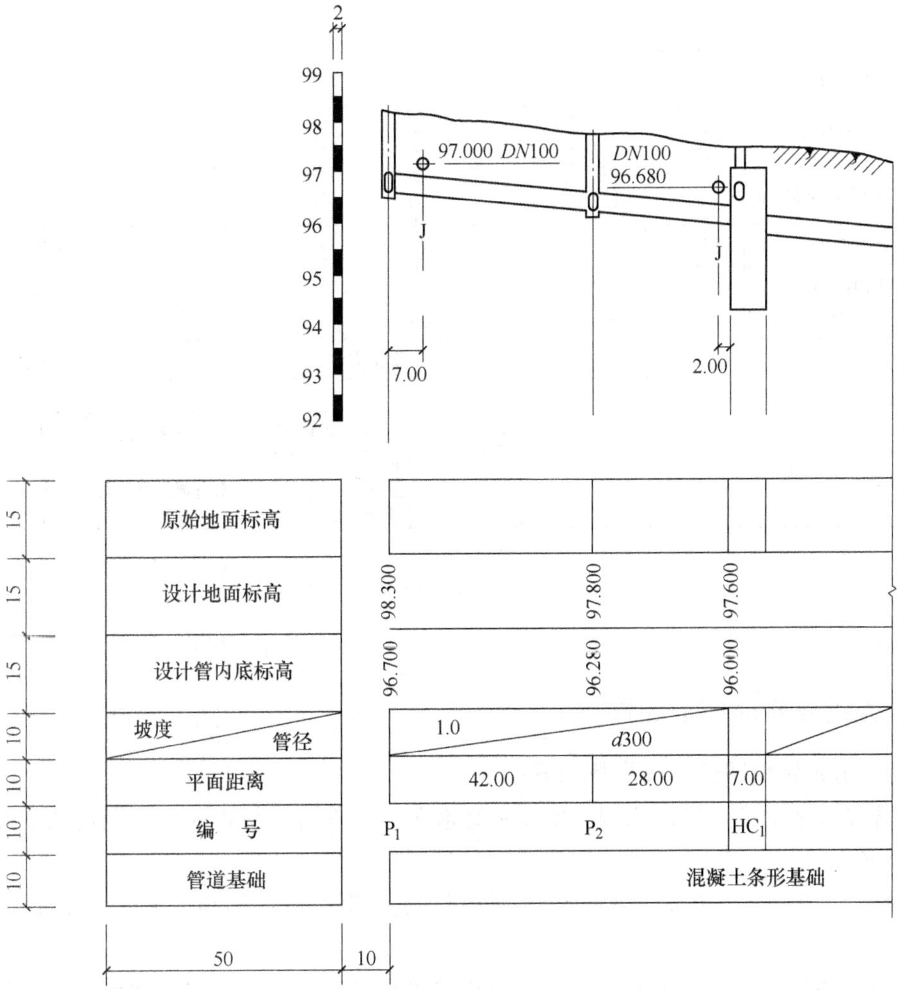

图2-37 管道纵断面图画法示例

4. 图线

一般压力管道（如给水管）的纵剖面图，宜用单粗实线绘制，见图2-38某小区给水管道纵断面图；纵剖的重力管道如排水管、雨水管，宜用双粗实线绘制，如图2-36所示。被剖切的检查井或阀门井、消火栓井，非纵剖的管道等的内轮廓线常用中实线表示；其余如地面线、道路、分格线及标注线等均用细实线画出。

5. 其他

由于纵横比例不同，致使一些被垂直于管轴线剖切的相关管道断面不是圆形，而变成椭

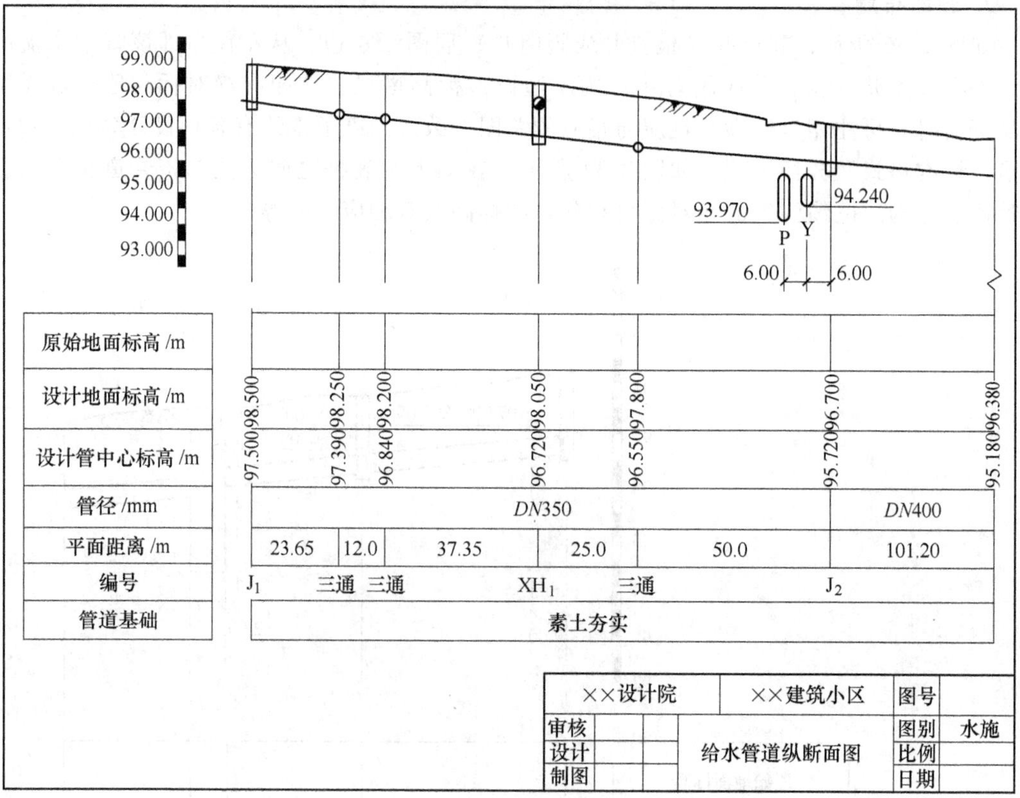

图 2-38 给水管道纵断面图

圆形。有时为方便起见，将管径 200mm 以下的管道横断面简化为圆形。

2.6.3 管道纵断面图的绘制

绘制管道纵断面图的一般步骤如下：

1）选择合适的纵、横向比例，使图示管道在垂直方向的高程随水平距离的变化能清楚地显示出来。

2）按图 2-37 布置图面，注意使上部图形与下部表格之间留出适当空白位置，以便标注。

3）根据各管段的水平距离，如两检查井或两阀门井之间、阀门井和消火栓之间，沿线支管接入处的位置及图示管道与其他地下管道或障碍物交叉的位置等，按横向比例绘制垂直分格线。然后按纵向比例，根据排水管管径（给水管画单线，不按管径画线）、管道标高（给水管为管中心标高、排水管为管内底标高）、设计地面标高画该管道的纵断面图，地面线和检查井或阀门井，消火栓的剖面图。有必要时还要根据自然地面标高画原始地面线，最后在相应位置画出与该管连接、交叉的管道横断面等。

4）布置标注各线、完成底稿图。

5）检查无误后按要求线型加深图线。一般先加深检查井或阀门井等井的内轮廓线，而后加深管道及其他图线，再标注、书写文字，完成全图。

思考题与习题

根据以下资料进行室内给水排水工程图练习。

1. 图名

某厂卫生间给水排水平面图。

2. 作业要求

用一张 A2 幅面的图纸，参照图 2-39 的图面布置，根据图 2-40 所给图样，用 1∶50 的比例抄绘底层、二 ~ 四层卫生间给水排水平面图，并分别绘制相应的给水系统图和排水系统图。

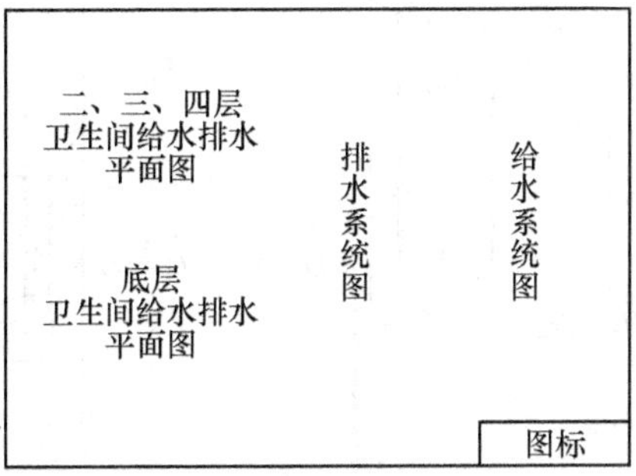

图 2-39　室内给排水工程图作业图面布置示意图

3. 作业内容说明

本作业所表达的是某厂某车间生活区卫生间的给水排水工程图。每层男厕所内有高水箱蹲式大便器两套、小便槽和污水池各一套，但是底层卫生器具的平面布置与二 ~ 四层不相同。底层女厕所有高水箱蹲式大便器两套、污水池一套，二 ~ 四层只有高水箱蹲式大便器和污水池各一套。

给水管由离④轴线东侧 250mm 处穿过Ⓑ轴墙进入室内（图 2-40），而后随即向上转弯伸延至第四层（JL—1）。在底层距地面 0.600m 安装一个截止阀，并在每层距楼（地）面 0.900m 处引水平支管接到大便器的高水箱内和污水池、小便槽上面。

各层的污水分别由大便器、小便槽、污水池等的泄水口排入排水管道。地漏主要接纳来自冲洗地面的水。这些污水进入排水支管后，经排水立管（PL—1）后至排水排出管，在离③轴线东侧 300mm 处穿过Ⓑ轴墙流入室外排水检查井。

每层窗台距楼面或地面的高度为 1.000m，门、窗顶距楼面或地面的高度是 2.800m，楼层的层高为 3.600m。男、女卫生间之间的隔墙上有高窗，其窗底离楼面或地面 2.200m。

给水引入管 J/1 管中心标高为 -0.50m，排水排出管 P/1 起点标高为 -1.00m。

排水铸铁管存水弯标准图如图 2-41 所示，供绘制管道系统图时参考。

平面图上除标注有关楼（地）面标高、轴线尺寸、给水引入管及排水排出管离相应轴线的距离外，其余尺寸如图 2-40 中的“2120”“240”等定位尺寸均不在平面图中标注，仅供抄绘图样时使用。平面图中一般也不标注管径、管长。

绘制系统图应注意，管道不得影响房屋的使用。

4. 作业步骤

1）画底稿线（参照本书所介绍的例子）。

2）检查并修改底稿线。

3）按要求加深图线；标注标高、尺寸、管径、坡度及比例等，注写立管、引入管及排出管的编号，书写图名和有关文字、说明。

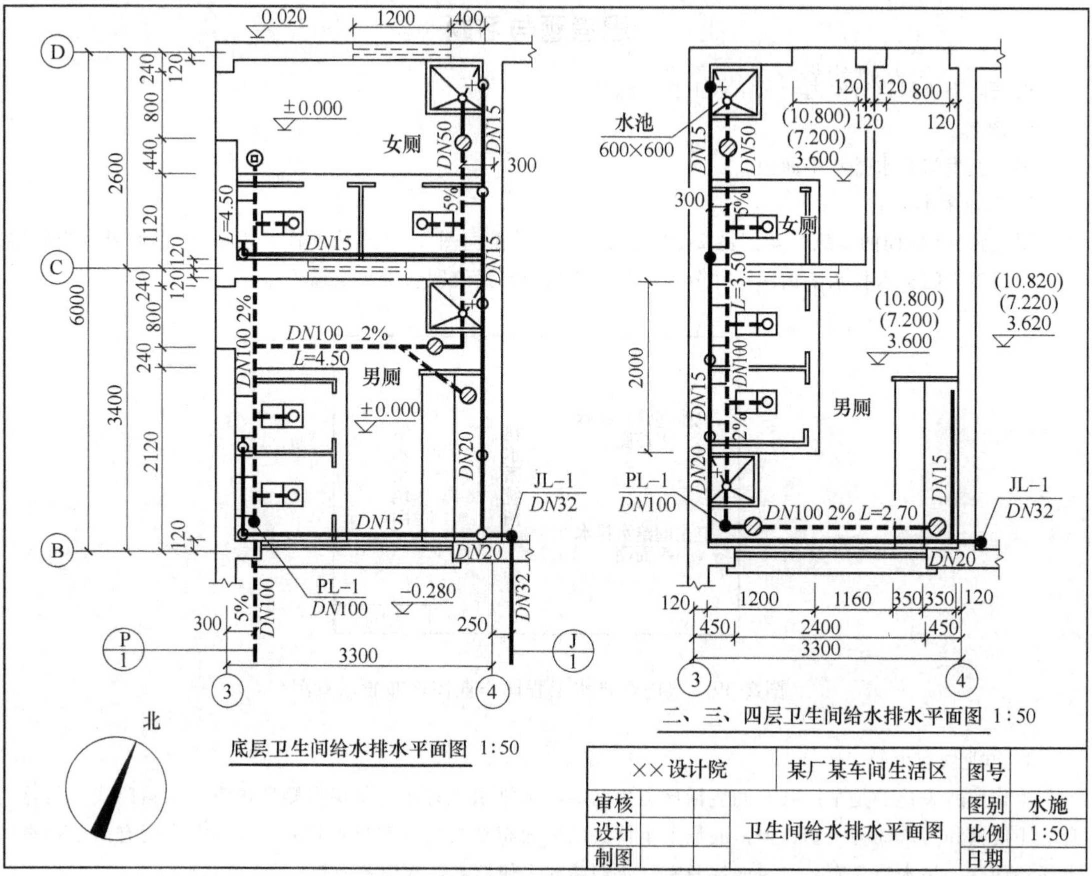

图 2-40 某厂某车间生活区卫生间给水排水平面图

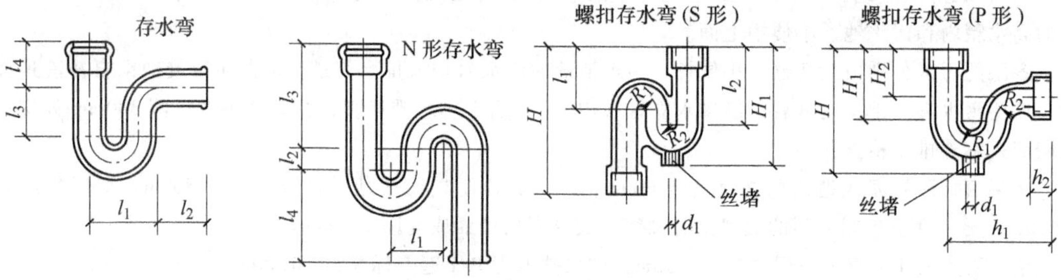

图 2-41 普通排水铸铁管存水弯标准图

3

第3章 环境工程设计资料收集与准备

环境工程设计应在掌握设计基础资料的前提下完成，设计基础资料应由建设单位提供或由城市专业职能部门提供，其中包括气象、水文与工程地质、地形图、排水系统、污染源、地震、供水供电、概算、城市或企业现状和规划等资料。设计所用基础资料应由专门设计人员深入实际了解调查，以保证设计基础资料的准确性。

3.1 资料收集

1. 城市或企业现状和规划资料

1）城市或企业现状地形图、现状排水管网图。

2）城市或企业总体规划图和污染物排放规划图及其说明书。

3）城市或企业概况，主要了解城市的性质与规模、人口及其分布、功能区划与布局、给水排水系统状况、污染源分布、水体分布及其功能、环境污染治理规划等，了解企业的产品与规模，占地与固定资产，生产经营状况，技术水平，生产工艺与污染源，供水与排水系统，污染控制治理与综合利用，需处理污染物性质、产生量、排放量、排放去向及标准等。

2. 自然资料

（1）气象资料

1）气温。绝对最高、最低气温，历年逐月平均气温。

2）风向与风速。历年风向频率（或以风玫瑰图表示）、最大风速。

3）降水量。历年平均降水量、最大降雨量、历年平均降雨天数。

4）蒸发量。历年年蒸发量、最大蒸发量。

5）土地冰冻深度。历年冰冻深度、最大冰冻深度，历年冰冻期天数平均值、最小值。

（2）水文与工程地质资料

1）地表水体。纳污水体功能与流向、水体流域的纳污状况与污染趋势，本污染源对纳污水体的污染贡献、排入口及其水质状况，河流的历年逐月最高、平均、最低水位及相应的流量、流速、水质指标，河流供水水位、淹没范围，河流冰冻期限与厚度，湖泊、水库的水位与容量（包括环境污染状况及容量）。

2）地下水。含水层的厚度与分布、与补给水源的关系、地下水水质状况与指标。

3）工程地质。土壤物理分析、力学试验资料，应有钻孔柱状图及水文地质剖面图，并附说明。

（3）地震资料　建厂（站）地区地震烈度。

3. 供水、供电及交通运输资料

（1）供水资料　城市供水管网及供水范围与能力，对项目供水指标及价格，建筑地区地下水涌水量、可供水量及水质。

（2）供电资料　供电电源的电压、可靠程度，供电方式，供电点至用电点距离，供电部门对用电的要求及收费价格。

（3）供汽资料　城市能提供的热媒蒸汽的能力、价格。

（4）交通运输　建筑与城市及其他区域的交通状况。

4. 污染源资料

在对城市或企业供水排水、生产工艺及排放基本情况了解的基础上，应重点调查或监测主要污染源情况、排放口或纳污口水质、水量资料，应重点调查污染源污染物排放周期并监测不同时段的污染物性质。

5. 概算资料

建厂（站）地区的土建、市政工程概算定额，当地市场主要建材供应价格，主要和辅助设备价格，征地及拆迁费用，劳动力工资标准及其他管理费用规定等。

6. 其他资料

初步设计或可研报告或方案设计批准文件、与有关单位的协议文件、订购设备样本。

3.2　现场查勘

设计人员为提出符合实际的工程处理方案，需搜集有关真实客观的基础资料。因此，必须深入现场，了解实地情况，必要时应做实际勘测与监测。

1. 现场查勘的目的与内容

1）了解城市或企业现状和发展规划。

2）了解现有环保处理设施和观察污染源状况，增加对污染源的感性认识，必要时确定重点污染源，监测其排放周期及性质。

3）了解处理厂（站）选址现场地形情况，需要时对选场形状、尺寸、高程、污染物进出口等进行测量。

4）搜集和核实必要的设计基础资料，确定污染物处理排放应达到的标准，提出可能的方案，并征求当地有关单位的意见。

5）了解与有关部门协议内容，为现场勘测、监测做准备（协作关系、现场工作条件、工器具等）。

2. 现场查勘的步骤

1）了解项目建议书、可行性研究报告内容，分析或调查城市或企业有关资料，列出现场查勘计划。

2）现场调查，听取建设单位及有关部门意见，进一步搜集落实设计基础资料。

3）现场查勘、监测，并整理资料。

3. 现场查勘应注意的事项

1）在初期资料收集分析的基础上，尽早确定查勘的范围及重点，使查勘工作有针对性，起到补充作用。

2）城市发展状况或企业生产经营状况与技术管理水平，会影响总体设计方案选择及具体工程设计。

3）在书面资料的基础上，需注意与有关部门专家、领导的意见交流。

4）对污染物性质与特征的分析，不仅要看指标数据，还需对生产工艺深入分析，仔细观察污染物的感官状况。

5）不但要调查处理污染物进口，同样要仔细调查出口，既要重视污染源调查，也要深入进行选址调查。

6）对同类污染物及其处理工程调查，了解其污染性质特性、处理方法与效果、运转经验和存在的问题。

7）及时分析整理现场查勘资料，提出对方案设计的意见，并做好资料的分类和保管，不应随意使之扩散和丢失。

3.3 污染源调查

生产过程中污染物的排放随着生产品种、生产工艺、生产运行状况有很大的变化，即使同一种产品、同种工艺，排出的污染物性质也会有较大变化，因此，准确掌握污染物的性质是重要的工作，污染源调查就是要查清主要污染企业的排污状况。

1. 污染源调查的目的

了解需处理的污染物的产生量、性质，确定需处理污染物的污染源组成；了解污染源排污种类、污染危害程度、排污规律，确定主要污染源；对重点污染源和混合污染源进行现场监测，掌握其排放量和性质。

2. 污染源调查的步骤

污染源调查主要是对工业污染源进行调查，应建立在对生产工艺和排污工艺初步了解的基础上。污染源调查可分为三个阶段，即准备阶段、调查阶段和总结阶段。

（1）准备阶段

1）明确调查目的。

2）制订调查计划　明确污染源调查的范围与重点、内容与含量、方法与频次。

3）调查准备　组织好专业人员、分工协作，准备采样与测试的器具、交通工具、准备记录与计算图表，准备采样及分析测试所用药品，准备水样保存方法及容器、药品。

（2）调查阶段

1）定点采样　按拟定的采样点、时间、频率、项目（如 pH、温度及流量等）采样或测试，做好记录。

2）样品分析　按计划的测试项目、测试方法对样品进行分析。

3）数据处理　对现场测试结果、室内分析结果进行整理、计算，去除错误数据。

（3）总结阶段

1）评价　评价调查结果的客观性、代表性，评价需处理的污染物及重点污染源的性质与特征、理化指标，并与其他途径所得数据进行比较。

2）建立档案　将现场记录、分析结果、计算结果分类归档保存，撰写调查报告。

3. 污染源调查的方法与内容

（1）调查方法　污染源调查的方法有实测法、资料分析法、类比调查法及物料衡算法。对于现有企业可以用资料分析法、实测法进行，对新建企业可采用类比调查法、实测法（实测同类生产企业），新建企业无同类企业生产工艺参考时，只有以物料衡算法进行。一般情况下，应将资料分析法与实测法结合进行。

（2）调查内容　对于工业污染源的调查有其自身特色，一般包括性质、产生量调查，必要时可做污染物成分调查。污染源调查具体内容见第4章，本章不做详细论述。

3.4　环境影响评价报告

1. 编制环境影响评价报告书（表）的范围及意义

凡是对环境可能造成重大影响或轻微影响的建设项目，都需编制环境影响报告书（或报告表）。通过对项目拟选址周围现状的调查，对项目主要生产工艺流程及主要原材料的了解、研究，识别建设项目的环境影响因子，分析项目可能产生的污染物及污染程度，对项目需采取的环境保护措施提出建议并分析项目在环境工程技术方面的可行性。

2. 环境影响评价报告书（表）的内容

环境影响评价报告书（表）的内容要求达到《环境影响评价技术导则》规定的深度要求，环境影响评价文件的等级符合《建设项目环境影响评价分类管理名录》的规定，建设项目环境影响评价报告书（表）、环境影响登记表的内容和格式由国务院环境保护行政管理部门规定。

建设项目环境影响评价报告书（表）应包括下列内容：建设项目概况；建设项目周围环境现状；建设项目对环境可能造成影响的分析和预测；环境保护措施及其经济、技术论证；环境影响经济损益分析；对建设项目实施环境监测的建议；环境影响评价结论。涉及水土保持的建设项目还必须有经水行政主管部门审查同意的水土保持方案。主要内容见表3-1。

表3-1　环境影响评价报告书（表）的主要内容

序号	项目	主要内容
1	建设项目概况	根据建设项目的具体情况应介绍建设项目规模，生产工艺水平，产品、原料、燃料及总用水量，污染物排放量，环境保护措施，并进行工程环境影响因素分析等
2	建设项目周围环境现状	根据建设项目污染物排放因子的具体情况应包括自然环境调查，社会环境调查，评价区大气环境质量现状（背景）调查，地表水环境质量现状调查，地下水现状（背景）调查，土壤及农作物现状调查，环境噪声现状（背景）调查，评价区人体健康及地方病调查，其他社会、经济活动污染、破坏环境现状调查等
3	建设项目对环境可能造成影响的分析和预测	根据建设项目污染物排放因子的具体情况应包括大气环境影响预测与评价，水环境影响预测与评价（地表水和地下水），噪声环境影响预测和评价，生态环境影响预测和评价，对人体健康影响分析，振动及电磁波的环境影响分析，对周围地区的地质、水文、气象可能产生的影响等

（续）

序号	项　　目	主 要 内 容
4	环境保护措施及其经济、技术论证	根据建设项目污染物排放因子的具体情况应包括大气污染防治措施的可行性分析和建议，废水治理措施的可行性分析和建议，对废渣处理及处置的可行性分析，对噪声、振动等其他污染控制措施的可行性分析，对绿化措施的评价和建议，环境监测制度建议等
5	环境影响经济损益分析	应包括建设项目的经济效益、环境效益和社会效益等
6	对建设项目实施环境监测的建议	应针对建设项目环境影响特点，提出对各排放口的监测方案或计划，并提出配置监测设备和人员的建议
7	环境影响评价结论	根据建设项目污染物排放因子的具体情况，应包括评价区的环境现状、污染源评价的主要结论、建设项目对评价区的影响、环境保护措施可行性分析的主要结论和建议等内容，从经济效益、社会效益和环境效益统一的原则出发，综合提出建设项目选址、规模、布局等是否可行的结论
8	征求有关单位、专家和公众的意见	除国家规定需要保密的情形外，对环境可能造成重大影响，需要编制环境影响报告书的建设项目，应在报批报告书前，举行论证会、听证会或采取其他方式征求有关单位、专家和公众的意见。建设项目环境影响评价报告书应当附具对有关单位、专家和公众的意见采纳和不采纳的说明
9	卫生防护距离	根据排放的污染物性质，工业项目应与周围敏感建筑保持一定的防护间距，具体的卫生防护距离根据环境影响评价文件的结论确定

思考题与习题

1. 环境工程设计前期需要收集哪些资料？

2. 环境影响评价报告的主要内容是什么？根据下列环境影响评价报告的结论，你能得到哪些信息？

（一）项目概况

××公司是以儿童服装为基点展开研发、制造、营销及品牌营运为一体的企业，该公司成立后，投资5000万元，占地100亩（1亩=666.7m^2），年生产50万件儿童服装。

（二）环境质量现状

1）工业区SO_2、TSP、PM10日平均值均低于GB 3095—1996《环境空气质量标准》二级标准，评价区域内环境质量较好。

2）地表水各项指标均符合GB 3838—2002《地表水环境质量标准》Ⅲ类水质要求。

3）区域声环境符合GB 3096—2008《声环境质量标准》中3类标准。

拟建厂址周围生态环境一般。

（三）产业政策分析

通过比对，本项目不属于国家发改委《产业结构调整指导目录（2011年本）》中限制类和淘汰类项目，属于允许类项目，符合国家产业政策要求。

（四）选址可行性分析

项目位于工业区内，为二类工业用地，符合开发区功能规划，同时本项目没有印染，不产生有毒、有害工艺废水和废气，只要在保证其他污染物达标排放的前提下，项目选址可行。

（五）营运期环境影响分析

（1）废气　食堂油烟废气经油烟净化装置处理达到GB 18483—2001《饮食业油烟排放标准》要求后排

放。油烟去除率要求不得低于60%，排放量小于$2mg/m^3$，达标后排放对周围环境空气影响较小。

（2）废水　生活污水年排放量为$5000m^3$，通过化粪池处理符合GB 8978—1996《污水综合排放标准》中三级标准后排入园区污水管网，经污水处理厂处理达标后外排。

（3）噪声　车间外西侧安置的两台空压机，两台同时启用时，其叠加的噪声使厂界难以满足三类区标准要求。因此，建设单位应在空压机房设立隔声墙，在靠近厂界处种植隔声的灌木和乔木，使噪声控制在GB 12348—2008《工业企业厂界环境噪声排放标准》3类标准范围内。

（4）固体废物　职工产生的生活垃圾，年产生量20t，由工业区统一清运至垃圾场填埋处理，做到日产日清，对环境影响小。裁剪中产生的废布头、边角料年产生量约2.5t，外卖，不在厂区内存放。

4

第4章 建设项目工程分析及概预算

工程分析是环境影响评价中分析项目建设环境内在因素的重要环节，由于建设项目对环境影响的表现不同，可以分为以污染影响为主的污染型建设项目的工程分析和以生态破坏为主的生态影响型建设项目的工程分析。工程分析的主要任务是对工程的一般特征、污染特征及可能导致生态破坏的因素作全面分析。从宏观上掌握开发行动或建设项目与区域乃至国家环境保护全局的关系，从微观上为环境影响预测、评价和污染控制措施提供基础数据。工程分析的作用主要是作为项目决策的主要依据之一，为环境影响评价提供基础资料，为生产工艺和环保设计提供优化建议，为环境的科学管理提供依据。

4.1 工程分析的基本原则和方法

1. 工程分析的基本原则

工程分析应坚持以下原则：

1）提出的数据资料一定要真实、准确、可信，对于建设项目的规划、可行性研究和设计等技术文件中提供的资料、数据、图件等，要能够满足工程分析的需要和精度要求，并应进行分析、复核校对后引用。

2）凡是可定量表述的内容，如污染物的排放量、排放含量（浓度）等，应通过分析尽量给出定量的结果。

3）贯彻执行我国环境保护的法律、法规和方针、政策，如产业政策、能源政策、土地利用政策、环境技术政策、节约用水要求，以及清洁生产、污染物排放总量控制、污染物达标排放、“以新带老”原则等。

4）工程分析要突出重点，表征建设项目环境影响的特征，要根据各类型建设项目的工程内容及其特征，抓住其对环境可能产生较大不利影响的主要因素进行深入分析。

5）工程分析应在对建设项目选址选线、设计建设方案、运行调度方式等进行充分调查的基础上进行。

2. 工程分析的方法

一般建设项目的工程分析都应根据项目规划、可行性研究和设计方案等技术材料进行工作，具体的分析方法有类比法、物料衡算法、资料复用法。

（1）类比法　类比法用与拟建项目类型相同的现有项目的设计资料或实测数据进行工

程分析的常用方法。采用此法时，为提高类比数据的准确性，应充分注意分析对象与类比对象的相似性和可比性，如工程一般特征的相似性、污染物排放特征的相似性和环境特征的相似性等。类比法也常用单位产品的经验排污系数去计算污染物排放量，但是采用此法必须注意：

1）要根据生产规模等工程特征和生产管理以及外部因素等实际情况进行必要的修正。

2）必须对生产工艺、化学反应、副反应和管理等情况进行全面了解，掌握原料、辅助材料、燃料的成分和消耗定额。

3）一些项目计算结果可能与实际存在一定的误差，在实际工作中应注意结果的一致性。

经验排污系数法：

$$A = A_D \times M \tag{4-1}$$

$$A_D = B_D - (a_D + b_D + c_D + d_D) \tag{4-2}$$

式中 A——某污染物的排放总量；

A_D——单位产品某污染物的排放定额；

M——产品总产量；

B_D——单位产品投入或生成的某污染物量；

a_D——单位产品中某污染物的量；

b_D——单位产品所生成的副产物、回收品中某污染物的量；

c_D——单位产品分解转化掉的污染物量；

d_D——单位产品被净化处理掉的污染物量。

（2）物料衡算法　物料衡算法是用于计算污染物排放量的常规和最基本的方法，在具体建设项目产品方案、工艺路线、生产规模、原材料和能源消耗及治理措施确定的情况下，运用质量守恒定律核算污染物排放量，即在生产过程中投入系统的物料总量必须等于产品数量和物料流失量之和。

计算通式如下：

$$\sum G_{投入} = \sum G_{产品} + \sum G_{流失} \tag{4-3}$$

式中 $\sum G_{投入}$——投入系统的物料总量；

$\sum G_{产品}$——产出产品总量；

$\sum G_{流失}$——物料流失总量。

当投入的物料在生产过程中发生化学反应时，可按下列总量法公式进行衡算：

1）总物料衡算公式：

$$\sum G_{排放} = \sum G_{投入} - \sum G_{回收} - \sum G_{处理} - \sum G_{转化} - \sum G_{产品} \tag{4-4}$$

式中 $\sum G_{投入}$——投入物料中的某污染物总量；

$\sum G_{产品}$——进入产品结构中的某污染物总量；

$\sum G_{回收}$——进入回收产品中的某污染物总量；

$\sum G_{处理}$——经净化处理掉的某污染物总量；

$\sum G_{转化}$——生产过程中被分解、转化的某污染物总量；

$\sum G_{排放}$——某污染物的排放量。

2）单元工艺过程或单元操作的物料衡算。工程分析中常用的物料衡算有总物料衡算、有毒有害物料衡算、有毒有害元素物料衡算。在可行性研究文件提供的基础资料比较翔实或对生产工艺熟悉的条件下，应优先采用物料衡算法计算污染物排放量，理论上讲，该方法是最精确的。

（3）资料复用法　此法是利用已有的同类工程的环境影响评价资料或可行性研究报告等资料进行工程分析的方法。虽然此法较为简便，但所得数据的准确性很难保证，所以只能在评价工作等级较低的建设项目工程分析中使用。

4.2　工程分析的主要内容和重点

1. 工程分析的主要内容

工程分析的工作内容分为环境影响型项目工程分析和生态影响型项目工程分析。对于环境影响以污染因素为主的建设项目来说，工程分析的工作内容原则上应根据建设项目的工程特征，包括建设项目的类型、性质、规模、开发建设方式与强度、能源与资源用量、污染物排放特征以及项目所在地的环境条件来确定。其工作内容通常包括八部分。

（1）工程概况　一般特征简介、物料与能源消耗定额、项目组成、主要技术经济指标。

（2）工艺路线与生产方法及产污环节　用形象流程图的方法说明生产过程，同时在工艺流程图中表明污染物的产生位置和污染物的类型，必要时列出主要的化学反应式。

（3）污染源源强分析与核算　污染物分布及污染物源强核算、新建项目污染物源强、改扩建项目和技术改造项目污染物源强、通过物料平衡计算污染源强、水平衡、无组织排放源强的统计、风险排污的源强统计及分析、污染物排放总量建议指标。

1）废气：可按点源、面源、线源进行核算，说明源强、排放方式和排放高度及存在的有关问题。

2）废水：应说明种类、成分、含量、排放方式、排放去向。

3）废物：按《中华人民共和国固体废物污染环境防治法》对废物进行分类。

4）废液：应说明种类、成分、含量、是否属于危险废物、处置方式和去向等有关问题。

5）废渣：应说明有害成分、溶出物含量、是否属于危险废物、排放量、处理和处置方式和贮存方法。

6）噪声和放射性：应说明源强、剂量及分布。

（4）清洁生产水平分析　国家已经公布了部分行业清洁生产标准，包括石油炼制、制革、炼焦等，在建设项目的清洁生产水平分析中，应以这些基础数据与建设项目相应的指标比较，以此衡量建设项目的清洁生产水平。对于没有基础数据可借鉴的建设项目，重点比较建设项目与国内外同类型项目单位产品或万元产值的物耗、能耗、水耗和排放水平，并论述其差距。

（5）环保措施方案分析　首先对项目可行性研究报告等文件提供的污染防治措施进行技术先进性、经济合理性及运行的可靠性评价，若所提措施有的不能满足环保要求，则需提出切实可行的改进完善建议，包括替代方案。分析要点主要有分析建设项目可研阶段环保措施方案所选工艺设备的先进水平和可靠程度，分析处理工艺有关技术经济参数的合理性，分析环保设施投资构成及其在总投资中占有的比例，分析依托设施的可行性。

（6）总图布置方案分析　分析厂区与周围的保护目标之间所定防护距离的安全性，参考国家的有关卫生防护距离规范，分析厂区与周围的保护目标之间所定防护距离的可靠性。根据气象、水文等自然条件分析工厂和车间布置的合理性，在充分掌握项目建设地点的气象、水文和地质资料的条件下，认真考虑这些因素对污染物的污染特性的影响，合理布置工厂和车间，尽可能减少对环境的不利影响。分析其对周围环境敏感点处置措施的可行性，分析项目所产生的污染物的特点及其污染特征，结合现有的有关资料，确定建设项目对附近环境敏感点的影响程度，在此基础上提出切实可行的处置措施。

（7）补充措施与建议　关于合理的产品结构与生产规模的建议、优化总图布置的建议、节约用地的建议、可燃气体平衡和回收利用措施建议、用水平衡和节水措施建议、废渣综合利用建议、污染物排放方式改进建议、环保设备选型和实用参数建议等。

（8）工程分析小结　建设项目在拟选厂址的合理生产规模与产品结构、最佳总图布置方案、筛选确定的主要污染源与污染因子、主要污染因子的削减与治理措施、可能产生的事故特征与防范措施建议、必须确保的环保措施项目和投资、其他重要建议等。

生态影响型项目工程分析主要包括水电建设项目、水利建设项目、矿业建设项目、公路建设项目、农业建设项目。

2. 工程分析的重点

工程分析的重点是通过工艺过程分析、核算，确定污染源强，其中应特别注意非正常工况污染源强的核算与确定。资源能源的储运、交通运输及厂地开发利用分析的内容与深度，应根据工程、环境特点及评价工作等级决定。

4.3　工程分析的阶段划分

建设项目实施过程可以分为不同的阶段，包括施工阶段、运行阶段和服务期满即退役阶段。根据建设项目的不同性质和实施周期，可选择其中的不同阶段进行工程分析。

1）所有的建设项目都应分析运行阶段所产生的环境影响，包括正常工况和非正常工况两种情况。对服务运行期长或是随时间的变化其环境污染、生态影响可能增加或是变化较大，同时环境影响评价工作等级和环境保护要求较高时，还可根据建设项目的具体特性将运行阶段划分为运行初期和运行中后期。

2）部分建设项目的建设周期长、影响因素复杂且影响区域广，因此需进行建设期的工程分析。

3）个别建设项目由于运行期的长期影响、累积影响或毒害影响，会造成项目所在区域的环境发生质的变化，如核设施退役或矿山退役等，因此需要进行服务期满的工程分析。

4）对某些在实施过程中由于自然或人为原因易酿成爆炸、火灾、中毒等，且后果十分严重的、会造成人身伤害或财产损失事故的建设项目，应根据工程性质、规模、建设项目所在地的环境特征、事故后果以及必要性和条件具备情况，决定是否进行环境风险评价。

4.4　污染源调查

污染源调查的主要工作是确定调查的主要对象，根据建设项目的特点和当地环境，选择等标排放量较大的污染因子、评价区已造成严重污染的污染因子或特殊污染因子。

4.4.1 污染源分类

污染源是指对环境产生污染影响的污染物的来源。在开发建设和生产过程中，凡以不适当的含量、数量、速率进入环境系统而产生污染或降低环境质量的物质和能量，称为污染物。污染源向环境中排放污染物是造成环境问题的根本原因。根据污染物的来源、特征，污染源的结构、形态和调查研究目的的不同，污染源可分为不同的类型。污染源类型不同，对环境的影响方式和程度也不同，污染源分类见表4-1。

表4-1 污染源分类

分类方式	内 容
污染物产生的主要来源	自然污染源(自然界自行向环境排放有害物质或造成有害影响的场所)
	人为污染源(人类社会活动所形成的污染源,分为生产性污染源(工业、农业、交通、科研)和生活性污染源(住宅、医院、商业))
环境要素的影响	大气污染源(高架点源、线源、面源)、水体污染源(地面水污染源、地下水污染源、海洋污染源)、土壤污染源和噪声污染源
污染源几何形状	点源、线源和面源
污染物的运动特性	固定源和移动源
对环境造成影响的程度	对环境可能造成重大影响的污染源、对环境可能造成轻度影响的污染源及对环境影响很小的污染源

(1) 对环境可能造成重大影响的污染源 是指符合下列任一条件的建设项目：

1) 所有流域开发、开发区建设、城市新区建设和旧区改建等区域性开发项目。

2) 可能对环境敏感区造成影响的大中型建设项目。

3) 污染因素复杂，产生污染物种类多、产生量大，污染物毒性大或难降解的建设项目。

4) 造成生态系统结构的重大变化或生态环境功能重大损失的项目以及影响到重要生态系统、脆弱生态系统，或有可能造成或加剧自然灾害的建设项目。

5) 易引起跨行政区污染纠纷的建设项目。

(2) 对环境可能造成轻度影响的污染源 是指符合下列条件的建设项目：

1) 不对环境第三区造成影响的中等规模的建设项目，以及可能对环境敏感区造成影响的小规模建设项目。

2) 污染因素简单、污染物种类少和产生量小且毒性较低的中等规模的建设项目。

3) 对地形、地貌、水文、植被、野生珍稀动植物等生态条件有一定影响但不改变生态环境结构和功能的中等规模以下的建设项目。

4) 污染因素少，基本上不产生污染的大型建设项目。

5) 在新、老污染源均达标排放的前提下，排污量全面减少的技改项目。

(3) 对环境影响较小的污染源 是指符合下列条件的建设项目：

1) 基本不产生废水、废气、废渣、粉尘、恶臭、噪声、振动、放射性、电磁波等不利影响的建设项目。

2）基本不改变地形、地貌、水文、植被、野生珍稀动植物等生态条件和不改变生态环境功能的建设项目。

3）未对环境产生影响的第三产业项目。

（4）对环境敏感区的界定原则

1）需特殊保护地区，指国家或地方法律法规确定的、县以上人民政府划定的需特殊保护的地区，如水源保护区、风景名胜、自然保护区、森林公园、国家重点保护文物、历史文化保护地（区）、水土流失重点预防保护区、基本农田保护区。

2）生态敏感及脆弱区，指水土流失重点治理及重点监督区、天然湿地、珍稀动植物栖息地或特殊环境、天然林、热带雨林、红树林、珊瑚礁、产卵场、渔场等重要生态系统。

3）社会关注区，指文教区、疗养地、医院等区域以及具有历史、科学、民族、文化意义的保护地。

4）环境质量已达不到环境功能区划要求的地区。

4.4.2 污染源调查阶段

一般污染源调查工作程序可分为三个阶段：准备阶段、调查阶段、总结阶段。

（1）准备阶段　明确调查目的和要求，制订计划，建立组织和培训人员，物质准备和试点调查。

（2）调查阶段　包括生产管理、污染物治理、污染物排放、污染危害和生产发展的调查。为了做到了解一般情况又能突出重点，调查方法可分为普查和详查。普查是对该地区或企业的所有污染源进行全面的调查，目的在于掌握总体情况并确定重点调查对象进行详查。详查是在普查基础上选择规模大、排放量大、影响范围广和危害大的污染源作为详查对象，进行实地调查、实地采样监测，并配合必要的理论计算。为保证污染源评价的精度，详查污染源的数目应控制其等标污染负荷占评价区总等标污染负荷的80%以上，或控制重点污染源的污染物排放量占评价区总排放量的60%以上。

（3）总结阶段　包括数据处理分析、建立档案、进行污染源评价和写出文字报告。

4.4.3 污染源调查内容

一般把获得污染源资料的过程称为污染源调查。污染源排放的污染物种类、数量、排放方式、途径及污染源的类型和位置，直接关系到其影响对象、范围和程度。污染源调查就是要了解和掌握这些情况，通过污染源调查了解污染源的状况和污染物排放状况，为实施污染物控制寻找途径。污染源调查的内容丰富而广泛，通常涉及工业污染源调查、农业污染源调查、生活污染源调查，主要包括大气污染源、水污染源、噪声污染源、固体废物污染源等方面的内容。不同级别的评价项目污染源调查的基本内容不同，评价级别越高，污染源调查的基本内容越多。一级评价项目需进行以下九方面的调查：绘制污染流程图、统计主要污染物排放量、改扩建项目计算最终排放量、估计非正常排放量、将污染源按点源和面源分别统计、点源调查统计内容、面源调查统计内容、颗粒物污染源的密度及粒径分布、原料与固体。

工业污染源调查主要内容见表4-2。

表 4-2 工业污染源调查主要内容一览表

调查内容	详细描述
企业环境状况	企业所在地的地理位置、地形地貌、四邻状况和所属环境功能区(如商业区、工业区、居民区、文化区、风景区、农业区、林业区和养殖区等)的环境现状
企业基本情况	(1)企业名称、厂址、规模、性质、占地面积、职工构成、投产时间、产品产量和产值、生产水平、企业环境保护机构名称 (2)工艺原理、流程、工艺和设备水平、生产中的污染源和污染物 (3)能源和原材料的种类、产地、成分、单耗、总耗、水源类型、供水方式、供水量、循环水量、循环利用率、资源利用率和规定的利用率 (4)厂区和生活区布置、原料、燃料和废渣堆放场、水源地和绿化带的布置、污染源位置、绘出厂区和厂外环境图 (5)管理体系和编制、生产制度和管理水平、经济指标等
污染物排放和治理	(1)污染物的种类、成分和性质,排放的方式、规律和途径,排放含量和排放量,排放口的位置和类型,控制排放的方法,历史情况和事故排放情况 (2)污染物治理和综合利用方法,生产工艺改革,管理措施,投资效果,经营费用和副产品的成本、销路,存在问题和改进措施,今后治理规划或设想
污染危害	对人体健康、动植物、器物和生态系统的危害,以及造成的经济损失等
发展情况	生产发展的方向、规模、布局和指标、"三同时"制度、预期效果和存在问题等

生活污染源调查主要内容见表 4-3。

表 4-3 生活污染源调查主要内容一览表

工程项目范围内居民人口调查	包括总人数、总户数、密度、居住环境等
居民用水排水调查	包括用水类型(城市集中供水、自备水源),不同居住环境每人用水量,办公楼、旅馆、商店、医院或(及)其他单位的用水量,下水道设置情况(有无下水道、下水去向)
民用燃料调查	包括燃料构成(煤、煤气、液化气)、来源、成分、消耗情况(年、月、日用量,各区用量,每人消耗量)
垃圾产生及处置方法调查	垃圾种类、成分、数量、垃圾点的分布

农业污染源调查主要内容见表 4-4。

表 4-4 农业污染源调查主要内容一览表

农药使用情况调查	包括农药品种、数量、使用方式、使用时间、使用剂量、年限、有效成分含量(有机氧、有机磷等)、稳定性等
化肥使用情况调查	包括化肥的品种、数量、使用方式、使用时间、每亩平均使用量
水土流失情况调查	
农业废弃物调查	包括农作物秸秆、牲畜粪便、农用机油渣
农业机械使用情况	包括汽车、拖拉机台数及其月、年耗油量,行驶范围和路线及其他机械的使用情况等

交通污染源调查的内容主要是机动车的种类、数量、年耗油量,燃油构成、成分,排气量等。

在进行某个地区或某单项污染源调查时,都进行自然环境背景调查和社会背景调查。根据目的、项目不同,调查内容可以有所侧重,自然背景包括地质、地貌、气象、水文、土壤、生物；社会背景包括居民区、水源地、风景区、名胜古迹、工业区、农业区、林业区等。

4.5 污染源评价

污染源评价是对污染源潜在污染能力的鉴别和比较，目的是找出主要污染源和主要污染物，为环境质量评价提供基础资料，提供环境质量水平的成因，为环境污染综合治理指出目标和提供数据。根据污染源调查结果进行污染源评价，多用两种方法：一种是类别评价，根据各类污染源某种污染物的排放含量、排放量（体积或质量）、统计指标（检出率、超标率、超标倍数、标准差）等项指标来评价单项污染物对环境的潜在污染能力；另一种是综合评价，它考虑多种污染物、多种污染源和污染类型对环境总的潜在污染能力。评价方法主要有等标污染负荷法、排毒系数法和等标排放量法三种。

（1）等标污染负荷法　首先计算各污染物的等标污染负荷 P_i，再计算某工厂污染物等标污染负荷 P_n，最后计算某地区的等标污染负荷 P_m。

$$P_i = \frac{C_i}{C_{0i}} Q_i \times 10^{-9} \tag{4-5}$$

$$P_n = \sum_{i=1}^{n} P_i \tag{4-6}$$

$$P_m = \sum_{n=1}^{m} P_n \tag{4-7}$$

$$K_i = \frac{P_i}{P_n} \tag{4-8}$$

式中　P_i——某污染物的等标污染负荷；

C_i——某污染物的实测质量浓度（mg/m^3）；

C_{0i}——某污染物的质量浓度排放标准（mg/m^3）；

Q_i——含某污染物的废气或废水排放量（m^3/d）；

P_n——某工厂污染物等标污染负荷；

P_m——某地区污染物等标污染负荷；

K_i——污染负荷比。

将 K_i 值由大到小排列，由大到小计算累计污染负荷比，等于 80% 左右所包含的污染物（或按同法计算的污染源）确定为主要污染物（或主要污染源），这种方法对排放量小但毒性很大的污染物的污染源要作全面分析和考虑。

（2）排毒系数法　某污染物的排毒系数：

$$F_i = \frac{M_i}{d_i} \tag{4-9}$$

式中　F_i——排毒系数；

M_i——污染物排放量（mg/d）；

d_i——导致一个人出现毒理作用反应的最小摄入量（mg/人），是由毒理学试验得出的毒作用阈剂量值计算求得的。

废水中污染物 d 计算时，取污染物毒作用阈剂量（mg/kg）×55(kg/人)（成人平均体重)；废气中污染物 d 计算时，取污染物毒作用阈剂量（mg/m^3）×10(m^3/人)（人体每日呼吸空气量)。

排毒系数表示污染物充分、长期作用于人体时，能导致出现毒作用反应的人数。对于各种不同性质的污染物，通过这种标化计算，有了可比性。同理可以求出某工厂（或某地区）的排毒系数 F_n（或 F_m）和排毒系数比 K_i：

$$F_n = \sum_{i=1}^{n} F_i \tag{4-10}$$

$$K_i = \frac{F_i}{F_n} \tag{4-11}$$

(3) 等标排放量法　第 j 污染源第 i 种污染物的等标排放量：

$$P_{ij} = \frac{M_{ij}}{C_i} \times 10^9 \tag{4-12}$$

式中　M_{ij}——第 j 污染源第 i 种污染物的排放量（t/d)；

C_i——选用的第 i 种污染物的评价标准（mg/m^3）。

第 j 污染源各污染物的等标排放量：

$$P_j = \sum_{i=1}^{n} P_{ij}(j = 1,2,\cdots,m) \tag{4-13}$$

某工厂或地区所有污染源的第 i 种污染物的等标排放量：

$$P_i = \sum_{j=1}^{m} P_{ij}(i = 1,2,\cdots,n) \tag{4-14}$$

某工厂或地区所有污染源的各种污染物的等标排放量：

$$P_{\mathrm{T}} = \sum_{i=1}^{n} P_i \tag{4-15}$$

由 P_j 或 P_i 与 P_{T} 的比值可计算出第 j 污染源或第 i 种污染物的等标排放量比 K_j 或 K_i，由大到小依次排列可确定主要污染源和主要污染物。

4.6 污染源源强计算

4.6.1 概述

(1) 污染源分布与污染物源强核算　污染源分布和污染物类型及排放量是环境工程设计的基础资料，应该进行详细调查、核算和统计，力求数据准确和完整。因此，对于污染源分布应根据已经绘制的污染流程图，按排放点编号，标明污染物排放部位，然后列表逐点统计各种因子的排放强度、含量及数量。统计方法应以车间或工段为核算单元，对于泄漏和散放量部分，原则上要求实测，实测有困难时，可以利用年均消耗定额的数据进行物料平衡推算。

(2) 新建项目污染物源强　在统计污染物排放量的过程中，对于新建项目主要涉及两个方面，一方面是工程自身的污染物设计排放量，另一方面是治理规划和评价规定措施实行后能够实现的污染物削减量。

(3) 改扩建项目和技术改造项目污染物源强　对于改扩建项目和技术改造项目的污染物排放量的统计，主要包括三个方面，一方面是改扩建与技术改造前现有的污染物实际排放量，一方面是改扩建与技术改造项目计划实施的自身污染物排放量，一方面是实施治理措施后能够实现的污染物削减量。

(4) 通过物料平衡计算污染物源强　依据质量守恒定律，投入的原材料和辅助材料的总量等于产出的产品、副产物及污染物的总量，通过物料平衡，可以核算产品和副产品的产量，并计算出污染物的源强。

(5) 水平衡　水平衡是指建设项目所用的新鲜水总量加上原料带来的水量等于产品带走的水量、损失水量、排放废水量之和，可以用下式表达：

$$Q_f + Q_r = Q_p + Q_l + Q_w \tag{4-16}$$

式中　Q_f——新鲜水总量；

Q_r——原料带来的水量；

Q_p——产品带走的水量；

Q_l——生产过程损失水量；

Q_w——排放废水量。

(6) 无组织排放源的统计　无组织排放是指在生产运行过程中污染物不经过排气筒（管）无规则排放，表现为在生产工艺过程中弥散型的污染物的无组织排放，设备、管道和管件的跑冒滴漏以及在空气中的蒸发、逸散引起的无组织排放。

(7) 风险排污的源强统计及分析　包括事故排污和非正常工况排污两部分。

4.6.2 污染物排放量计算方法

在污染源调查与工程分析中，都涉及污染物排放量、排放含量等的计算。污染物排放量的计算是环境工程设计参数的基础，通常可以采用三种方法，即实测法、物料衡算法和排放系数法进行计算。这三种方法各有其特点，应用时可以根据具体情况，选择其中的一种方法进行污染物排放量的计算。

1. 实测法

实测法是通过实际测量废水或废气的排放量及其中污染物的含量，计算其中某污染物排放量的方法。经常使用的公式为

$$G_j = KC_jQT \tag{4-17}$$

式中　G_j——废水或废气中第 j 种污染物的排放量（t）；

Q——单位时间废水或废气的排放量（m^3/h）；

C_j——第 j 种污染物实测质量浓度（mg/L 或 mg/m^3）；

T——污染物排放时间（h）；

K——单位换算系数，对于废水 K 为 10^{-6}，对于废气 K 为 10^{-9}。

如果污染源有几个排放口，每个排放口所排放的废水或废气中的污染物不止一种，则污染源中每种污染物的排放总量的计算公式为

$$G_j = \sum_{i=1}^{n} KC_{ij}Q_iT \tag{4-18}$$

式中　G_j——第 j 种污染物排放总量（t）；

C_{ij}——第 i 个排放口，第 j 种污染物的实测质量浓度（mg/L 或 mg/m^3）；

Q_i——第 i 个排放口的单位时间废水或废气排放量（m^3/h）。

当流量或质量浓度测定多次时，就要求取平均流量或平均质量浓度，计算公式如下：

$$\overline{Q} = Q_1 + Q_2 + \cdots + Q_m = \frac{1}{m}\sum_{k=1}^{m} Q_k \tag{4-19}$$

$$\overline{C} = \frac{Q_1C_1 + Q_2C_2 + \cdots + Q_mC_m}{Q_1 + Q_2 + \cdots + Q_m} = \frac{\sum_{k=1}^{m} Q_kC_k}{\sum_{k=1}^{m} Q_k} \tag{4-20}$$

式中 $\overline{Q}$——废水或废气的平均流量（m^3/h）；

m——测定次数；

k——测定次数的下标变量；

$\overline{C}$——污染物加权算术平均质量浓度（mg/L 或 mg/m^3）。

例 4-1 某建设项目 COD 的排放质量浓度为 30 mg/L，排放量为 36000m^3/h，每天排放时间 8h，问，该项目每天排放 COD 多少吨？

解： $G_j = KC_jQT = (30 \times 36000 \times 8 \times 10^{-6})\text{t} = 8.64\text{t}$

2. 物料衡算法（总量法）

物料衡算法是对生产过程中所使用的物料情况进行定量分析的一种科学方法，它是根据质量守恒定律对某系统进行物料的数量平衡计算。在生产过程中，投入某系统的物料质量必须等于该系统产出物质的质量，即等于所得产品的质量和物料流失量之和，即：

$$\sum G_{投入} \rightarrow 某生产系统 \rightarrow \sum G_{产出}(\sum G_{产品} + \sum G_{流失}) \tag{4-21}$$

式（4-21）既适用于整个生产过程的总物料衡算，也适用于生产过程中的任一个步骤或某一生产设备的局部衡算。不论进入系统的物料是否发生化学反应，或是化学反应是否完全，这个公式都是成立的。

（1）物料衡算的步骤 一般来说，物料衡算应遵循下列步骤。

1）确定物料衡算系统 所谓物料衡算系统，是指进行物料平衡计算的对象。在对物料投入与产出的关系研究中，首先要将研究的对象同周围的物体区分开来。通常将单独分割出来的研究对象称为系统，这样的系统应有明确的边界线。系统的边界线可以是实际的界线或界面，如车间或工序的排出口；也可以是假想的，如设备或管道的进口或出口的截面。因此，在物料衡算以前，要根据所研究问题的性质、要求和目的，以及有利于分析和计算的目的，正确地确定所要研究的系统或体系。

2）收集物料衡算的基础资料。根据物料衡算的要求，画出生产工艺流程示意图，写出相应的生产过程中的化学反应方程式，包括主、副反应方程式和处理过程中的反应式，以此作为计算依据。在工艺流程图上可以定性地标明物料由原材料转变为产品（主、副产品和回收品）的过程以及物料的流失方式、位置和流向等。根据工艺流程图和化学反应式，收集物料衡算的各种资料和数据。

3）确定计算基准物。在物料衡算中，往往将所有的污染物折算成某一基准物进行计算，以便于比较和评价。如将所有的铬酸盐、重铬酸盐、铬的氧化物都折算成基准物铬来进行计算和比较，所有的硝基物都折算成硝基苯来进行计算和比较等，因此在物料衡算中要选择一个合理的基准物。

4）进行物料平衡计算。物料平衡计算可以采用总量法或定额法，以简便、精确为原则来选择计算方法。对于生产过程中任何一个步骤或某一生产设备的局部物料衡算采用总量法较为简便，对于整个生产过程的总物料衡算采用定额法较为简便，这两种方法在后面将分别给予介绍，实际中也可灵活运用这两种计算方法。

5）物料衡算结果的分析及应用。物料衡算是对物料利用和流失情况进行科学分析的方法。通过物料衡算，可以得到生产每吨产品或半成品的原料实际消耗量、生产每吨产品半成品的各污染物（或原料、产品物料）排放量（或流失量），以及物料流失位置和排放形式、流向。

在实际运用过程中，物料衡算步骤并不是一成不变的，可以根据具体情况进行调整。

（2）进出系统过程中无化学变化的物料衡算　物料进出系统过程中，如果不发生化学反应，即其分子结构没有变化，而只有形状、温度等物理性能的变化，对于这种情况的物料衡算，其计算过程比较简单。

（3）进出系统过程中发生化学反应的物料衡算　如果物料进出系统过程中发生化学反应，转变为新的物质，物料衡算可以根据化学反应式进行，求得污染物的排放量。由于化学变化的发生，物料衡算变得比较复杂，计算通常可以采用总量法或定额法。总量法是以计算系统内的原料总耗量、主副产品及回收产品的总产量为基础，按式（4-21）计算物料或污染物流失总量。

例 4-2　某化工厂利用原料 A 及原料 B 生产产品（图 4-1），请填空。

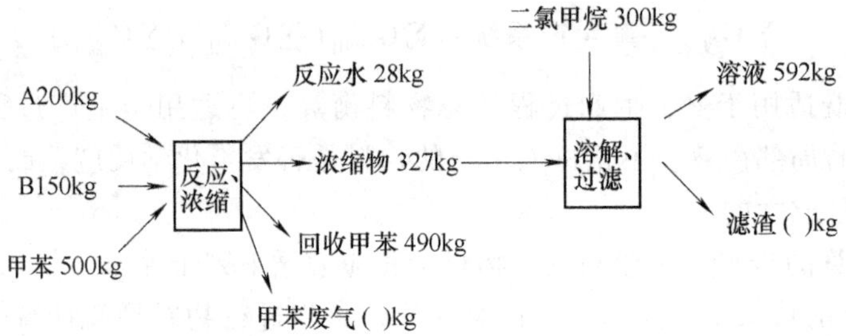

图 4-1　某化工厂生产工艺流程

解： 甲苯废气 5kg，滤渣 35kg。

例 4-3　某电厂监测烟气流量为 $200m^3/h$，烟尘进治理设施前质量浓度为 $1200mg/m^3$，排放质量浓度为 $200mg/m^3$，电厂连续运转，试求每年进入除尘系统的烟气量 Q（t）。

解： $Q = 200 \times (1200 - 200) \times 365 \times 24 \times 10^{-9} t = 1.752t$

3. 物料衡算法（定额法）

定额法是总量法的另一种表现形式，这种方法首先求出单位产品的污染物流失量，然后根据生产中产品总量，求取污染物流失总量。定额法和总量法可以相互变换。因此，根据式（4-21），生产过程中所使用或生成的污染物最终流失于环境的流失总量可用下式计算：

$$G = MG_{定} \tag{4-22}$$

式中　G——某种污染物的流失总量（t 或 m^3）；

$G_{定}$——单位产品某污染物的流失定额（kg/t 或 m^3/t）；

M——生产期内某产品的产量（t）。

其中 $G_{定}$ 可根据下式进行计算：

$$G_{定}=B_{定}-(a_{定}+b_{定}+c_{定}+d_{定}) \tag{4-23}$$

式中 $B_{定}$——单位产品所使用或生成的污染物量（kg/t 或 m^3/t）；

$a_{定}$——单位产品结构中污染物量（kg/t 或 m^3/t）；

$b_{定}$——单位产品产生的副产品、回收品结构中污染物量（kg/t 或 m^3/t）；

$c_{定}$——单位产品分解、转化掉的污染物量（kg/t 或 m^3/t）；

$d_{定}$——单位产品净化处理掉的污染物量（kg/t 或 m^3/t）。

$B_{定}$、$a_{定}$、$b_{定}$、$c_{定}$、$d_{定}$ 又可分别用以下一系列公式进行计算：

$$B_{定}=\sum H_i s_i g_i K_B \tag{4-24}$$

式中 H_i——单位产品的原料消耗量（kg/t）；

s_i——原料主要成分的纯度（%）；

g_i——原料在生产过程中的转化率（%）；

K_B——换算系数，为基准物的相对分子质量（或相对原子质量）与原料中与污染物有关的主要成分的相对分子质量的比值。

$$a_{定}=1000 s_1 K_a \tag{4-25}$$

式中 s_1——主产品中与污染物有关的主要成分纯度（%）；

K_a——换算系数，为基准物的相对分子质量（或相对原子质量）与主产品中与污染物有关的主要成分的相对分子质量的比值。

$$b_{定}=F s_2 K_b \tag{4-26}$$

式中 F——单位产品所回收的副产品或回收品数量（kg/t）；

s_2——副产品、回收品中与污染物有关的主要成分纯度（%）；

K_b——换算系数，为基准物的相对分子质量（或相对原子质量）与副产品、回收品中与污染物有关的主要成分的相对分子质量的比值。

$$c_{定}=L s_3 K_c \tag{4-27}$$

式中 L——单位产品分解、转化掉的污染物数量（kg/t）；

s_3——分解物中与污染物有关的主要成分的纯度（%）；

K_c——换算系数，为基准物的相对分子质量（或相对原子质量）与分解物中与污染物有关的主要成分的相对分子质量的比值。

$$d_{定}=(C_0-C_1)\frac{Q}{M} \tag{4-28}$$

式中 C_0——处理前某污染物的质量浓度［kg/t 或 kg/（$1000m^3$）］；

C_1——处理后某污染物的质量浓度［kg/t 或 kg/（$1000m^3$）］；

Q——生产期内废弃物的处理量（t 或 $1000m^3$）。

4. 排放系数法

根据生产过程中单位产品的经验排放系数进行计算求得污染物排放量的计算方法叫排放系数法。排放系数是根据实际调查数据，不断积累并加以统计分析而得出的。

(1) 产污系数和排放系数概念

1) 污染物产生系数和排放系数。污染物产生系数(简称产污系数)是指在正常技术经济和管理条件下,生产单位产品或单位强度(如重量、体积和距离等)的产生污染活动所产生的原始污染物量。污染物排放系数(简称排污系数)是指上述条件下经污染控制措施削减或未经削减直接排放到环境中的污染物量。显然,产污系数和排污系数与产品生产工艺、原材料、规模、设备技术水平以及污染控制措施有关。

2) 个体产污系数和综合产污系数。个体产污系数是指特定产品在特定工艺(包括原料路线)、特定规模、特定设备技术水平以及正常管理水平条件下求得的产品生产污染物产生系数。综合产污系数是指按规定计算方法对个体产污系数进行汇总求取的一种产污系数平均值,因此综合产污系数代表指定产品在该行业生产活动中生产单位产品排放污染物的平均水平。

(2) 污染物排放量的计算　污染物的产生量可以用下式计算。

$$G' = K'M \tag{4-29}$$

式中　G'——某污染物的产生量;

K'——单位产品的经验产污系数;

M——某产品的年产量。

污染物的排放量可以用下式计算。

$$G = KM \tag{4-30}$$

式中　G——某污染物的排放量;

K——单位产品的经验排污系数。

(3) 主要工业产品综合产污系数和排污系数

根据《工业污染物产生和排放系数手册》,按照不同行业可以查出具体的产污系数和排污系数,方便进行污染物排放量计算。

例 4-4　某电镀工业基地的生产总用水量为 60000t/d,其中 60% 为回用水,项目生活用水量为 4800t/d,生活污水处理后回用绿化,园区绿化用水约 543t/d,假设生产和生活污水产生系数为 0.9,请画出本项目的用水平衡图(图 4-2),并说明项目新鲜用水量是多少?污水排放量是多少?

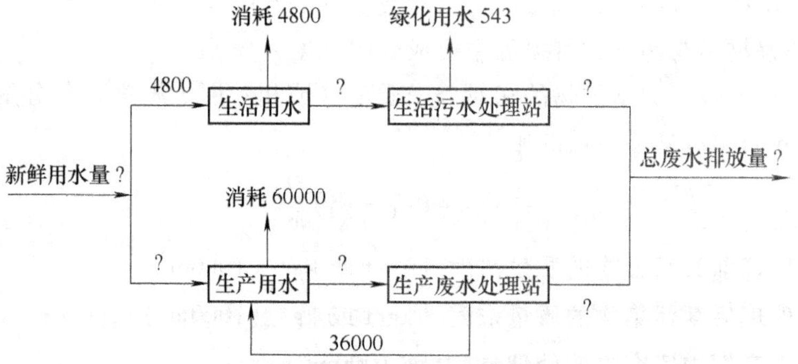

图 4-2　用水平衡图

解: 新鲜用水量 28800t/d,生产用水量 24000t/d,排入生活污水处理站 4320t/d,排入生产废水处理站 54000t/d,生活污水处理站排水 3777t/d,生产废水处理站排水 18000t/d,

总废水排放量27777t/d。

4.6.3 废气源强计算

1. 工业废气分类

工业废气种类繁多，按大气污染成分可分为颗粒污染物和气态污染物。

污染大气的颗粒物质又称气溶胶。环境科学中把气溶胶定义为悬浮在大气中的固体或液体物质，或称微粒物质或颗粒物。按其来源的性质不同，气溶胶又可分为一次气溶胶和二次气溶胶。前者指从排放源排放的微粒，如从烟囱排出的烟粒、风刮起的灰尘以及海水激起的浪花等；后者指从排放源排放时为气体，经过一些大气化学过程所形成的微粒，如来自排放源的 H_2S 和 SO_2 气体，经大气氧化过程，最终转化为硫酸盐微粒。烟尘主要来自火力发电厂、钢铁厂、金属冶炼厂、化工厂、水泥厂及工业和民用锅炉的排放。

气态污染物种类很多，主要有五大类。

（1）以 SO_2 为主的含硫化合物　大气污染物中的含硫化合物包括硫化氢、二氧化硫、三氧化硫、硫酸、亚硫酸盐、硫酸盐和有机硫气溶胶，以 SO_2 为主。

（2）以NO和 NO_2 为主的含氮化合物　大气中对环境有影响的含N污染物主要是NO和 NO_2，其他还有 N_2O 、NO_3 及铵盐。NO和 NO_2 是对流层中危害最大的两种氮的氧化物。NO的天然来源有闪电、森林或草原火灾、大气中氨的氧化及土壤中微生物的硝化作用等，NO_2 的人为源主要来自化石燃料的燃烧（如汽车、飞机及内燃机的燃烧过程），也来自硝酸及使用硝酸等的生产过程，氮肥厂、炸药厂、有色及黑色金属冶炼厂的某些生产过程等。氨在大气中不是重要的污染气体，主要来自天然源，它是有机废物中的氨基酸被细菌分解的产物。氨的人为源主要是在煤的燃烧和化工生产过程中产生的，在许多气体污染物的反应和转化中，氨起着重要的作用，它可以和硫酸、硝酸及盐酸作用生成铵盐，在大气气溶胶中占有一定比例。

（3）碳的氧化物　主要是CO和 CO_2，一氧化碳（CO）是低层大气中最重要的污染物之一，主要来源是化石燃料的燃烧，以及炼铁厂、石灰窑、砖瓦厂、化肥厂的生产过程。二氧化碳（CO_2）是动植物生命循环的基本要素，通常它不被看做大气的污染物。但是近几十年，由于人类使用矿物燃料的数量激增、自然森林遭到大量破坏，已超出自然界能“消化”的限度。其对人类环境的影响，尤其对气候的影响是不容低估的，最主要的影响为“温室效应”。

（4）碳氢化合物　碳氢化合物统称烃类，是指由碳和氢两种原子组成的各种化合物，碳氢化合物主要来自天然源。在大气污染中较重要的碳氢化合物有四类：烷烃、烯烃、芳香烃、含氧烃。表面上在城市中烃类对人类健康未造成明显的直接危害，但是在污染的大气中它们是形成危害人类健康的光化学烟雾的主要成分。

（5）含卤素的化合物　存在于大气中的含卤素化合物很多，在废气治理中接触较多的主要有氟化氢（HF）、氯化氢（HCl）等，它们能破坏大气的臭氧层，使紫外线更多地直射人的身体，导致人更有可能患癌症、皮肤病等。

自20世纪40年代开始，放射性尘埃引起的大气污染日益为人们所关注，这主要是核武器试验和核电站事故所造成的。

2. 工业废气治理重点

造成大气污染的废气及污染物主要来自工业污染源，在我国历年的《全国环境统计公报》中主要统计的工业废气包括燃料燃烧废气和生产工艺废气。历年来我国废气治理的重点是燃料燃烧（主要是燃煤）废气、生产工艺废气，以及汽车尾气。

（1）燃料燃烧废气　作为一次能源的化石燃料的燃烧，特别是不完全燃烧将导致烟尘、硫氧化物、氮氧化物、碳氧化物的产生，引起大气污染问题，以燃煤引起的大气污染问题最为严重。我国使用的能源燃料中，以固体燃料煤占的比例最大。根据《中国统计年鉴》（2013）的能源结构资料，1993～2012 年的 20 年统计，煤占 73%～77.8%；石油从 1993 年占 17% 左右，逐步降低，2012 年占 8.9%；天然气从 1993 年占 2.0%，逐渐增大，2012 年占 4.3%；水电、核电、风电等清洁能源所占比重逐步提高，由 1993 年的 5.3% 提高到 2012 年的 10.3%。虽然清洁能源有了较大发展，但煤和石油、天然气的使用仍占中国能源使用的绝大比例。然而煤燃烧是烟尘、硫氧化物、氮氧化物、一氧化碳等主要污染物的来源。因为不完全燃烧，燃烧天然气排放的废气天然气的主要成分是二氧化碳，也含有数量不定的乙烷和少量的氮、氦和甲烷。一般要求天然气加工厂回收可液化的组分并在去除硫化氢后方可使用。燃烧天然气一般过量空气率范围为 10%～15%，但是一些大型锅炉却在较低的过量空气率下运行以增加燃烧效率和减少氮氧化物排放量。但当操作不当、混合不好、空气不充足时都可能产生大量的烟、一氧化碳和烃类等污染排放物。同时，在工厂加工时，为使人易于察觉，把含硫的硫醇加到天然气中，因此在燃烧过程中也会产生少量硫氧化物。

（2）工业生产源

1）煤炭工业源。煤炭加工主要有洗煤、炼焦及煤的转化等，在这些加工中均不同程度地向大气排放各种有害物质，主要有颗粒物、二氧化硫、一氧化碳、氮氧化物及挥发性有机物及无机物。

2）石油和天然气工业源

① 石油炼制。石油原油是以烷烃、环烷烃、芳烃等有机化合物为主的成分复杂的混合物，除烃类外，还含有多种硫化物、氮化物等。

② 天然气的处理过程。从高压油井来的天然气通常经过井边的油气分离器去除轻凝结物和水，天然气中常含有天然汽油、丁烷和丙烷，因此要经天然气处理装置回收这些可液化的成分方能使用。

③ 钢铁工业。钢铁工业主要由采矿、选矿、烧结、炼铁、炼钢、轧钢、焦化及其他辅助工序（例如废料的处理和运输等）所组成。各生产工序都不同程度地排放污染物。生产 1t 钢要消耗原材料 6～7t，包括铁矿石、煤炭、石灰石等，其中约 80% 变成各种废物或有害物排入环境。排入大气的污染物主要有粉尘、烟尘、SO_2、CO、NO_x、氟化物和氯化物等。

④ 有色金属工业。有色金属通常指除铁（有时也除铬和锰）和铁基合金以外的所有金属，有色金属可分为四类：重金属、轻金属、贵金属和稀有金属。重有色金属在火法冶炼中产生的有害物以重金属烟尘和 SO_2 为主，也伴有汞、镉、铅、砷等极毒物质。生产轻金属铝时，污染物以氟化物和沥青烟为主；生产镁和钛、锆时，排放的污染物以氯气和金属氯化物为主。

⑤ 建材工业。建筑材料种类繁多，其中用量最大最普遍的当属砂石、石灰、水泥、沥青混凝土、砖和玻璃等，它们的主要排放物为粉尘。

⑥ 化学工业。化学工业又称化学加工工业，其中产量大、应用广的主要化学工业有无机酸、无机碱、化肥等工业。其排放的污染物，由原料、加工工艺、生产环境等方面决定。

本书重点介绍锅炉烟气排放量、地下车库汽车尾气排放量、无组织排放源排放量。

4.6.3.1　锅炉废气源强计算

1. 燃煤锅炉废气污染源强

燃煤锅炉额定煤用量可根据下式计算：

$$B=\frac{DL}{Q_{\mathrm{dw}}\eta_1} \tag{4-31}$$

式中　B——锅炉额定煤用量（t/h）；

D——锅炉每小时产汽量（t/h）；

L——锅炉工作压力下饱和蒸汽焓（kcal/kg）；

Q_{dw}——燃煤的低位发热值（kcal/kg）；

η_1——锅炉热效率（%）。

当煤质参数为含硫0.72%、灰分21.8%、挥发分4.12%，低位发热值5800kcal/kg时，计算一台4t/h蒸汽锅炉额定耗煤量，查有关锅炉手册可知，锅炉工作压力下饱和蒸汽焓为659.9kcal/kg，锅炉热效率取80%，则锅炉额定煤用量为569kg/h。

（1）锅炉烟气排放量计算　燃煤锅炉的烟气量与锅炉型号、燃料的热值、燃烧方式以及配置的引风机型号均有密切关系。根据原国家环境保护局科技标准司编写的《工业污染物产生和排放系数手册》计算公式对燃煤烟气量、烟尘和SO_2的产生量进行估算。锅炉烟气量计算公式为：

$$V_0=1.01\left(\frac{Q_{\mathrm{yL}}}{1000}\right)+0.5 \tag{4-32}$$

$$V_{\mathrm{y}}=0.89\left(\frac{Q_{\mathrm{yL}}}{1000}\right)+1.65+(\alpha-1)V_0 \tag{4-33}$$

式中　V_0——标准状态下燃料燃烧所需理论空气量（m^3/kg）；

V_{y}——标准状态下实际烟气量（m^3/kg）；

Q_{yL}——燃煤的低位发热值，取5800kcal/kg；

α——炉膛过剩空气系数，$\alpha=\alpha_0+\Delta\alpha$，$\alpha_0$取1.3，$\Delta\alpha$取0.5。

由上式可计算出V_0为$6.358m^3/kg$，V_{y}为$11.898m^3/kg$，4t/h蒸汽锅炉额定耗煤量为569kg/h，烟气排放量理论值为$6770m^3/h$，燃煤蒸汽锅炉每天运行12h，每年运行260日，即$2.11\times10^7m^3/a$。

（2）烟气产生量计算

$$G_{\mathrm{d}}=1000A_{\mathrm{y}}a_{\mathrm{fh}}\frac{1}{(1-C_{\mathrm{fh}})K} \tag{4-34}$$

式中　G_{d}——烟尘产污系数（kg/t煤）；

A_{y}——煤中含灰量（%）；

a_{fh}——烟尘中飞灰占灰分总量的百分比；

C_{fh}——烟尘中碳含量；

K——锅炉出力影响系数。

按调查资料和实测数据确定各项参数如下：$A_y=21.8\%$，$a_{fh}=10\%$，$C_{fh}=30\%$，$K=1$，计算出烟尘产污系数 G_d 为 31.1 kg/t。燃煤蒸汽锅炉每天运行 12h，每年运行 260d，预计煤用量为 1775t/a（569kg/h），则烟尘产生量为 55.2 t/a，标准状态下的质量浓度为 $2616mg/m^3$。

（3）SO_2 产生量计算

$$G_{SO_2}=1.6BS \tag{4-35}$$

式中 G_{SO_2}——SO_2 产生量（kg/h）；

B——耗煤量（kg/h）；

S——煤中全硫分。

经计算燃煤的 SO_2 产生量为 20.45t/a，标准状态下质量浓度为 $969mg/m^3$。

对照 GB 13271—2001《锅炉大气污染物排放标准》可知，标准状态下燃煤烟气中 SO_2 和烟尘排放质量浓度均超过相应标准（$900mg/m^3$、$200mg/m^3$）。若采用文丘里-水膜（添加碱液）除尘设施对燃煤烟气进行净化，脱硫率按 60%、除尘率按 94% 计，则 SO_2 和烟尘实际排放量分别为 8.18t/a 和 3.31t/a，实际排放质量浓度在标准状态下分别为 $388mg/m^3$ 和 $157mg/m^3$。

2. 燃气锅炉废气污染源强

锅炉额定蒸发量为 4t/h，锅炉效率为 92.3%，天然气耗量为 $300m^3/h$。

（1）燃气锅炉废气产生量 燃气过程产生的废气量可以采用系数推算法计算，公式如下：

$$V_y=1.14\cdot\frac{Q}{4187}-0.25+1.0161(\alpha-1)V_0 \tag{4-36}$$

式中 V_y——标准状态下的实际烟气量（m^3/m^3 天然气）；

Q——天然气低位发热值，取 35590kJ/kg；

α——标准状态下的炉膛过剩空气系数，取 1.35；

V_0——标准状态下的理论空气需要量，按下式计算：

$$V_0=0.260\cdot\frac{Q}{1000}-0.25=9.0034m^3/m^3 \tag{4-37}$$

则标准状态下的实际产生烟气量：

$$V_y=1.14\cdot\frac{Q}{4187}-0.25+1.0161(\alpha-1)V_0=12.6m^3/m^3 \tag{4-38}$$

燃气锅炉每天运行 12h，每年运行 260d，预计年耗天然气体积为 $9.36\times10^5m^3$。根据上面计算出的天然气烟气量可以计算出标准状态下的废气排放总量为 $1.18\times10^7m^3/a$。

（2）SO_2 产生量 液化天然气含总硫分为 33.5mg/kg，20℃ 天然气密度为 $0.6951kg/m^3$，则天然气含硫量为 $23.3\ mg/m^3$，以全部生成 SO_2 计，则天然气燃烧 SO_2 的产生系数为 $46.6mg/m^3$，则 SO_2 产生量为 43.6kg/a，燃气锅炉 SO_2 的产生质量浓度为 $3.7\ mg/m^3$。

（3）烟尘产生量 根据《实用环境保护数据大全》（湖北人民出版社，1999 年 4 月），天然气燃烧烟尘的产生系数为 $160mg/m^3$，则烟尘产生量为 150kg/a，产生质量浓度为 $12.7mg/m^3$。

（4）NO_x 产生量　根据《实用环境保护数据大全》（湖北人民出版社，1999 年 4 月），天然气燃烧 NO_x 的产生系数为 1760mg/m³，则 NO_x 产生量为 1647kg/a，产生质量浓度为 139.6mg/m³。

燃气锅炉废气符合 GB 13271—2001《锅炉大气污染物排放标准》中表 1、表 2 中二类区Ⅱ时段 SO_2、烟尘、NO_x 的最高允许排放质量浓度（100mg/m³、50mg/m³、400mg/m³）。

3. 燃油锅炉废气污染源强

一台 0.3t/h 的燃油蒸汽锅炉，预计日运营时间合计为 2～3h，按每天运行 3h 估算，类比同型号锅炉，预计年耗油量为 18.9t。柴油是石油的分馏产物，为有机物链烷、环烷、芳香族等混合物，属于轻油之一，因其杂质少燃烧充分，一般不易造成空气污染。液体燃料燃烧过程烟气量（标准状态下，单位为 m³/kg）可以采用下式计算：

$$V_y = \frac{1.11Q}{1000} + (\alpha - 1)V_0 \tag{4-39}$$

$$V_0 = 0.85 \cdot \frac{Q}{1000} + 2 \tag{4-40}$$

式中　Q——柴油低位发热值（kcal/kg）；

α——炉膛过剩空气系数；

V_0——理论空气需要量。

取柴油的空气过量系数 $\alpha = 1.2$，柴油的低位发热值为 $Q = 10100\text{kcal/kg}$。可估算出标准状态下的燃油烟气量 $V_y = 13.33\text{m}^3/\text{kg}$。

预计年耗柴油量为 18.9t，则标准状态下的燃油烟气排放量为 $2.52 \times 10^5\text{m}^3/\text{a}$。根据《环境统计手册》，燃烧 1t 0#柴油产生的烟尘量为 1.0kg、SO_2 为 6.0kg、NO_x 为 4.28kg，则项目预计燃油锅炉烟尘排放量为 18.9kg/a、预测产生质量浓度为 75mg/m³，SO_2 排放量为 113.4kg/a、预测产生质量浓度为 450mg/m³，NO_x 排放量为 80.9kg/a、排放质量浓度为 321mg/m³。

4.6.3.2　无组织排放废气源强计算

燃油锅炉废气符合 GB 13271—2001《锅炉大气污染物排放标准》中表 1、表 2 中二类区Ⅱ时段 SO_2、烟尘、NO_x 的最高允许排放质量浓度（500mg/m³、100mg/m³、400mg/m³）。

石油化工是国民经济的重要支柱产业，但石油化工企业在生产过程中一般都会排放出复杂的有毒、有害污染物，对周围大气环境产生明显的影响，危害程度较大。其排放的形式有两种：一种是有组织的排放，即大气污染物经过排气筒有规律地排放这部分废气，只要正确合理地选择处理的技术和方法，一般比较容易处理达标；另一种是无组织的排放，指没有排气筒或排气筒高度低于 15m 的排放源。

无组织排放气体虽然排放量不是很大，但具有以下特点：排放源高度低，污染物尚未得到充分稀释即进入呼吸带；污染物的扩散，随着排放源下风向距离的增长而逐渐降低；污染物往往呈多点、分散的无规则排放，监测和评价、管理都比较困难。因此，无组织排放更应引起人们的重视。无组织排放是指无集中式排放口的一种排放形式。这种形式的排放量计算与集中式排放计算是不同的。

1. 无组织废气来源

石油化工企业无组织废气排放源比较多，主要集中在以下几个部位：储罐区、生产装置区、装卸区、污水处理装置等。

(1) 储罐区无组织废气排放　储罐区的无组织废气，主要是“大呼吸”和“小呼吸”过程产生的挥发性气体。

1)“大呼吸”过程指液体在容器与容器之间转移而发生气体吸入或放出的现象。排出的气体多为饱和蒸气。储罐在加入物料过程中，通过储罐呼吸阀，罐内的部分气体释放到大气；储罐使用物料时，外界空气的进入使罐内原有蒸气压降低，从而使罐内气体挥发到大气。对于固定顶储罐，此类损耗较大，而对于浮顶罐则可有效地控制这种损耗。对于浮顶罐来说，“大呼吸”损耗主要存在于物料使用过程，即浮顶罐在排出物料时，随着液面的下降，一部分黏附在罐壁上的物料暴露在大气中，并很快气化，由此造成“大呼吸”损耗。

2)“小呼吸”过程指由于外界温度或压力变化而导致气体的吸入或排出的现象，排出的气体为相对饱和蒸气。不动转的储罐，白天受热，罐内温度升高，化学品蒸发速度加快，蒸气压也随之增高，当气体压力增加到储罐呼吸阀极限时就要放出气体；夜间气温下降，液体化学品和化学品蒸气体积收缩，罐内又要吸进空气，这种排出化学品蒸气和吸入空气的过程即为“小呼吸”损失。

储罐区排放的无组织废气，其量的大小与物料的理化性质、储罐的结构、气候条件以及填充频次等有关。一般情况下，“大呼吸”过程的排放量大于“小呼吸”过程的排放量。

(2) 生产装置区无组织废气排放　一般情况下，生产装置区的无组织废气排放量小于储罐区的排放量。生产装置区的无组织废气主要存在于以下几个环节：易逸散废气的工艺过程；管道、设备的“跑冒滴漏”；管理不善，造成人为污染等。

在石油化工生产中，常见的工艺过程包括常减压蒸馏、催化裂化、催化重整、加氢精制、气体分馏、延迟焦化、脱臭、溶剂萃取、溶剂精制等。这些工艺过程中有机物和溶剂都易挥发或逸散到空气中，不仅污染环境，而且危害操作者。这种无组织废气的排放量与工艺法、操作参数及设备有很大的关联。

在正常工况下，管道和设备明显的跑冒滴漏现象不会发生，但随着运行时间的增加，设备零部件的腐蚀，损耗增加，要完全消除物料的泄漏是不可能的。因此，发生泄漏的随机性较大。泄漏的发生又决定于生产流程中设备和管道管件的密封程度，以及操作介质和操作工艺条件，如操作的温度、压力等。设备的泄漏情况虽然不能杜绝，但控制静密封泄漏率，可将泄漏降到最低程度。

化工生产中，如果操作人员的责任心不强，往往会发生泄漏性生产事故。如造成工艺废气的短时大量无组织排放；或是将液体物流散到地面，使地面遭到污染物的渗透，日后释放出气体，而且排放时间较长，对操作人员造成直接危害。

(3) 装卸区无组织废气排放　油品在车、船等的装卸中，为保持油罐或船舱内压力平衡，油罐或船舱与大气通过呼吸孔相通。随着油罐或船舱内液面的不断上升或下降，会产生类似储罐“大呼吸”的蒸发损耗。另外，装卸鹤嘴在装卸工作结束后，残留在鹤嘴中的化学品挥发，也会造成无组织废气排放。

(4) 污水处理装置的无组织废气排放　石油化工企业一般都建有污水预处理装置，这也是无组织废气排放的源头。根据污水预处理装置不同的工艺，在收集池、酸化处理、好氧厌氧、污泥处理等工段会逸出含硫化氢、甲硫醇、氨氮等恶臭物质。污水量、污水水质、曝气方式、污泥处置及日照、气温、风速等自然因素是影响以上恶臭物质排放量的关键因素。

2. 有害物质敞露存放的散发量计算

有害物质敞露存放时，由于蒸发作用，不断地向周围空间散发出有害气体和蒸气，其散发量可用下式计算：

$$G_s = (5.38 + 4.1v) p_H F M^{0.5} \tag{4-41}$$

式中 G_s——有害物质的散发量（g/h）；

v——车间或室内风速（m/s）；

p_H——有害物质在室温时的饱和蒸气压力（mmHg）；

F——有害物质的敞露面积（m^2）；

M——有害物质的相对分子质量。

由物理化学可知，各种物质的饱和蒸气压力随温度而改变，它们之间的关系如下：

$$\lg p_H = \left(-0.05223\frac{A}{T}\right) + B \tag{4-42}$$

式中 T——有害物质的绝对温度（K）；

A、B——常数，可从一般的物理化学手册中查取。

3. 液体（除水以外）蒸发量的计算

本计算方法适用于硫酸、硝酸、盐酸等酸洗工艺中的酸液蒸发量的计算，其计算公式如下：

$$G_z = (0.000352 + 0.000786v) pF \tag{4-43}$$

式中 G_z——液体的蒸发量（kg/h）；

v——蒸发液体表面上的空气流速（m/s），以实测数据为准，无条件实测时，可查表4-6，一般可取0.2~0.5；

p——相应于液体温度下的空气中的蒸气分压力（mmHg）；

F——液体蒸发面的表面积（m^2）。

4. 生产设备和管道不严密处的散发量

各种生产设备和管道都有不严密之处，不严密处泄漏出有害气体量往往随使用期延长而增大。有害气体的泄漏量一般可采用下式计算：

$$G_c = KCV\left(\frac{M}{T}\right)^{0.5} \tag{4-44}$$

式中 G_c——设备或管道不严密处的散发量（kg/h）；

K——安全系数，视设备的磨损程度而定，一般取 $K = 1 \sim 2$；

C——随设备内部压力而定的系数；

V——设备和管道的内部容积（m^3）；

M——设备和管道内的有害气体和蒸气的相对分子质量；

T——设备和管道内部的有害气体和蒸气的绝对温度（K）。

5. 油漆物件表面的散发量

一般在油漆时都要用各种有机溶剂（如汽油、苯、甲苯等）作为稀料，因此在油漆完后，物件在自然干燥过程中，全部有机溶剂将从物体表面挥发散出，其散发量常用下式计算：

$$G = \sum ME \tag{4-45}$$

式中 G——油漆作业点的油漆挥发量（kg/a）；

M——全年油漆用量（kg/a）；

E——油漆挥发量（kg/1000kg）。

6. 储罐区无组织废气排放量的计算

为减少油品无组织废气排放，储存闪点小于28℃油品的油罐，应选用浮顶罐或内浮顶罐；储存闪点大于或等于28℃小于或等于45℃油品的油罐，宜选用浮顶罐或内浮顶罐；储存闪点大于45℃油品的油罐，宜选用固定顶罐。根据以上原则，石油化工企业储存区一般采用拱顶罐、浮顶罐和内浮顶罐储存原油、汽油及其他轻质油品。此类储罐的无组织废气主要来源于各储罐的“大、小呼吸”产生的油气蒸发损耗，可以采用以下公式进行计算。

（1）大呼吸蒸发损耗

1）拱顶罐：

$$L_{DW} = K_T K_1 \frac{p_y}{(690 - 4\mu_y)K} V_1 \tag{4-46}$$

$$N = \frac{Q}{V} \tag{4-47}$$

$N > 36$ 时 $$K = \frac{180 + N}{6N}$$

$N \leqslant 36$ 时 $$K_T = 1$$

$$p = \frac{1}{2}(p_{y1} + p_{y2})$$

式中 L_{DW}——拱顶罐年大呼吸蒸发损耗量（m^3/a）；

V_1——泵送液体入罐量（m^3）；

N——油罐年周转次数；

Q——油罐年周转量（m^3/a）；

V——油罐容积（m^3）；

K——单位换算系数，$K = 51.6$；

K_T——周转系数；

K_1——油品系数，汽油 $K_1 = 1$，原油 $K_1 = 0.75$；

p_y——油品平均温度下的蒸气压（kPa）；

p_{y1}——油罐内液面最低温度所对应的蒸气压（kPa）；

p_{y2}——油罐内液面最高温度所对应的蒸气压（kPa）；

μ_y——油蒸气摩尔质量（kg/kmol）。

2）浮顶罐：

$$L_w = \frac{4Q_1 C\rho_y}{D} \tag{4-48}$$

式中 L_w——浮顶罐年大呼吸蒸发损耗量（m^3/a）；

Q_1——油罐年周转量（m^3/a）；

D——油罐直径（m）；

ρ_y——油品的密度（kg/m^3）；

C——油罐壁的黏附系数［$m^3/(1000m^2)$］。

3）内浮顶罐：

$$L_w = \frac{4Q_1 C\rho_y}{D}\left(1 + \frac{N_c F_c}{D}\right) \tag{4-49}$$

式中 N_c——支柱个数；

F_c——支柱有效直径（m）。

（2）小呼吸蒸发损耗 因为浮顶罐和内浮顶罐罐内有钢浮顶浮在油面上，随着油面升降，大大减少了油罐在小呼吸时的损耗，所以仅对拱顶罐的小呼吸蒸发损耗进行详细介绍。拱顶罐的小呼吸蒸发损耗可采用下式计算：

$$L_{DS} = 0.024K_2K_3\left(\frac{p}{p_a - p}\right)^{0.68} D^{1.73}H^{0.51}\Delta T^{0.5}F_P C_1 \tag{4-50}$$

式中 L_{DS}——拱顶罐年小呼吸损耗量（m^3/a）；

p——油罐内油品本体温度下的蒸气压（kPa），油品本体温度取自油品计量报表，如果缺乏这类资料，油品本体温度可取28℃；

p_a——当地大气压（kPa）；

H——油罐内气体空间高度（m）；

ΔT——大气温度的平均温差（℃）；

F_P——涂料系数，取值为1.00～1.46；

K_2——单位换算系数；

K_3——油品系数，汽油为1，原油为0.58；

C_1——小直径油罐修正系数。

（3）装卸区无组织废气排放量计算 液体化学品在车、船装卸作业时产生的化学品挥发损失可以采用下式计算：

$$污染源强 = \frac{车辆吨位(船舶吨位)\times损失率}{装卸作业时间} \tag{4-51}$$

式中，装卸车损失率可根据GB 10085—1989《散装液态石油产品损耗》中装车（船）损耗率和卸车（船）损耗率估算。

（4）污水处理装置无组织废气排放量计算 对于污水处理装置恶臭源强的确定，一般按照统计分析和类比分析，尽量调查同类厂家相同的污水处理设施的现有监测数据，然后推算排放量；在难于获得上述调查数据的情况下，可以参照城市污水处理厂的相关排污数据，加以修正。

4.6.3.3 地下车库尾气源强计算

随着经济的发展和物质生活水平的提高，汽车已经开始大量进入中国家庭，停车难也随之成为一种社会现象，地下停车库则是解决停车难问题的一条有效途径。由于地下车库是都市人群日常出入活动的场所，因此地下车库内的空气质量问题受到普遍关注。通过调查发现地下车库 CO 超过环境标准小时平均值，但能达到车间标准，在出行高峰时，即使通风良好也超过环境标准值；地下车库中微环境空气污染很严重。

当前，地下车库汽车尾气排放源强的计算均采用经验公式法，这里介绍三种常用的经验公式。

1. 经验公式一

汽车废气污染物排放按以下公式计算：

废气排放量：

$$D=\frac{QT(k+1)A}{1.29} \tag{4-52}$$

式中 D——废气排放量（m^3/h）；

Q——汽车车流量（辆/h）；

T——车辆在车库运行时间（min）；

k——空燃比；

A——燃油耗量（kg/min）。

污染物排放量：

$$G=DCF \tag{4-53}$$

式中 G——污染物排放量（kg/h）；

C——污染物的排放浓度（10^{-6}）；

F——容积与质量换算系数。

按停车库体积及单位时间换气次数，计算单位时间废气排放量，再按照污染排放速率，计算各停车库的污染排放质量浓度，计算方法如下：

$$\left.\begin{aligned}C&=\frac{10^6G}{Q}\\Q&=nV\end{aligned}\right\} \tag{4-54}$$

式中 n——单位时间换气次数；

V——停车库体积（m^3）；

G——污染物排放速率（kg/h）；

C——污染排放质量浓度（mg/m^3）；

2. 经验公式二

地下车库尾气中 CO 排放量较 HC、NO_x 大，只要将 CO 含量稀释至规定的标准范围内，那么其他两种污染物含量也将降低至标准范围内。因此一般估算地下车库汽车尾气排放量，仅计算 CO 的排放量即可。汽车库有害物散发量的函数关系式：

$$Q=AB\frac{CD}{E} \tag{4-55}$$

式中 Q——单位地面面积汽车排放的 CO 的量［$mg/(m^2\cdot h)$］；

A——汽车库单位地面面积车位数（m^{-2}）；

B——汽车库汽车出入频度，一般由调查类比确定；

C——汽车发动机在车库内的平均运行时间（s）；

D——某类汽车单位时间内 CO 的排放量（mg/s）；

E——CO 的排放量占汽车总排放量的百分比，$E=0.98\%$。

研究发现，汽车在地下车库内发动机的工作状态均为怠速运转。测试表明：在怠速状态下，一氧化碳、碳氢化合物和氮氧化合物三种污染物散发量的比例大约为 CO∶HC∶NO = 7∶1.5∶0.2。因此依据这个研究结果，通过 CO 的排放量，可以推算出 HC 和 NO_x 的排放量。

3. 经验公式三

经过研究，地下汽车库污染物源强可采用如下算法确定：

车库内污染物的排放量：

$$G = \sum_{i=1}^{n} \frac{T_2}{T_1} W\overline{S}B_i D_i t\overline{C}_i \tag{4-56}$$

式中　G——车库内污染物排放量（mg/s）；

T_1、T_2——汽车的排气温度及地下车库内温度（K），一般国产车 $T_1=823\text{K}$，进口车 $T_1=773\text{K}$，$T_2=293\text{K}$；

W——车库内停车总车位数（辆）；

$\overline{S}$——车库的停车车位利用系数，即单位时间内停车辆数与停车车位数的比值；

B_i——i 类车辆单位时间内的排气量（m^3/s）；

D_i——i 类车占停车总辆数的百分比（%）；

t——每辆车的发动机在地下车库内的工作时间（s）；

$\overline{C}_i$——i 类汽车排放污染物的平均质量浓度（mg/m^3）。

4. 应用实例

某高层建筑地下车库面积为 $2000m^2$，层高 3.0m，车库设计容量为 60 辆（国产轿车 40 辆、进口轿车 20 辆），上下班等高峰期停车车位利用系数约为 1.2，平时车库的停车车位利用系数约为 0.2，设计车库换气次数为 6 次/h，汽车在车库内平均运行时间为 3min。

（1）经验公式一

1）主要污染物排放系数。根据《环境保护实用数据手册》可查阅汽车废气主要污染物排放系数。

2）空燃比与耗油量。汽车耗油量与汽车状态有关，根据统计资料及类比调查可知，车辆进出车库（车速小于 5km/h）平均耗油量为 0.2L/min，即 0.15kg/min。当汽车进出停车库时，平均空燃比约为 12∶1。

3）体积浓度和质量浓度的换算。对大气中的污染物，常用体积浓度和质量浓度来表示其在大气中的含量，体积浓度用每立方米的大气中含有污染物的体积数（cm^3/m^3）或（mL/m^3）来表示，常用的单位是 10^{-6}。用每立方米大气中污染物的质量来表示的浓度叫质量浓度，单位是 mg/m^3。体积浓度和质量浓度之间的换算关系为

$$X = \frac{CM}{22.4} \tag{4-57}$$

式中　X——污染物以每立方米的毫克数表示的质量浓度值（mg/m^3）；

C——污染物以 10^{-6} 表示的体积浓度值；

M——污染物的相对分子质量，该项目中汽车废气主要污染物相对分子质量，CO = 28，HC（以正戊烷计）= 72，$NO_2=46$；

22.4——标准状态下的气体摩尔体积（L/mol）。

根据上式计算，该项目中汽车废气主要污染物体积浓度与质量浓度换算系数分别为 CO 1.25、HC 3.21 和 NO_2 2.05。

（2）经验公式二　该公式的主要参数为某类汽车单位时间内 CO 的排放量，其值根据现有调查资料取得。例如，在怠速状态下，奥迪 100 的 CO 排放量为 0.5458mg/s，轿车平均 CO 的排放量为 0.7279mg/s。

（3）经验公式三　该公式主要参数为排气量和污染物排放质量浓度，这两个数据也根据实际调查研究确定。根据有关资料，国产轿车一般排气量在 500 ~ 550mL/min，计算时取平均值 525mL/min，其 CO 排放平均质量浓度为 64200mg/m^3；进口轿车其排气量在 300 ~ 500mL/min，计算时取平均值 420mL/min，其 CO 排放的平均质量浓度为 45600mg/m^3。表 4-18列出了运用公式三对高峰时期地下车库的计算结果。

（4）讨论　根据上述计算结果，公式一得出的 CO 的排放速率最大，为 16.6kg/h，其次是公式三，为 6.2kg/h，公式二计算出的结果最小，为 1.2kg/h。如果要使得地下车库内汽车尾气中污染物质量浓度达到 GBZ 2.1—2007《工作场所有害因素职业接触限值　第 1 部分：化学有害因素》（卫生标准）的要求，必须对地下车库进行通风换气。目前，根据相关资料可知，通风换气次数的计算均采用下式：

地下车库排风量：

$$l = \frac{Q}{C_s - C_0} \tag{4-58}$$

式中　l——地下车库排风量（m^3/h）；

Q——地下车库污染源强（mg/h）；

C_s——地下车库 CO 的允许质量浓度限值，根据 GBZ 2.1—2007，取 30mg/m^3；

C_0——室外大气中 CO 的质量浓度值，取 3.0mg/m^3。

换气次数：

$$n = \frac{l}{V} \tag{4-59}$$

式中　V——地下车库容积（m^3）。

根据上述公式，要使得高峰时期地下车库尾气污染物质量浓度达到 GBZ 2.1—2007 的标准限值要求，公式一、公式二和公式三分别计算出的通风换气次数为 102 次/h、8 次/h 和 38 次/h，显然，从计算结果上看，8 次/h 的通风换气次数更加合理可信。同时通过表 4-18 发现，在高峰时期，若按照 6 次/h 计算换气通风量，地下车库 CO 的质量浓度已远远超出 GBZ 2.1—2007 的标准限值要求。因此尽管 GB 50067—1997《汽车库、修车库、停车场设计防火规范》提及“排烟风机的排风量应按换气次数不小于 6 次/h 计算确定”，但在实际工作中，按照 6 次/h 计算换气通风量是非常粗略的，往往造成高峰时期地下车库空气污染物质量浓度超标的情况。因此卫生监督部门一般均希望地下车库排风量按照稀释废气量计算，通过对系统的控制和运行，确保地下车库污染物质量浓度满足卫生要求。

4.6.4　废水源强计算

1. 工业废水排放量计算

废水指在生产、科研和生活过程中，经过使用已经丧失了原来的使用价值而被废弃的水。工业废水排放量指经过工业企业所有排放口排放到企业外部的全部废水总量，包括外排的生产废水和厂区生活污水，也包括外排的直接冷却水和矿区的超过排放标准的有毒有害的矿井地下水；但不包括外排的间接冷却水。有些企业间接冷却水和直接冷却水混合排放，分不开的，可以合并统计在内。

工业废水排放达标量指各项指标都达到国家或地方排放标准的外排工业废水量，包括未经处理外排达标和经过处理后外排达标的两部分。

工业废水处理量指报告期内各种水治理设施实际处理的工业废水量，包括处理后外排和处理后回用的工业废水量和虽经处理但未达到国家或地方排放标准的废水量，如车间和厂排放口均有治理设施，并对同一废水分级处理时，不应重复计算工业废水处理量。

（1）工业废水的分类　按工业废水中所含主要污染物的化学性质分类，可分为含无机污染物为主的无机废水、含有机污染物为主的有机废水、兼含有机物和无机物的混合废水、重金属废水、含放射性物质的废水和仅受热污染的冷却水。例如，电镀废水和矿物加工过程的废水是无机废水，食品或石油加工过程的废水是有机废水。按工业企业的产品和加工对象可分为造纸废水、纺织废水、制革废水、农药废水、冶金废水、炼油废水等。按废水中所含污染物的主要成分可分为酸性废水、碱性废水、含酚废水、含铬废水、含有机磷废水和放射性废水等。

（2）工业废水的特点　工业废水的特点是水质和水量因生产工艺和生产方式的不同而差别很大，如电力、矿山等部门的废水主要含无机污染物，而造纸和食品等工业部门的废水，有机物含量很高，BOD_5（五日生化需氧量）常超过 2000mg/L，有的达 30000mg/L。即使同一生产工序，生产过程中水质也会有很大变化，如氧气顶吹转炉炼钢，同一炉钢的不同冶炼阶段，废水的 pH 可在 4～13 之间，悬浮物可在 250～25000mg/L 之间变化。工业废水的另一特点是：除间接冷却水外，都含有多种同原材料有关的物质，而且在废水中的存在形态往往各不相同，如氟在玻璃工业废水和电镀废水中一般呈氟化氢（HF）或氟离子（F^-）形态，而在磷肥厂废水中以四氟化硅（SiF_4）的形态存在；镍在废水中可呈离子态或络合态。这一特点增加了废水净化的困难。

工业废水的水量取决于用水情况。冶金、造纸、石油化工、电力等工业用水量大，废水量也大，如有的炼钢厂炼 1t 钢出废水 200～250t。但各工厂的实际外排废水量还同水的循环使用率有关。循环率高的钢铁厂，炼 1t 钢外排废水量只有 2t 左右。

（3）废水排放量　废水排放量可以使用各种流量计进行测量，还可以进行系数估算，从排污单位的新鲜用水量来估算其废水排放量。如排污单位的新鲜水量没有进入其产品，一般其污水排放量可以估算为新鲜水量的 0.8～0.9 倍，如有相当部分变成产品（如啤酒、饮料行业），则其污水排放量应以新鲜水量减去转成产品数量的 0.8～0.9 倍，还有部分行业水的重复利用率很高，如轧钢、选矿等行业水的重复利用率都高达 80%～90%，水经过多次使用，蒸发量和流失量都很大，这时用新鲜水量推算污水排放量时所用的系数就比较小，有时甚至会达到 40%～50%。还可以利用产污系数进行废水排放量测算。

污染物排放量多根据监测数据，使用实测法计算。在使用物料衡算法和经验系数法确定排污单位的污染物排放量时，一定要结合工业企业的生产工艺、使用的原料、生产规模、生产技术水平和污染防治设施的去除率等，才能合理反映排放量。

2. 屠宰废水源强计算

建设项目环境影响评价中污染源强的确定对环境影响预测分析结果有重要的作用，工程分析中污染源强的分析是影响预测与评价的基础，因此能否正确地确定源强是环境影响评价的关键。

对于屠宰项目的环评，确定畜禽动物的三废排放源强是一项较为复杂的工作，这与动物种类，同种动物的不同品种、性别、生长期、生产性能、饲料种类、饲料利用率及天气条件等因素有密切关系，所以欲求得一个比较确切可靠且有代表性的排泄系数需要花费大量人力、物力，而且需要有长期的监测分析。虽然国内外有关单位在畜禽动物排泄系数方面做了大量工作，积累了许多数据资料，但也存在着不同出处的数据不一致、缺乏代表性及数据不全等问题。因此，对畜禽屠宰污染物源强进行研究，给出统一的排放系数，对提高环境影响评价的质量有着重要的作用，同时也可为屠宰类项目的环评提供科学借鉴。

根据《环境影响评价技术导则》，废水源强的计算方法有三种：物料衡算法、排放系数法、类比法，本实例对屠宰项目废水源强的确定采用第二种方法进行核算。排放系数法是基于前人长期的经验总结，对某种产品、生产方式和技术水平的排污量进行统计分析得出排污系数，进而用排污系数进行污染物排放量的计算。

（1）水量的确定　由于屠宰工艺上的差别、生产的非连续性和明显的季节性，屠宰废水的排放量在一年之中变化很大。畜禽类屠宰加工的排水量，一般折合为屠宰加工每头猪的排水量计，有以 m^3/头计的，也有以 m^3/t 计的，换算关系如下：

1t 活畜质（重）量 =10 头猪

1 头猪 =1 头小牛 =1 头羊

5 头猪 =1 头牛 =1 匹马

1t 白条肉 =10 头猪

1t 活禽质（重）量 =700 只农家鸡 =500 只肉鸡 =600 只白鸭 =400 只填鸭

1 头猪按 100kg 计。

1）畜类屠宰加工的排水量。由于地方条件、工厂设备、生产过程中的卫生要求、管理水平等的不同，其变化范围很大。据统计，每宰一头猪排水量为 $0.3\sim1.1m^3$，平均为 $0.7m^3$/头猪左右，且单位排水量与屠宰量之间成不规则的反比。

2）禽类屠宰加工的排水量。一般较正规的禽类加工企业，屠宰每只禽的排水量为 20～70L，差别较大。屠宰量越大，单位排水量越小；产量不足，单位排水量越大。

3）肉制品加工的排水量。肉制品加工的废水主要来自胴体解冻与清洗、冲洗器皿与地面，因此其废水排放量与生产设备、操作方式的关系较密切。当采用冷水池浸泡胴体解冻工艺时，1t 原料冻肉排水量可高达 $15m^3$ 以上；当采用空气解冻时，排水量仅为 $2\sim3m^3$。

（2）水质的确定　屠宰废水含有大量的血污、毛皮、碎肉、内脏杂物、未消化的食物及粪便等污染物，悬浮物含量很高，水呈红褐色并有明显的腥臭味，是一种典型的有机废水。屠宰废水一般小厂比大厂的污染负荷要高。不同的屠宰厂由于生产和加工工艺的不同，废水水质不尽相同，即使是同一屠宰厂，不同加工阶段的废水水质也有很大差异。

水质指标的高低，主要取决于屠宰厂对血液的回收量和内脏整理车间对食物和粪便的处置方法。目前英国、瑞典等国已成功地开始了屠宰废水中蛋白质回收，这对降低其污染指标无疑是有益的。

(3) 计算实例 现以一个年屠宰肉牛 15 万头（每头以 500kg 计）的屠宰厂为例，对其废水排放量进行计算。工厂采用一班次运转，班工作 8h，全年工作日为 320d。

1) 废水量的确定。企业生产用水主要包括：车间生产用水、冲洗地面水、生活用水和冷却水补水，具体用水量估算见表 4-5。

表 4-5 生产用排水估算量一览表

生产用水	核　算　量	用水量	排水系数(%)	排水量 /(m^3/d)
屠宰用水	2.0t/头牛,469 头牛/d 蒸汽	938m^3/d	80	760
熟制品用水	0.16t/t 熟制品,6.25t 熟制品/d 3.4t 蒸汽/t 熟制品	1m^3/d 21.4t	80	18
冲洗地面用水	车间总面积 19774m^2,待宰圈面积 8000m^2,平均每天冲洗地面 2 次。耗水量为 5L/m^2	198m^3/d(新鲜水) 80m^3/d(回用水)	70	201
冷却水补水	补水系数取 2%	12m^3/d	—	—
生活用水	80L/人,1240 人	100m^3/d	80	80
锅炉用水	32t/d	35m^3/d	—	—
合计		1284m^3/d		1059

畜类屠宰废水排放标准为 7.2m^3/t 活畜物，平均水平为 0.7m^3/头猪，由于该厂屠宰量大且工艺先进，因此屠宰废水排放量选择以 4.0t/t 活畜物计，合 0.4m^3/头猪。经计算该厂废水排放总量为 1059t/d。

2) 水质的确定。屠宰车间的排水为生产废水及生活污水，根据表 4-6 中数据核算，加上保守系数，本厂屠宰车间废水的具体水质指标见表 4-7。

表 4-6 国内大型肉类联合加工企业生产废水水质

项　目	数据个数	平均值	最大值	最小值
BOD_5	1435	625.47mg/L	2160mg/L	53.1mg/L
COD_{Cr}	1406	1151.25mg/L	4829.5mg/L	45mg/L
SS	1094	515.87mg/L	5898mg/L	10mg/L
pH	352	6.84	9.25	4.3
动植物油	267	277.32mg/L	2224mg/L	8mg/L
氨氮	212	25.64mg/L	750mg/L	2.8mg/L
大肠杆菌	71	3.83×10^5 个/L	4.5×10^8 个/L	9.2×10^3 个/L

表 4-7 废水排放情况

节点	污染源	废水量 /($t\cdot d^{-1}$)	污染物含量						排放方式	去向
			COD /(mg/L)	BOD_5 /(mg/L)	NH_3-N /(mg/L)	SS /(mg/L)	动植物油 /(mg/L)	色度 /倍		
W1	屠宰加工车间	760	1500	800	50	70	250	150	连续	污水站
W2	熟食加工车间	18	1000	600	40	600	80	50	连续	污水站
W3	屠宰车间地面冲洗	139	400	300	40	600	60	100	间断	污水站
W4	待宰车间地面冲洗	62	400	300	30	600	50	40	间断	污水站
W5	生活污水	80	250	160	35	200	50	30	连续	污水站
W6	冷冻站	8	50	30	—	50	—	30	连续	回用

4.7 环境工程项目概预算

4.7.1 建设项目概预算的概念及划分

建设工程设计概算与施工图预算，是在执行工程建设程序中，根据不同阶段设计文件的具体内容和国家规定的定额、指标及各项费用取费标准，预先计算和确定每项新建、扩建、改建和重建工程所需要的全部投资的文件。它是建设项目在不同阶段经济上的反映，是按照国家规定的特殊的计划程序，预先计算和确定建设项目工程价格的计划性文件。

概预算所确定的每一个建设项目、单项工程或其中单位工程的投资额，实质上就是相应工程的计划价格。

建设项目按照它的组成内容不同，从大到小可以划分为单项工程、单位工程、分部工程和分项工程等项目。

（1）建设项目 又称建设单位，一般是指具有设计任务书，按一个总体设计进行施工，经济上实行独立核算，行政上具有独立组织形式的建设单位。它是由一个或几个单项工程组成的，如一个钢铁厂、汽车厂、污水处理厂等。

（2）单项工程 又称工程项目，一般是在一个建设单位中，具有独立设计文件，单独编制综合核算，竣工后可以独立发挥生产能力或效益的工程，它是建设项目的组成部分。一个建设项目可以包括许多工程项目，也可以只有一个工程项目，如钢铁厂中的各主要车间等。单项工程是具有独立存在意义的一个完整工程，也是一个复杂的综合体。

（3）单位工程 它是单项工程的组成部分，通常是指具有独立设计的施工图和单独编制的施工图预算，可以独立组织施工和单独作为计算成本对象，但建成后一般不能单独进行生产或发挥效益的工程。一个单项工程一般可按投资构成划分为建设工程、安装工程、设备购置和工器具购置四项。

（4）分部工程 分部工程是单位工程的组成部分，一般按单位工程的各个部位、构件性质、使用的材料、工种或设备种类和施工方法等不同而划分，如建筑工程预算定额中分为土石方工程、桩基工程、砖石工程、脚手架工程等。

（5）分项工程 一般是按照选用的施工方法，所使用的材料、结构构件规格等的不同而划分的，经过较为简单的施工过程就能完成，用适当的计量单位就可以计算工程量及每个单位的建筑或设备安装工程所需的配置。如在砖石分部工程中，根据施工方法、材料和规格等因素的不同，工程划分为砖基础、内墙、外墙、柱、钢筋过梁等分项工程，每个分项工程都能选用简单的施工过程完成，都可以用一定的计量单位计算，并可求出完成相应计量单位的分项工程所需要消耗的人工、材料和机械台班的数量及其单价。

4.7.2 环境工程项目概算

1. 概算的内容

设计概算分三级，即单位工程概算、单项工程概算和建设项目总概算。

设计概算的编制内容及相互关系如图 4-3 所示。

单位工程概算是确定单项工程中的各单位工程建设费用的文件，是编制单项工程综合概

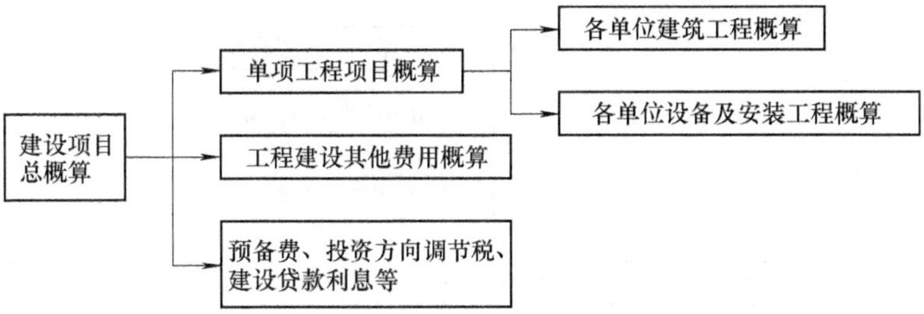

图 4-3 设计概算的编制内容及相互关系

算的依据。单位工程概算分为建筑工程概算和设备及安装工程概算两大类。建筑工程概算分为一般土建工程概算、给水排水工程概算、采暖工程概算、通风工程概算、特殊构筑物工程概算、工业管道工程概算和电气照明工程概算，设备及安装工程概算分为机械设备及安装工程概算、电气设备及安装工程概算。

单项工程综合概算是确定一个单项工程所需建设费用的文件，是根据单项工程内各专业单位工程概算汇总编制而成的。单项工程综合概算的组成内容如图 4-4 所示。

建设项目总概算是确定整个建设项目从筹建到竣工验收所需全部费用的文件，它是由各单项工程综合概算以及工程建设其他费用和预备费用概算汇总编制而成的。

2. 基本编制方法

编制工程概算有三种方法：利用概算定额编制、利用概算指标编制、利用类似预算编制。

（1）利用概算定额编制工程概算　初步设计或扩大初步设计较深化，结构、建筑要求比较明确，基本上能估算出各种结构工程数量者，可以根据概算定额来编制建筑工程概算书，其步骤如下：

1）根据设计图和概算定额所规定的工程量计算规则计算工程量。

2）根据确定的工程量和概算定额的基价计算直接费用。

3）计算间接费用、计划利润和税费。

4）将直接费、间接费、计划利润和税费相加即得出一般土建工程概算。

5）将建筑工程概算价值除以建筑面积，即得出技术经济指标。

6）作出材料分析，一般建筑工程概算只计算钢材、水泥和木材。

（2）利用概算指标编制工程概算　在初步设计深度较浅，尚无法估算工程数量，或在方案设计阶段，初具轮廓估算造价时，可以根据概算指标编制概算。

1）概算指标的选用。在不同的情况下选择不同的概算指标。

2）用概算指标编制概算的方法。工程概算价值 = 建筑面积 × 概算指标，工料用量 = 建筑面积 × 工料概算指标。

（3）利用类似预算编制工程概算。类似预算是指已经编制好的，在结构、层次、构造特征、建筑面积、层高上与拟编概算工程类似的工程预算。采用类似预算编制概算的方法如下：

1）熟悉拟建工程的设计图，计算工程量。

2）选择类似预算，当拟建工程与类似预算工程在结构构造上有部分差异时，将每百平方米建筑面积造价及人工、主要材料数量进行修正。

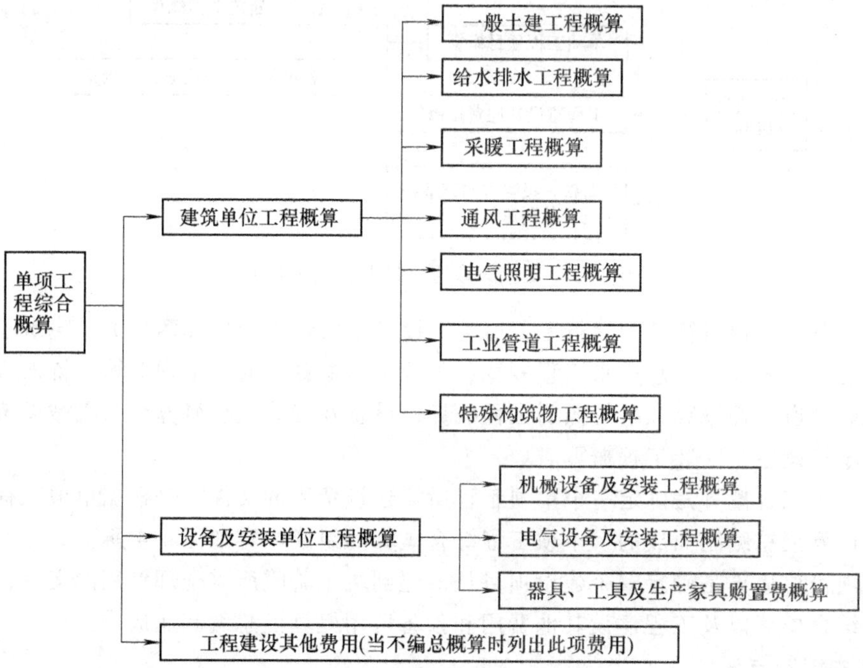

图 4-4 单项工程综合概算的组成内容

3）当拟建工程与类似预算工程在人工工资标准、材料预算价格、机械台班使用费用及有关费用上有差异时，测算调整系数。

4）根据拟建工程建筑面积以及类似预算资料、修正数据和调整系数，计算出拟建工程的调整造价和各项经济指标。

4.7.3 环境工程项目安装工程概算

各种工艺设备、动力设备、运输设备、试验设备、变电和通信设备等工程的概算价值，由设备原价、设备运杂费、设备安装费和施工管理费所组成，编制概算时要分别计算这些费用。

1. 编制依据

（1）设备原价　标准设备按生产厂家现行出厂价格计算，非标准设备按照制造厂家报价参考有关类似资料估算。

（2）设备运杂费　按各地统一实行的设备运杂费率计算。

（3）设备安装费　按各专业部门制订的专业安装概算指标或定额指标计算。

2. 设备购置概算

编制设备购置概算的步骤是：根据初步设计所附加的设备清单中相应的设备原价计算设备总原价，然后再根据设备总原价和设备运杂费率计算设备运杂费，两项相加即为设备购置费概算。设备购置费概算计算公式为

$$设备购置费概算 = \Sigma(设备清单中的设备数量 \times 设备原价) \times (1 + 设备运杂费率)$$

或

$$设备购置费概算 = \Sigma(设备清单中的设备数量 \times 设备预算原价)$$

3. 设备安装工程概算

编制设备安装工程概算，应按照初步设计或扩大初步设计的深度和对概算要求的粗细程度，决定编制的依据，可参考下面两种方法编制：

1）按每套设备、每吨设备、设备原价或设备价值，乘以一定的安装百分率计算。

2）按设备的安装概算指标计算。

4. 采暖、通风、给水排水、电气照明和通信工程设计概算的编制

采暖、通风、给水排水、电气照明和通信工程设计概算的编制，同土建工程的编制方法，可以采用概算定额、概算指标、类似预算等几种编制方法。

5. 设备及安装工程概算的编制

工程内容如下：

1）机械及设备安装工程包括各种工艺设备及各种运输设备，锅炉、内燃机等动力设备，工业用泵与通风设备以及其他设备。

2）电气设备和安装工程包括传动电气设备、起重机电气设备和控制设备等，变电及整流电气设备，弱点系统设备，包括电话、通信、广播和信号等设备及自动控制设备等。

概算编制包括设备购置概算和设备安装工程概算。

4.7.4 环境工程项目单项工程概算

1. 单项工程综合概算编制

（1）编制说明

1）工程概况。介绍单项工程的生产能力和工程概貌。

2）编制依据。说明设计文件的依据。

3）编制方法。说明概算编制是根据概算定额、概算指标还是类似预算。

4）主要设备和材料的数量。说明主要机械设备、电气设备及主要建筑安装材料等的数量。

5）其他相关的问题。

（2）综合概算表　综合概算表除了要将该单项工程所包括的所有单位工程概算，按费用构成和项目划分填入表内外，还需要列出技术经济指标。技术经济指标的计量单位可以根据房屋和构筑物及其各个单位工程的性质、类型和用途确定，总的技术经济指标是该项工程所有技术经济指标的集中体现，也是评价该项工程设计经济合理性的最主要的指标。

2. 其他工程和费用概算

其他工程和费用主要内容有：土地征购费、建设场地原有建筑物及构筑物的拆除费、场地平整费、建设单位管理费、生产职工培训费、办公及生产用具购置费、工具器具及生产用具购置费、联合试车费、厂外道路维修费、建设场地清理费、施工单位转移费、冬（雨）期施工费、夜间施工费、远征工程增加费、因施工需要而增加的其他费用、材料差价、计划利润、不可预见工程费等。以上费用均按规定进行计算。

思考题与习题

1. 工程分析的方法和内容是什么？
2. 污染源调查的内容是什么？请根据不同类型的污染源详述具体的调查内容。

3. 某过程的产物由 A 和 B 两种物质组成，其中 A 占 85%。混合物以 1200kg/h 的流量进入分离装置，在装置下流出分离物，流量为 1050kg/h，测得其中 A 物质含量为 93%，其余随废气从装置顶部排出，求废气中 A 和 B 物质的排放量。

4. 某烧结厂年产 150×10^4t 的烧结矿，每 1t 烧结矿产生废水中的悬浮物（污泥）为 20kg，废水经处理后循环使用，悬浮物去除率为 99%，试计算该厂每年产生的烧结污泥量。

5. 某项目有 1 台型号为 DZL6-1.25-AII 的额定蒸发量为 6t/h 的燃煤链条锅炉，燃用山西大同矿务局产的烟煤，年耗煤量 500t。采用麻石水膜除尘器，求每天烟尘和 SO_2 的排放量。

6. 某企业，年投入物料中的某污染物总量为 9000t，进入回收产品中的某污染物总量为 2000t，经净化处理掉的某污染物总量为 400t，生活过程中被分解、转化的某污染物总量为 100t，某污染物的排放量为 4800t，则进入产品中的某污染物的总量是多少？

7. 某电厂监测到烟尘流量为 $200m^3/h$，烟尘进入治理设施前质量浓度为 $1200mg/m^3$，排放质量浓度为 $300mg/m^3$，未监测二氧化硫的排放质量浓度，年运转 300d，每天 20h，年用煤量为 300t，煤含硫率为 1.1%，无脱硫设施。求：

（1）该电厂烟尘排放量是多少？

（2）该电厂烟尘去除量是多少？

（3）该电厂二氧化硫排放量是多少？

5

第5章
污水处理工艺选择与设计计算

5.1 污水处理典型工艺及选择

5.1.1 污水处理典型工艺

1. 污水处理方法的分类

现代城市污水处理工艺可按不同的方法进行分类。按污水处理程度可分为一级处理、二级处理和三级处理；按处理原理可分为物理处理、化学处理和生物处理。

(1) 一级处理 (primary treatment)：污水一级处理又称污水物理处理，是通过简单的沉淀、过滤或适当的曝气，以去除污水中的悬浮物，调整 pH 值及减轻污水的腐化程度的工艺过程。处理可由筛选、重力沉淀和浮选等方法串联组成，除去污水中大部分粒径在 100μm 以上的颗粒物质。筛滤可除去较大物质，重力沉淀可除去无机颗粒和相对密度大于 1 的有凝聚性的有机颗粒，浮选可除去相对密度小于 1 的颗粒物（油类等）。废水经过一级处理后一般仍达不到排放标准。

1) 筛滤法。分离污水中呈悬浮状态污染物的常用设备是格栅和筛网。格栅主要用于截留污水中大于栅条间隙的漂浮物，一般布置在污水处理厂或泵站的进水口，以防止管道、机械设备及其他装置堵塞。格栅的清渣，可采用人工或机械方法。有的是用磨碎机将栅渣磨碎后，再投入格栅下游，以解决栅渣的处置问题。筛网的网孔较小，主要滤除废水中的纤维、纸浆等细小悬浮物，以保证后续处理单元的正常运行和处理效果。

2) 沉淀法。沉淀法通过重力沉降分离废水中呈悬浮状态的污染物。这种方法简单易行，分离效果良好，应用广泛，主要构筑物有沉砂池和沉淀池。沉砂池的作用是从废水中分离相对密度较大的砂土等无机颗粒。沉砂池内的污水流速控制到只让相对密度大的无机颗粒沉淀，而不让较轻的有机颗粒沉淀，从而把无机颗粒和有机颗粒分离开来，分别处置。一般沉砂池能够截留粒径在 0.15mm 以上的砂粒。沉砂池形式很多，以平流沉砂池截留效果最好。目前较先进的技术是曝气沉砂池，即在沉砂池一侧曝气，使污水在池内呈螺旋状流动前进，以曝气旋流速度控制砂粒的分离，流量变化时仍能保持稳定的除砂效果。在曝气的作用下，污水中的有机颗粒经常处于悬浮状态，也可使砂粒互相摩擦，去除覆盖在表面上的有机污染物，以利于取得较为纯净的砂粒。用于一级处理的沉淀池，通称初次沉淀池，其作用为：①去除污水中大部分可沉淀的悬浮固体；②作为化学或生物化学处理的预处理，以减轻后续处理工艺的负荷，提高处理效果。

3）上浮法。上浮法用于去除污水中漂浮的污染物，或通过投加药剂、加压溶气等措施使一些污染物上浮而被去除。在一级处理工艺中，上浮法主要用于去除污水中的油类杂质。隔油池就是用来分离污水中颗粒较大的油品的，应用较多的为平流式隔油池，处理效率一般为60%～80%，出水含油量为100～200mg/L。污水中油颗粒很小，甚至呈乳化状态时，则需采用加压溶气或投加混凝剂等措施，使油颗粒凝聚浮升，然后撇除。

4）预曝气法。在污水进入处理构筑物以前，先进行短时间（10～20min）的曝气。其作用为：①可产生自然絮凝或生物絮凝作用，使污水中的微小颗粒凝聚成大颗粒，以便沉淀分离；②氧化废水中的还原性物质；③吹脱污水中溶解的挥发物；④增加污水中的溶解氧，减轻污水的腐化，提高污水的稳定度。预曝气一般可专设预曝气池，也可与其他构筑物合建。曝气装置与活性污泥法等所使用的基本相同。

（2）二级处理（secondary treatment）：污水二级处理是污水经一级处理后，再经过具有活性污泥的曝气池及沉淀池的处理，使污水进一步净化的工艺过程。常用的二级处理方法是生物法和絮凝法。

生物法是利用微生物处理污水，主要除去一级处理后污水中的有机物；絮凝法是通过加絮凝剂破坏胶体的稳定性，使胶体粒子发生凝絮，产生絮凝物而发生吸附作用，主要去除一级处理后污水中无机的悬浮物和胶体颗粒物或含量低的有机物。经过二级处理后的污水一般可以达到农田灌水的要求和废水排放标准，但在一定条件下仍可能造成天然水体的污染。

城市污水经过筛滤、沉砂、沉淀等一级处理（预处理），虽然已去除部分悬浮物和25%～40%的生化需氧量（BOD），但一般不能去除污水中呈溶解状态的和呈胶体状态的有机物和氧化物、硫化物等有毒物质，不能达到污水排放标准，需要进行二级处理。相当长时间以来，把生物处理作为污水二级处理的主体工艺，因此，在城市污水处理中，二级处理通常作为生物处理的同义语使用。

二级处理的工艺按BOD的去除率可分为两类：一类是不完全的二级处理，这种工艺可以去除BOD 75%左右（包括一级处理），出水的BOD可在60mg/L以下，主要采用高负荷生物滤池等设施。另一类是完全的二级处理，这种工艺可以去除BOD 85%～95%（包括一级处理），出水的BOD可在20mg/L以下，主要采用活性污泥法。采用活性污泥法工艺处理，效果较好时，出水的BOD可在10mg/L以下，悬浮物可在15mg/L以下，能够达到排放标准。

（3）三级处理（tertiary treatment）：根据三级处理出水的具体去向和用途，其处理流程和组成单元有所不同。如果为防止受纳水体富营养化，则采用除磷和除氮的处理单元过程；如果为保护下游饮用水源或浴场不受污染，则应采用除磷、除氮、除毒物、除病原体等处理单元过程；如果直接作为城市饮用以外的生活用水，如洗衣、清扫、冲洗厕所、喷洒街道和绿化地带等用水，其出水水质要求接近于饮用水标准，则要采用更多的处理单元过程。污水的三级处理厂与相应的输配水管道结合起来便形成城市的中水道系统。

三级处理各个单元处理过程如下：

1）除磷。最有效和实用的除磷方法是化学沉淀法，即投加石灰或铝盐、铁盐形成难溶性的磷酸盐沉淀。石灰与废水中的磷酸根离子发生反应而形成难溶的羟基磷灰石沉淀，为了保证投加石灰的沉淀除磷效果，必须将 pH 值提高到 9.5 ~ 11.5。

2）除氮。除氮采用生物硝化—反硝化法，是需氧生物处理过程和厌氧生物处理过程串联工作的系统。污水中的含氮有机物首先经需氧生物处理转化为硝酸盐，随后再经厌氧生物处理将硝酸盐还原为氮气析出而被去除。有多种处理流程，如三级串联的处理系统，其中第一级用于氧化碳水化合物，第二级用于氧化含氮有机物，而第三级是使第二级产生的硝酸盐在厌氧条件下还原析出氮气。在所有的处理流程中，都是向厌氧系统中投加一些补充的需氧源（如甲醇），以缩短反硝化所需的反应时间而切合实用。

3）物理—化学法。有三种方法，即吹脱法、折点氯化法和选择性离子交换法。

① 吹脱法。使污水的铵离子在高 pH 值的条件下大部分转变成氨气，将污水调到 pH = 11 以后送入吹脱塔中，自上而下喷洒流动，与向上流动的空气逆流接触而将氨气吹出。吹脱法的除氮效率主要受到温度的影响。如在气温为 20℃ 和 10℃ 时，除氮率分别为 95% 和 75%，温度高比较有利。

② 折点氯化法。将氯气通入废水中达到某一点，在该点时水中游离氯含量较低，而氨的含量降为零。当氯气通入量超过该点时，水中的游离氯就会增多。因此，该点称为折点，该状态下的氯化称为折点氯化。折点氯化法除氨的机理为氯气与氨反应生成无害的氮气，需氯量取决于氨氮的含量，两者质量比为 76:1。为了保证完全反应，一般氧化 1mg 氨氮需加 9 ~ 10mg 的氯气。pH 值在 6 ~ 7 时为最佳反应区间，接触时间为 0.5 ~ 2h。氯化法的处理率达 90% ~ 100%，处理效果稳定，不受水温影响，投资较少。折点氯化法的缺点是加氯量大，费用高，工艺过程中每氧化 1moL 的氨氮会产酸 4moL，也就是说每氧化 1mg/L 的氨氮要消耗 14.3mg/L 的碱度（以 $CaCO_3$ 计）来中和产生的酸，从而增加了总溶解固体的含量，副产物氯胺和氯代有机物会造成二次污染。

③ 选择性离子交换法。以沸石（特别是斜发沸石）对铵离子比对钙、镁和钠等离子有优先交换吸附的性能为基础来去除氨氮。将斜发沸石破碎筛分成粒径 0.355 ~ 0.900mm（20 ~ 50 目）的颗粒，填装于滤池中。废水以每小时约 10 倍滤床体积的滤速流经沸石滤池，流过约 200 倍滤床体积的正常含量的城市污水以后，滤出水中会出现氨氮。此时便需要用浓盐水溶液对沸石滤床进行再生。用过的浓盐水溶液可通过吹脱等方法脱氨，然后重复使用。

4）除有机物。活性炭能有效地除去二级处理出水中的大部分有机污染物。一些三级处理厂的粉末活性炭接触吸附装置（或粒状活性炭过滤吸附装置）去除 COD 和总有机碳（TOC）的代表性的效率为 70% ~ 80%，每 1kg 活性炭吸附容量为 0.25 ~ 0.87kg COD，具体吸附容量是由进水的有机物含量和所要求的出水有机物含量决定的。在任何情况下，活性炭的实际吸附容量比按吸附等温线试验测定的吸附容量大得多。这主要是由于在活性炭上还有生物吸附和氧化作用所致。

臭氧氧化法和活性炭吸附法配合使用，往往能更有效地去除有机物并可延长活性炭的使用寿命。臭氧能将有机物氧化降解，减轻活性炭的负荷，还能将一些难以生物降解的大分子有机物分解为易于生物降解的小分子有机物，而便于被活性炭吸附和生物降解。臭氧氧化的废水流经活性炭滤池时因含有较多的氧气而会增强活性炭的生物活性，提高生物氧化能力。

5）除无机物。有三种可采用的方法，即离子交换、电渗析和反渗透，在污水三级处理中用反渗透法脱除矿物质和有机污染物最受重视。使用高效除盐膜反渗透装置的结果证明，总溶解性固体可去除 90% ~ 95%，磷酸盐可去除 95% ~ 99%，氨氮可去除 80% ~ 90%，硝酸盐氮可去除50%~85%，悬浮物可去除99%~100%，总有机碳可去除90%~95%。可见，反渗透法能有效地去除多种污染物。其缺点是设备造价和运转费用都高。另外，反渗透膜容易被污染物堵塞，需要清洗。有些三级处理系统是由超过滤和反渗透串联组成的，前者主要去除有机污染物，而后者去除溶解性无机物。

6）除病原体。用铝盐和铁盐混凝沉淀，可去除病原体99%以上，经滤池过滤能进一步提高去除率，但是病原体并未被杀灭，仍在污泥中存活。用石灰在pH值大于或等于10.5的条件下混凝沉淀则能杀灭污泥中的病毒。用臭氧杀灭病毒的效果也较好。

废水三级处理厂基建费和运行费用都很昂贵，为相同规模二级处理厂的2~3倍，因此其发展和推广应用受到限制，只运用于严重缺水的地区或城市。

2. 污水处理典型工艺流程

通过粗格栅的原污水（也简称原水）经过污水提升泵提升后，经过格栅或者砂滤器进入沉砂池，经过砂水分离的污水进入初次沉淀池，以上为一级处理（即物理处理）。初沉池的出水进入生物处理设备，有活性污泥法和生物膜法（活性污泥法的反应器有曝气池、氧化沟等，生物膜法包括生物滤池、生物转盘、生物接触氧化池和生物流化床）。生物处理设备的出水进入二次沉淀池，二沉池的出水经过消毒排放或者进入三级处理，一级处理结束到此为二级处理。三级处理包括生物脱氮除磷法、混凝沉淀法、砂滤法、活性炭吸附法、离子交换法和电渗析法，二沉池的污泥一部分回流至初次沉淀池或者生物处理设备，一部分进入污泥浓缩池，之后进入污泥消化池。经过脱水和干燥设备后，污泥被最后利用。

目前，我国城市污水一般采用二级生物处理工艺。生物处理方法种类较多，各具不同的特点，如何选取一种合适的生物处理方法和生物处理构筑物，是设计者必须做出的抉择，这对进行课程设计和毕业设计的学生来说，是一个比较困难的问题。城市污水处理常用的流程类型如下：

1）废水→格栅→沉砂池→一沉池→曝气池→二沉池→消毒→出水（活性污泥法处理工艺）。

2）废水→沉砂池→一沉池→生物滤池→二沉池→消毒→出水（生物膜法处理工艺）。

3）废水→格栅→沉砂池→一沉池→厌氧+好氧→二沉池→消毒→出水（A-O法脱氮处理工艺）。

4）废水→格栅→沉砂池→氧化沟→二沉池→消毒→出水（氧化沟法处理工艺）。

5）废水→格栅→沉砂池→A段+B段→二沉池→消毒→出水（AB法生物处理工艺）。

6）废水→格栅→沉砂池→一沉池→SBR反应器→消毒→出水（SBR法生物处理工艺）。

上述6种工艺是城市污水处理常用的流程，均能达到处理要求，满足国家有关的污水排放标准。还有很多污水处理工艺可供选择，设计者可查阅有关资料。

3. 污泥处理典型工艺流程

典型的污泥处理工艺流程，包括四个处理或处置阶段。第一阶段为污泥浓缩，主要目的是使污泥初步减容，缩小后续处理构筑物的容积或设备容量；第二阶段为污泥消化，使污泥中的有机物分解；第三阶段为污泥脱水，使污泥进一步减容；第四阶段为污泥处置，采用某种途径将最终的污泥予以消纳。各阶段产生的清液或滤液中仍含有大量的污染物质，因而应送回污水处理系统中加以处理。以上典型污泥处理工艺流程，可使污泥经处理后，实现“四化”。

(1) 无害化　污泥中，尤其是初沉污泥中，含有大量病原菌、寄生虫卵及病毒，易造成传染病大面积传播。经过以上流程中的消化阶段，可以杀灭大部分寄生虫卵、病原菌和病毒，大大提高污泥的卫生指标。

(2) 资源化　污泥是一种资源，其中含有很多热量，热值在10000～15000kJ/kg（干泥）之间，高于煤和焦炭。另外，污泥中还含有丰富的氮、磷、钾，是具有较高肥效的有机肥料。通过以上流程中的消化阶段，可以将有机物转化成沼气，使其中的热量得以利用，同时还可进一步提高其肥效。污泥浓缩常采用的工艺有重力浓缩、离心浓缩和气浮浓缩等，污泥消化可分成厌氧消化和好氧消化两大类，污泥脱水可分为自然干化和机械脱水两大类。常用的机械脱水工艺有板框压滤脱水、带式压滤脱水、离心脱水等。污泥处置的途径很多，主要有农林使用、卫生填埋、焚烧和生产建筑材料等。

(3) 减量化　污泥含水量很高，体积很大，且呈流动性。经以上流程处理之后，污泥体积减至原来的十几分之一，且由液态转化成固态，便于运输和消纳。

(4) 稳定化　污泥中有机物含量很高，极易腐败并产生恶臭。经以上流程中消化阶段的处理以后，易腐败的部分有机物被分解转化，变得不易腐败，恶臭大大降低，方便运输及处置。

污泥一般采用浓缩、消化、脱水等方法进行处理，最终处置的途径有作肥料、作建筑材料、焚烧、填埋、投海等。污泥处理工艺典型流程如下：

流程Ⅰ：污泥→浓缩→消化→加药调节→机械脱水→最终处置

流程Ⅱ：污泥→浓缩→加药调节→机械脱水→最终处置

流程Ⅲ：污泥→浓缩→干化→最终处置

目前，我国大部分污水处理厂采用流程Ⅰ的污泥处理工艺，在一些小型污水处理厂中，也有的采用流程Ⅱ和流程Ⅲ的污泥处理工艺。

5.1.2　污水处理工艺选择

1. 影响处理工艺选择的因素

(1) 污水处理程度　根据处理水的出路和污水的水质，确定污水中各种污染物的处理程度，如果处理水排放至水体，依据GB 8978—1996《污水综合排放标准》确定处理水的各项水质指标。如果处理水回用，依据不同回用水标准，确定处理水的各项水质指标，然后计算出各种污染物的处理程度，再根据处理程度选择相应的处理工艺流程。

(2) 污水水质和水量的变化情况　污水水质和水量的变化幅度，对处理工艺流程的选择影响很大。根据水量的变化情况，可考虑采用连续处理流程还是间歇式处理构筑物。对于水质和水量变化较大的污水，宜采用抗冲击负荷能力较强的处理工艺；对于BOD含量较低的污水，应首先考虑采用生物膜法进行处理；对于间歇性进水的污水处理厂，应首先考虑采用SBR法进行处理。

(3) 工程造价和运行费用　对于城市污水，在采用多种处理工艺流程都可以达到处理要求的情况下，工程造价和运行费用的高低，就成为选择处理工艺的重要依据。在满足处理要求的前提下，工程造价少、运行费用低的方案将成为首选的目标。

(4) 自然环境　气候、受纳水体、地形等条件也将影响污水处理工艺的选择。受纳水体对排入污水的要求，将直接影响污水的处理程度，对处理工艺流程的选择产生直接影响。

当有池塘、旧河道、沼泽地和农业利用价值不大的荒地等可利用时，可考虑采用稳定塘或土地处理技术，在寒冷地区应采用耐低温的处理工艺。

（5）运行管理：对于运行管理水平有限的小型污水处理厂或工业废水处理站，宜采用操作简单、运行可靠的处理工艺；对于运行管理水平较高的大型污水处理厂，应尽量采用处理效率高、净化效果好的新工艺。对于地质条件较差的地区，不宜采用池体较深、施工难度较大的处理构筑物。

2. 污水处理工艺选择

目前，我国城市污水多采用二级生物处理工艺。生物处理法的种类和构筑物较多，各种生物处理法的优缺点和适用条件参见表5-1。

表5-1 生物处理法的优缺点和适用条件

类型	优　点	缺　点	适用条件
活性污泥法	处理程度高；负荷高；占地面积小；设备简单	能耗高；运行管理要求高；可能发生污泥膨胀；生物脱氮功能只能在低负荷下实现	城市污水处理；有机工业废水处理；适用于大、中、小型污水处理厂
生物膜法	运行稳定，操作简单；耐冲击负荷能力强；能耗较低；产生污泥量少，易分离；净化功能强，具有脱氮功能	负荷较低；处理程度较低；占地面积较大；造价较高	城市污水处理；有机工业废水处理；特别适用于低含量有机废水处理；适用于中、小型污水处理厂
厌氧法	运行费用低；可回收沼气；耐冲击负荷；对营养物要求低	处理程度低，出水达不到排放要求；负荷低，占地面积大；产生臭氧；启动时间长	高有机废水处理；污泥处理
稳定塘	充分利用地形，工程简单，投资省；能耗少，维护方便，成本低；污水处理和利用相结合	占地面积大；污水处理效果受季节、气候影响；防渗漏处理不当，可能污染地下水；易散发臭气和滋生蚊蝇	作为二级处理的深度处理；城市污水处理；有机工业废水处理
土地处理法	能耗少，处理成本低；充分利用污水中的营养物质和水，使污水处理和利用有机地结合为一体；土地处理系统属于环境生态工程	占地面积大；污水处理受季节、气候影响；预处理不当，可能污染土壤和地下水；操作管理不当，有可能造成土壤堵塞	作为二级处理的深度处理；城市污水处理；有机工业污水处理

活性污泥法处理效果好，净化效率高，占地少，是首选的处理工艺，但动力费用高；生物膜法净化功能强，动力费用省，具有脱氮功能，但占地面积大，造价较高；稳定塘和土地处理法受自然条件的限制，只能在有条件的地区采用；厌氧法动力费用省，可回收一定能源，但处理效果差，出水达不到排放标准，负荷低，占地面积大。A-O法处理效果好，具有生物脱氮功能，但容积负荷低，造价高，当对出水含氮量有明确要求或考虑将污水回用时采用；AB法将城市排水系统与污水处理系统结合为一体，由于采用了厌氧（A段）和好氧（B段）两段工艺，可节省一定能耗，处理效果可满足污水排放要求；SBR法运行稳定可靠，处理效果好，同时具有脱氮功能，特别适用于间歇式进水的污水处理厂，是一种具有很多特点的污水处理新工艺；氧化沟处理效果好，产泥少，非常适用于小型污水处理厂。

以下是根据不同污水特点选择的处理工艺流程，如图5-1、图5-2、图5-3所示。

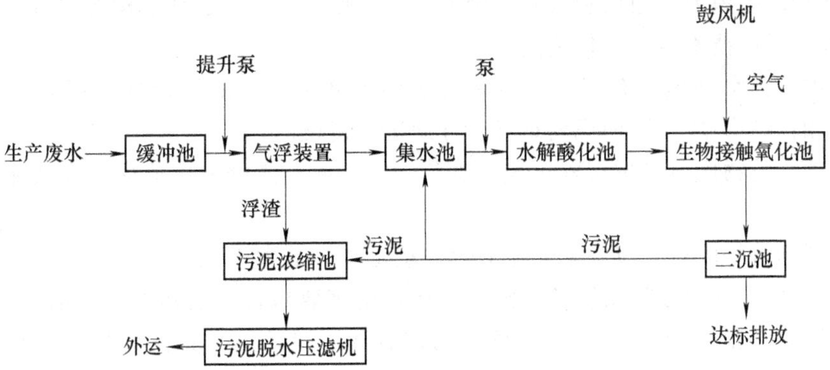

图 5-1 化工厂 COD 含量较高污水处理工艺流程

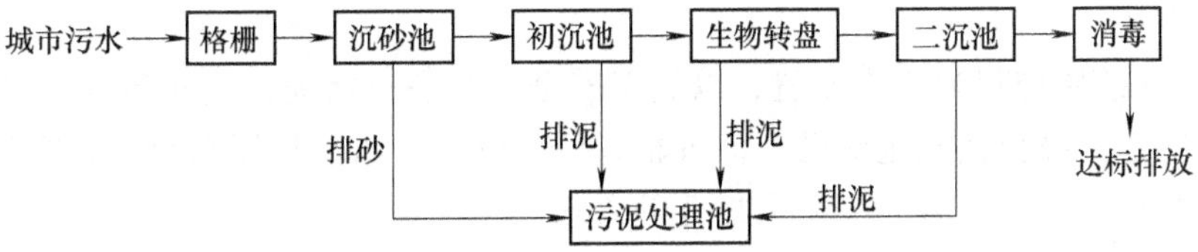

图 5-2 城市污水、高含量有机废水生物转盘法处理工艺流程

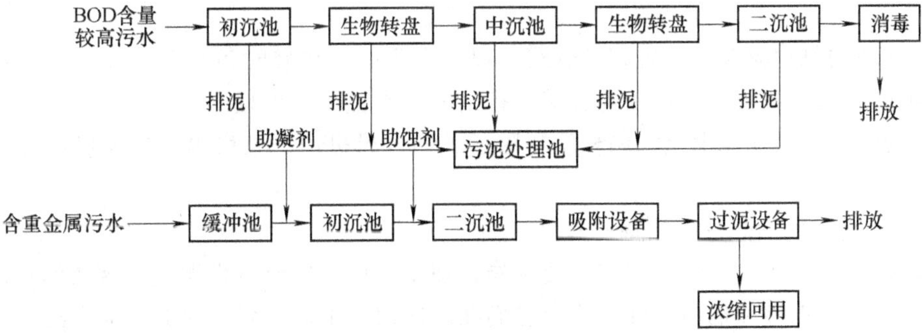

图 5-3 重金属含量较高污水处理工艺流程

5.2 污水处理厂布置

5.2.1 污水处理厂平面布置

1. 平面布置的内容

1）生产性构筑物　包括各种污水处理构筑物、污泥处理构筑物、配水井、泵房、鼓风机房、中心控制室、投药间、消毒间、污泥脱水间、变电站、沼气柜等。

2）各种管线　包括各处理构筑物之间的污水、污泥管道或管渠，空气管道，沼气管道，给水管道，雨水管道，输配电、控制与通信电线等。

3）辅助建筑物　主要有办公楼、化验室、运转值班室、机修车间、仓库、食堂等。

2. 平面布置原则

1）污水处理厂平面布置，应按污水、污泥处理流程的要求，根据各处理构筑物的功能和性质，结合厂区地形、地质和气候等因素，力求便于施工、操作和运行管理，尽量做到挖填土方平衡，通过技术经济比较确定。

2）在进行污水处理厂布置时，应考虑远期发展和扩建的可能性，留有适当的扩建余地。如有远期规划，应按远期规划布置，分期进行建设。

3）处理构筑物应尽量按流程布置，避免管线迂回，充分利用地形，降低能耗，减少土方量。

4）处理构筑物的布置应该紧凑，缩短连接管渠，节省占地，便于管理。考虑到在构筑物之间敷设管渠、阀门等附属设备，施工和运行管理要求，构筑物之间一般留有不小于5m的间距。消化池应距初沉池较近，以缩短污泥管线。消化池与其他构筑物之间的距离不小于20m。

5）经常有人工作、活动的建筑物，如办公楼、化验室、中心控制室等，应布置在夏季主导风向的上风向。

6）污泥构筑物应尽量集中布置，以利于安全和管理。污泥区应布置在夏季主导风向的下风向，还应远离办公楼和生活区。沼气柜、沼气管道、沼气加压和利用装置与其他危险品仓库的位置与设计，应符合有关防火规范的要求。

7）各处理构筑物的连接管线应自成体系，保证其独立运行，当某个构筑物因故停止运行时，不至于影响其他构筑物的正常运行。并联运行的处理构筑物应设均匀配水装置，并设有连通管渠。

8）处理构筑物应合理设置超越管线，以便在事故或检修时污水能超越后续构筑物或直接排入水体。处理构筑物宜设放空管道，排出的污水应回流处理。

9）变电所应设在耗电量大的构筑物附近，如鼓风机房、泵房等。鼓风机房应设在曝气池附近。

3. 各处理单元构筑物的平面布置

处理构筑物是污水处理厂的主体建筑物，在做平面布置时应根据各构筑物的功能要求和水力要求，结合地形和地质条件，确定它们在厂区内的平面位置。对此，应考虑：

1）贯通、连接各处构筑物之间的管、渠，使之便捷、直通，避免迂回曲折。

2）土方量做到基本平衡，并避开劣质土壤地段。

3）在处理构筑物之间，应保持一定距离，以保证敷设连接管、渠的要求，一般的间距可取值5~10m，某些有特殊要求的构筑物，如污泥消化池、沼气贮罐等，其间距应按有关规定确定。

4）各处理构筑物在平面上布置，应考虑尽量紧凑。

5）污泥处理构筑物应考虑尽可能单独布置，以方便管理，应布置在厂区夏季主导风向的下风向。

4. 管、渠的平面布置

1）在各处理构筑物之间，设有贯通、连接的管、渠。此外，还应设有能够使各处理构筑物独立运行的管、渠，当某一处构筑物因故停止工作时，其后接处理构筑物仍能够保持正常的运行。

2）应设超越全部处理构筑物，直接排放水体的超越管。

3）在厂区内还应设有空气管路、沼气管路、给水管路及输配电线路。这些管线有的敷设在地下，但大都在地上，对它们的安装既要便于施工和维护管理，又要紧凑，少占地。

5. 辅助建筑物的平面布置

污水处理厂内的辅助建筑物有中央控制室、配电间、机修间、仓库、食堂、宿舍、综合楼等，它们是污水处理厂不可缺少的组成部分。

1）辅助建筑物建筑面积的大小应按具体情况而定，辅助建筑物的设置应根据方便、安全等原则确定。

2）生活居住区、综合楼等建筑物应与处理构筑物保持一定距离，应位于厂区夏季主导风向的上风向。

3）操作工人的值班室应尽量布置在使工人便于观察各处理构筑物和运行情况的位置。

6. 厂区绿化

平面布置时应安排充分的绿化地带，改善卫生条件，为污水处理厂工作人员提供优美的环境。在构（建）筑物处理上，应因地制宜，与周围情况相称；在色调上做到活泼、明朗和清洁。应合理规划花坛、草坪、林荫等，使厂区景色园林化。

7. 道路布置

在污水处理厂内应合理地修建道路，方便运输，要设置通向各处理构筑物和辅助建筑物的必要通道，道路的设计应符合如下要求：

1）主要车行道的宽度：单车道为3～4m，双车道为6～7m，并应有回车道。

2）车行道的转弯半径不宜小于6m。

3）人行道的宽度为1.5～2.0m。

4）通向高架构筑物的扶梯倾角不宜大于45°。

5）天桥宽度不宜小于1m。

5.2.2　污水处理厂高程布置

1. 布置内容

高程布置的内容主要包括各处理构（建）筑物的标高（如池顶、池底、水面等）、处理构筑物之间连接管渠的尺寸及其标高、各部位的水面标高，高程布置的主要目的是使污水能够沿流程在处理构筑物之间通畅地流动，保证污水处理厂的正常运行。

高程图上的垂直和水平方向的比例尺一般不相同，一般垂直方向的比例大（取1:100），而水平方向的比例小些（1:500）。

2. 布置原则

1）污水处理厂高程布置时，所依据的主要技术参数是构筑物高度和水头损失。在处理流程中，相邻构筑物的相对高差取决于两个构筑物之间的水面高差，这个水面高差的数值就是流程中的水头损失，它主要由三部分组成，即构筑物本身的、连接管（渠）的、计量设备的水头损失等。因此进行高程布置时，应首先计算这些水头损失，而且计算所得的数值应考虑一些安全因素，以便留有余地。

2）考虑远期发展，水量增加的预留水头。

3）避免处理构筑物之间跌水等浪费水头的现象，充分利用地形高差，实现自流。

4）在计算并留有余量的前提下，力求缩小全程水头损失及提升泵站的扬程，以降低运行费用。

5）需要排放的处理水，常年大多数时间里能够自流排放水体。注意排放水位一定不选取每年最高水位，因为其出现时间较短，易造成常年水头浪费，而应选取经常出现的高水位作为排放水位。

6）应尽可能使污水处理工程的出水管渠高程不受洪水顶托，并能自流。

7）污水流经处理构筑物的水头损失，主要产生在进口、出口和需要的跌水处，流经处理构筑物本身的水头损失则较小。污水流经各处理构筑物的水头损失见表5-2。

表5-2 污水流经各处理构筑物的水头损失

构筑物名称		水头损失/cm	构筑物名称	水头损失/cm
格栅		10～25	沉砂池	10～25
沉淀池	平流	20～40	双层沉淀池	10～20
	竖流	40～50	混合池	10～30
	辐流	50～60	接触池	10～30
曝气池	污水潜流入池	25～50	污泥干化场	200～350
	污水跌水入池	50～150	生物滤池	270～475

8）构筑物连接管（渠）的水头损失，包括沿程与局部水头损失，可按下式计算确定：

$$h = h_1 + h_2 = \sum iL + \sum \xi \frac{v^2}{2g} \tag{5-1}$$

式中 h_1——沿程水头损失（m）；

h_2——局部水头损失（m）；

i——单位管长的水头损失（水力坡度），根据流量、管径和流速等查阅《给水排水设计手册》获得；

L——连接管段长度（m）；

ξ——局部阻力系数，查阅《给水排水设计手册》获得；

g——重力加速度（9.81m/s^2）；

v——连接管中流速（m/s）。

9）计量设施的水头损失：一般污水处理厂进、出水管上计量仪表中水头损失可按0.2m计算。

10）污水处理厂高程水力计算时，应选择一条距离最长、损失最大的流程，并按最大设计流量计算。水力计算常以接受处理后污水水体的最高水位作为起点，逆污水处理流程向上倒推计算，以使处理后的污水在洪水季节也能自流排出，水泵需要的扬程则较小，运行费用也较低。但同时应考虑土方平衡，并考虑有利排水。

连接管中流速一般取0.7～1.5m/s，进入沉淀池时流速可以低些，进入曝气池或反应池时，流速可以高些。流速太低时，会使管径过大，相应管件及附属构筑物规格也会增大；流速太高时，则要求管（渠）坡度较大，水头损失增大，会增加填、挖土方量及水泵扬程等。在确定连接管渠时，可考虑留有水量发展的余地。

3. 计算方法

1）计算水头损失时，用最大流量作为设计流量，涉及远期流量的管渠与设备，按远期最大流量计算。还要考虑某一构筑物停止运行时，与其并联运行的其他构筑物与有关连接管渠能通过的全部流量。

2）在进行水力计算时，应选择距离最长、损失最大的流程，还需考虑管内淤积阻力增加的可能。必须留有充分的余地，防止水头不够发生涌水而影响构筑物正常运行。

3）在进行高程计算时，先计算出各构筑物和连接管渠的水头损失，确定构筑物之间的相对高程。在地势适宜的地区，以受纳水体的最高水位为基准点，逆污水处理流程向上倒推计算，确定各处理构筑物的标高和水面标高。在受纳水体最高水位较高、污水无法自流排入时，应在水体前设提升泵站和防潮井。水体水位高时，起动泵站抽升排放。在污水处理厂厂址远高于受纳水体最高水位时，应根据挖填方平衡先确定容积最大的构筑物的埋深和标高，以此为基准推算其他构筑物的高程。

5.2.3 污水处理厂的配水和计量

1. 处理构筑物之间连接管渠的设计

为了便于维护和清洗，污水处理构筑物之间的连接，应以矩形明渠为宜。明渠可用钢筋混凝土制成，也可用砖砌，某些部位可用钢筋混凝土管或铸铁管连接。寒冷地区为了防冻，明渠可加盖板。

为了防止沉淀，污水在明渠内必须保持一定的流速。在最大流量时，流速介于1.0～1.5m/s之间；在最小流量时，流速不得小于0.4m/s。管道中的流速应大于明渠中的流速，尽量大于1m/s。

2 配水设施

在污水处理厂中，同类型、同尺寸的处理构筑物都在两座或两座以上；为了实现向各构筑物均匀配水，必须设置有效的配水设施。图5-4a所示为中心管式配水井，图5-4b所示为倒虹管式配水井，这两种配水井适用于2座或4座为一组的圆形构筑物，因对称性好，配水效果好；图5-4c所示为挡板式配水槽，可用于更多同类型的处理构筑物；图5-4d所示为非对称性配水槽，构造简单，造价低，但配水均匀性较差；图5-4e所示为对称式配水槽，是图5-4d所示配水槽的改进型，用于同类构筑物多时的情况，配水效果较好，但构造比图5-4d所示配水槽复杂；图5-4f所示为配水渠道，适用于大、中型污水处理厂构筑物数量较多的情况，在构筑物的进水端设置进水渠道，水从一侧进入，流速控制在0.3m/s以下，可保证配水均匀。

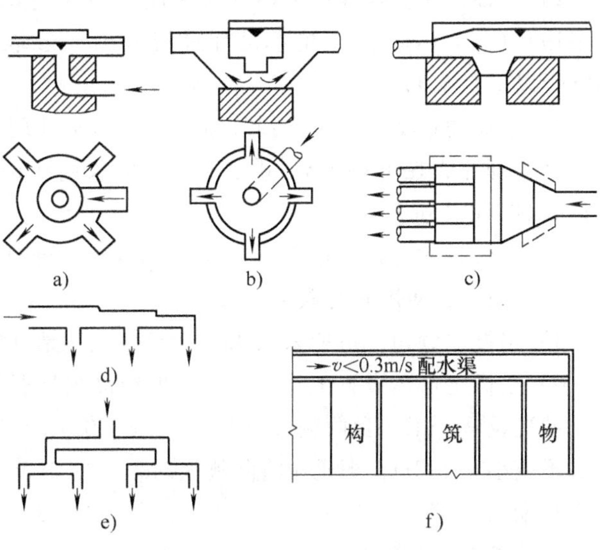

图5-4　常用配水设施的形式

3. 计量设施

准确掌握污水处理厂所处理的污水流量对提高工作效率和运行管理水平非常必要。对于污水计量设施，要求测量精度高、水头损失小、操作简单、不沉积杂物，并能配用自动记录仪表。

污水处理厂总处理水量的计量设

施，一般安装在沉砂池和初沉池之间，或设在总出水管道上。有条件时，应对各主要处理构筑物分别进行计量，但这样会增加水头损失。

污水处理厂常用的计量设施是巴氏计量槽和薄壁堰。电磁流量计、超声波流量计等，因测量精度高，便于自动化控制等因素逐渐受到重视。

5.3 污水处理厂工艺设计

5.3.1 污水处理构筑物的设计——一级物理处理

5.3.1.1 格栅

格栅一般安装在污水处理厂污水泵站之前，用以拦截大块的悬浮物或漂浮物，以保证后续构筑物或设备的正常工作。

1. 格栅的选择

格栅栅条的断面形式、栅条间距和栅渣清除方式，是选择格栅应考虑的重要因素。

格栅栅条常用的断面形式有圆形、正方形、矩形、半圆形等。圆形断面水力条件好，但刚度较差；矩形断面刚度好，水利条件不如圆形；半圆形断面水力条件和刚度都较好，但形状相对复杂。一般采用矩形断面。

污水处理厂可设置两道格栅，总提升泵站前设置粗格栅（栅条净间隙为 50～100mm）或中格栅（栅条净间隙为 10～40mm），处理系统前设置中格栅和细格栅（栅条净间隙为3～10mm）；也可在总提升泵站前只设置一道中格栅。

当格栅拦截的栅渣量大于 0.2m^3/d 时，采用机械清渣方式；栅渣量小于 0.2m^3/d 时，可采用人工清渣方式。为了改善劳动条件和提高自动化水平，也可采用机械清渣方式。

2. 设计参数

1）设计流量。一般按 Q_{max} 计算，并用 Q_{min} 校核其过栅最小流速。

2）过栅流速。栅前渠道内水流速度一般采用 0.4～0.9m/s，废水通过栅条间隙的流速可采用 0.6～1.0m/s。应注意设计过流能力一般取格栅生产厂商提供的最大过流能力的80%，以留有余地。

3）水流通过格栅的水头损失值。大型污水处理厂应通过计算决定，对于小型污水处理工厂（处理能力在 $1\times10^4 m^3/d$ 以下）一般采用 0.08～0.15m，栅后渠底应比栅前渠底相应降低 0.08～0.15m。

4）有效过滤面积。按流速为 0.6～1.0m/s 计算，但总宽度不小于进水管渠宽度的 1.2 倍，与筛网一起使用时可取 1.8 倍。

5）格栅的倾角。一般采用 45°～75°，人工清除栅渣时取低值。

6）格栅上部需设置工作台，其高度应高出格栅前最高设计水位 0.5m，工作台上应有安全和冲洗设施，工作台两侧过道宽度不小于 0.7m，工作台正面过道宽度，当人工清除栅渣时，不应小于 1.2m，当机械清除栅渣时，不应小于 1.5m。

3. 计算公式

（1）栅前流速

$$v_1 = \frac{Q_{max}}{B_1 h} \tag{5-2}$$

式中 v_1——栅前流速（m/s）；

Q_{max}——最大设计流量（m^3/s）；

B_1——栅前渠道宽度（m）；

h——栅前渠道水深（m）。

（2）过栅流速

$$v = \frac{Q_{max}}{bh(n+1)} \tag{5-3}$$

式中 v——过栅流速（m/s）；

b——栅条间隙（mm）；

n——栅条数目。

（3）最大处理水量

$$Q_{max} = v\frac{hb}{\sin\alpha} \cdot \frac{B}{b+s} \tag{5-4}$$

式中 Q_{max}——最大处理水量（m^3/s）；

B——栅条有效宽度（m）；

s——栅条宽度（mm）；

α——格栅倾角（°）。

（4）格栅宽度

$$B = s(n-1) + bn \tag{5-5}$$

$$n = \frac{Q_{max}\sqrt{\sin\alpha}}{bhv} \tag{5-6}$$

（5）过栅水头损失

$$h_1 = h_0 k \tag{5-7}$$

$$h_0 = \xi\frac{v^2}{2g}\sin\alpha \tag{5-8}$$

式中 h_1——过栅水头损失（m）；

h_0——计算水头损失（m）；

k——系数，格栅被栅渣阻塞时，水头损失增大的系数可按 $k = 3.36v - 1.32$ 计算或取 $k = 2 \sim 3$；

ξ——局部阻力系数。

（6）栅后渠总深

$$H = h + h_1 + h_2 \tag{5-9}$$

式中 H——栅后渠总深（m）；

h_2——栅前渠道超高（m）。

（7）栅渠总长

$$L = l_1 + l_2 + 1.0 + 0.5 + \frac{H_1}{\tan\alpha} \tag{5-10}$$

$$l_1=\frac{B-B_1}{2\tan\alpha_1} \tag{5-11}$$

$$l_2=\frac{l_1}{2} \tag{5-12}$$

$$H_1=h+h_2 \tag{5-13}$$

式中　L——栅渠总长（m）；

l_1——栅前部渐宽长度（m）；

l_2——栅后部渐缩长度（m）；

B_1——进水渠宽度（m）；

H_1——栅前渠总深（m）；

α_1——栅前部渐宽段水平展开角，一般取20°。

（8）每日栅渣量

$$W=\frac{86400Q_{max}W_1}{1000K_Z} \tag{5-14}$$

式中　W——每日栅渣量（m^3/d）；

W_1——单位栅渣量；

K_Z——进渠污水流量变化系数。

栅条断面形状与阻力系数ξ的关系见表5-3。

表5-3　栅条断面形状与阻力系数ξ的关系

栅条断面形状	一般采用尺寸	计算式	形状系数
锐边矩形	厚10mm，宽50mm	$\xi=\beta\left(\frac{s}{b}\right)^{\frac{4}{3}}$	$\beta=2.42$
圆形	直径20mm		$\beta=1.79$
带半圆的矩形	厚10mm，宽50mm		$\beta=1.83$
梯形			$\beta=2.00$
两头半圆的矩形	厚10mm，宽50mm		$\beta=1.67$
正方形	边长20mm	$\xi=\left(\frac{b+s}{\varepsilon b}-1\right)^2$	收缩系数ε，一般取0.64

4. 计算实例

（1）设计参数

设计流量 $Q_{max}=2.6\times10^4m^3/d=301L/s$

栅前流速 $v_1=0.7m/s$，过栅流速 $v=0.9m/s$

栅条宽度 $s=0.01m$，格栅间隙 $b=20mm$

栅前部分长度0.5m，格栅倾角 $\alpha=60°$

单位栅渣量 $W_1=0.05m^3$ 栅渣$/10^3m^3$ 污水

（2）设计计算

1）确定格栅前水深，根据最优水力断面公式 $Q_{max}=\frac{{B_1}^2v_1}{2}$计算得：

$$B_1=\sqrt{\frac{2Q_{max}}{v_1}}=\sqrt{\frac{2\times0.301}{0.7}}m=0.93m$$

则栅前水深

$$h=\frac{B_1}{2}=\frac{0.93}{2}\text{m}=0.465\text{m}$$

2）栅条数目：

$$n=\frac{Q_{\max}\sqrt{\sin\alpha}}{bhv_2}=\frac{0.301\sqrt{\sin 60°}}{0.02\times0.46\times0.9}=33.11(\text{取 } n=36)$$

3）栅槽有效宽度 $B=s(n-1)+bn=0.01\times(36-1)\text{m}+0.02\times36\text{m}=1.07\text{m}$。

4）进水渠道渐宽部分长度，其中 α_1 为进水渠展开角，取20°。

$$l_1=\frac{B-B_1}{2\tan\alpha_1}=\frac{1.07-0.927}{2\tan20°}\text{m}=0.18\text{m}$$

5）栅槽与出水渠道连接处的渐窄部分长度

$$L_2=\frac{L_1}{2}=0.09\text{m}$$

6）过栅水头损失（h_1）因栅条边为矩形截面，取 $k=3$，则

$$h_1=kh_0=k\xi\frac{v^2}{2g}\sin\alpha=3\times2.42\times\left(\frac{0.01}{0.02}\right)^{\frac{4}{3}}\times\frac{0.9^2}{2\times9.81}\times\sin60°\text{m}=0.103\text{m}$$

其中：h_0 是计算水头损失，k 是系数，格栅受污物堵塞后，取 $k=3$，ξ 是阻力系数，与栅条断面形状有关，当为矩形断面时 $\xi=\beta\left(\frac{s}{b}\right)^{\frac{4}{3}}$，$\beta=2.42$。

7）栅后槽总高度 H。取栅前渠道超高 $h_2=0.3\text{m}$，则栅前槽总高度

$$H_1=h+h_2=(0.46+0.3)\text{m}=0.76\text{m}$$

栅后槽总高度 $H=h+h_1+h_2=(0.46+0.103+0.3)\text{m}=0.86\text{m}$。

8）格栅总长度：

$$L=l_1+l_2+0.5+1.0+\frac{H_1}{\tan\alpha}=\left(0.19+0.095+0.5+1.0+\frac{0.765}{\tan60°}\right)\text{m}=2.23\text{m}$$

9）每日栅渣量（K_Z 取1.5）：

$$W=Q_{日平均}W_1=\frac{2.6\times10^4}{1.5}\times10^{-3}\times0.05\text{m}^3/\text{d}=0.87\text{m}^3/\text{d}>0.2\text{m}^3/\text{d}$$

所以宜采用机械格栅清渣。

5.3.1.2　沉砂池

1. 沉砂池的选择

常用的沉砂池类型有平流式沉砂池、曝气沉砂池、多尔沉砂池和钟式沉砂池。平流式沉砂池构造简单，处理效果好，工作稳定，但沉砂中夹杂一些有机物，易于腐化散发臭味，难于处理，并且对有机物包裹的砂粒去除效果不好。曝气沉砂池在曝气的作用下，颗粒之间产生摩擦，将包裹在颗粒表面的有机物摩擦去除，产生洁净的沉砂。多尔式沉砂池设置了一个洗砂槽，可产生洁净的沉砂。钟式沉砂池依靠电动机械转盘和斜坡式叶片，利用离心力将砂粒甩向池壁去除，并将有机物脱除。后三种沉砂池在一定程度上克服了平流式沉砂池的缺点，但构造比平流式沉砂池复杂，一般多采用曝气式沉砂池。

2. 沉砂池的设计

（1）平流式沉砂池的设计

1）设计参数

① 最大流速为0.3m/s，最小流速为0.15m/s。

② 最大流量时停留时间不小于30s，一般采用30～60s。

③ 有效水深应不大于1.2m，一般采用0.25～1m，每格宽度不宜小于0.6m。

④ 进水头部应采取消能和整流措施。

⑤ 池底坡度一般为0.01～0.02，当设置除砂设备时，可根据设备要求考虑池底形状。

2）设计实例。最大设计流量为$0.2m^3/s$，最小设计流量为$0.1m^3/s$，总变化系数为$K_Z=1.50$。

① 长度L。设$v=0.25m/s$，$t=30s$，则$L=vt=0.25\times30m=7.5m$。

② 水流断面面积。

$$A=\frac{Q_{max}}{v}=\frac{0.2}{0.25}m^2=0.8m^2$$

③ 池总宽度B。设$n=2$格，每格宽度$b=0.6m$，则$B=nb=2\times0.6m=1.2m$。

④ 有效水深。

$$h_2=\frac{A}{B}=\frac{0.8}{1.2}m=0.67m$$

⑤ 沉砂斗所需容积V。设$T=2d$，污水泥砂量$X=30L/m^3$，则

$$V=\frac{86400Q_{max}XT}{10^6K_Z}=\frac{0.2\times30\times2\times86400}{1.50\times10^6}m^3=0.69m^3$$

其中X为城市污水沉砂量，取30。

⑥ 每个沉砂斗容积V_0。设每一分格有2个沉砂斗，则

$$V_0=\frac{0.69}{2\times2}m^3=0.17m^3$$

⑦ 沉砂斗各部分尺寸。设斗底宽$a_1=0.5m$，斗壁和水平面的倾角为55°，斗高$h_3'=0.35m$。

沉砂斗上口宽 $$a=\frac{2h_3'}{\tan55°}+a_1=\left(\frac{2\times0.35}{\tan55°}+0.5\right)m=1.0m$$

沉砂斗容积 $$V_0'=\frac{h_3'}{6}(2a^2+2aa_1+2a_1{}^2)=\frac{0.35}{6}\times(2\times1^2+2\times1+2\times0.5^2)m^3=0.26m^3$$

⑧ 沉砂室高度h_3。采用重力排砂，设池底坡度为0.06，坡向砂斗，沉砂池去除的砂粒相对密度为2.65，则$h_3=h_3'+0.06l_2=(0.35+0.06\times2.65)m=0.51m$。

⑨ 池总高度H。设超高$h_1=0.3m$，则$H=h_1+h_2+h_3=(0.3+0.67+0.52)m=1.49m$。

⑩ 验算最小流速v_{min}。在最小流速时，只用1格工作（$n_1=1$），则

$$v_{min}=\frac{Q_{min}}{n_1bh_2}=\frac{0.1}{1\times0.6\times0.67}m/s=0.25m/s>0.15m/s$$

（2）曝气沉砂池的设计

1）沉砂效率。对于所有沉砂池而言，沉砂效率首先取决于水力停留时间。表5-4所列是曝气沉砂池对不同颗粒粒径砂子的截流情况。从表5-4中可以看出，粒径为大于0.3mm的颗粒的截流效率是达不到100%的，0.2mm颗粒的截流效率为85%，而0.1mm颗粒的截留效率仅为50%。实际运行时，沉砂池的沉砂效率可以通过测定初次沉淀池污泥中砂子的

含量来确定。如果沉砂效率不高时，应根据实际情况调整运行参数来提高沉砂效率。

表 5-4 曝气沉砂池的沉砂效率一览表

颗粒粒径 d/mm	截留效率(%)	颗粒粒径 d/mm	截留效率(%)	颗粒粒径 d/mm	截留效率(%)
>0.30	>95	0.15	75	<0.07	<10
0.20	85	0.10	50		

2）设计参数

① 水流速度为 0.08 ~ 0.12m/s，一般为 0.1m/s，最大不超过 0.3m/s。

② 旋转速度为 0.25 ~ 0.4m/s。

③ 有效水深一般为 2 ~ 3m（宽深比为 1 ~ 2，长宽比为 3 ~ 5）。

④ 停留时间为 2 ~ 5min。

⑤ 池底坡度为 0.1% ~ 0.5%。

⑥ 供气量一般每 $1m^3$ 污水为 $0.2m^3$ 或每 $1m^2$ 池面积为 $2 \sim 3m^3$。

3）设计实例

① 池子总有效容积。设计最大水流量为 $2.1m^3/s$，最大设计流量时停留时间 $t = 2min$，则

$$V = 60Q_{max}t = 2.1 \times 2 \times 60m^3 = 252m^3$$

② 水流断面面积。设最大设计流量时水平流速 $v_1 = 0.1m/s$，则

$$A = \frac{Q_{max}}{v_1} = \frac{2.1}{0.1}m^2 = 21m^2$$

③ 池总宽度。设计水深 $h_2 = 2.5m$，则

$$B = \frac{A}{h_2} = \frac{21}{2.5}m = 8.4m$$

④ 每格池子宽度。沉砂池设 3 格，$b = \frac{B}{n} = \frac{8.4}{3}m = 2.8m$，宽深比 $\frac{b}{h_2} = 1.12$，符合要求。

⑤ 池长。

$$L = \frac{V}{A} = \frac{252}{21}m = 12m$$

⑥ 每小时所需空气量。设 $1m^3$ 污水所需空气量为 $f = 0.2m^3$ 空气，则 $q = fQ_{max} = 0.2 \times 2.1 \times 3600m^3/h = 1512m^3/h$。

⑦ 沉砂槽几何尺寸确定。设沉砂槽底宽 0.5m，沉砂槽斜壁与水平面的夹角为 60°，沉砂槽高度 $h_3 = 0.4m$，沉砂槽槽口宽 $b_1 = (2 \times 0.4\cot 60° + 0.5)m = 0.96m$，沉砂槽容积为

$$V_1 = \frac{0.5 + 0.96}{2} \times 0.4 \times 12m^3 = 3.5m^3$$

⑧ 沉砂槽所需容积。设贮砂时间 $T = 2d$，变化系数为 1.47，沉砂槽所需容积为

$$V = \frac{86400Q_{max}T}{10^6K_Z} = 0.247m^3$$

每个沉砂槽所需容积 $V_0 = \frac{V}{3} = 3.05m^3 < 3.5m^3$。

⑨ 池子总高。设坡底坡度为0.06，坡向沉砂槽，池底斜坡部分的高度为

$$h_4 = 0.06 \times \frac{2.8 - 0.96}{2}\text{m} = 0.0552\text{m} \approx 0.06\text{m}$$

设超高 $h_1 = 0.3\text{m}$，池子总高 $H = h_1 + h_2 + h_3 + h_4 = (0.3 + 2.5 + 0.4 + 0.06)\text{m} = 3.26\text{m}$。

⑩ 排砂方法。采用吸砂机排砂。

5.3.1.3 沉淀池

污水处理厂最常用的沉淀池池塘的类型有平流式、辐流式和竖流式，还可以采用斜板（管）沉淀池和迷宫沉淀池。

1. 沉淀池的特点及其使用条件

由于沉淀池构造的差别，各种类型的沉淀池具有不同的特点，适用于不同的条件，常用沉淀池的特点和适用条件见表5-5。

表5-5 常用沉淀池的特点和适用条件

类型	优 点	缺 点	适用条件
平流式	沉淀效果好；对冲击负荷和温度变化适应性强；施工方便；平面布置紧凑，占地面积小	配水不易均匀；采用机械排泥时设备易腐蚀；采用多斗排泥时，排泥不易均匀，操作工作量大	适用于地下水位较高，地质条件较差的地区，适用于大、中、小型污水处理厂
辐流式	用于大型污水处理厂，沉淀池个数较少，比较经济，便于管理；机械排泥设备已定型，排泥方便	池内水流不稳定，沉淀效果较差；排泥设备比较复杂，对运行管理要求较高；池体较大，对施工质量要求较高	适用于地下水位较高的地区，用于大、中型污水处理厂
竖流式	占地面积小；排泥方便，运行管理简单	池体深度较大，施工困难；对冲击负荷和温度的变化适应性差；造价相对较高；池径不易过大	适用于小型污水处理厂或工业废水处理站
斜(管)板	沉淀效果好；占地面积小；排泥方便	易堵塞；造价高	适用于原有沉淀池的挖潜或扩大处理能力

2. 沉淀池设计

（1）平流式沉淀池设计

1）设计内容。池表面积、池长、池宽、有效水深、污泥斗容积、池总高、出水堰负荷核算。

2）计算公式：

$$A = \frac{Q_{\max}}{q} \tag{5-15}$$

$$L = 3.6vt \tag{5-16}$$

$$B = \frac{A}{L} \tag{5-17}$$

$$b = \frac{B}{n} \tag{5-18}$$

$$h_2 = qt \tag{5-19}$$

$$W = \frac{100Q(c_1 - c_2)t}{100 - P_0} \tag{5-20}$$

$$H = h_1 + h_2 + h_3 + h_4 \tag{5-21}$$

式中 A——沉淀区表面积（m^2）；

Q_{max}——最大设计流量（m^3/h）；

q——表面水力负荷［$m^3/(m^2 \cdot h)$］；

L——沉淀池长度（m）；

v——最大设计流量时的水平流速（mm/s）；

t——沉淀时间；

B——沉淀区的总宽度（m）；

b——每格池宽；

n——池子个数；

h_2——沉淀区有效水深（m）；

W——污泥区的容积（m^3）；

Q——污泥量［g/(人·d)］；

c_1——进水悬浮物质量浓度（t/m^3）；

c_2——出水悬浮物质量浓度（t/m^3）；

P_0——污泥含水率（%）；

H——沉淀池总高度（m）；

h_1——沉淀池超高（m）；

h_3——缓冲层高度（m）；

h_4——污泥区高度（m）。

3）主要设计参数：

① 表面负荷：一沉池 $q = 1.5 \sim 3m^3/(m^2 \cdot h)$，二沉池 $q = 1 \sim 2m^3/(m^2 \cdot h)$。

② 水平流速：一沉池 $v = 7mm/s$，二沉池 $v = 7mm/s$。

③ 沉淀时间：一沉池 $t = 1 \sim 2h$，二沉池 $t = 1.5 \sim 2.5h$。

④ 污泥量：一沉池 $Q = 14 \sim 25g/(人 \cdot d)$，$P_0 = 95\% \sim 97\%$；采用活性污泥法时，二沉池 $Q = 10 \sim 21g/(人 \cdot d)$，$P_0 = 99.2\% \sim 99.6\%$，采用生物膜法时，二沉池 $Q = 7 \sim 19g/(人 \cdot d)$，$P_0 = 96\% \sim 98\%$。

⑤ 超高 $h_1 = 0.3m$，有刮泥板 h_3 = 刮泥板高 + 0.3m，无刮泥板 $h_3 = 0.5m$，h_4 为泥斗高。

⑥ 池底坡度为 0.01，$L/b \geqslant 4$，$L/h_2 \geqslant 8$。

⑦ 污泥区容积：一沉池 W 小于或等于 2d 污泥量，二沉池 W 小于或等于 2h 污泥量。

⑧ 出水堰负荷：一沉池小于或等于 2.9L/(s·m)，二沉池小于或等于 1.7L/(s·m)。

（2）辐流式沉淀池设计

1）设计内容。池表面积、池直径、有效水深、污泥斗容积、池总高、出水堰负荷核算。

2）计算公式：

$$A_{单池} = \frac{Q_{max}}{nq}$$

$$D = \left(\frac{4A_{单池}}{\pi}\right)^{\frac{1}{2}}$$

$$h_2 = qt$$

$$W = \frac{100Q(c_1 - c_2)t}{100 - P_0}$$

$$H = h_1 + h_2 + h_3 + h_4 \tag{5-22}$$

式中 $A_{单池}$——单池面积；

D——池直径。

3）主要设计参数：

① $D/H = 6 \sim 12$。

② 刮泥机旋转速度为1～3r/h。

③ 刮泥板外缘线速度小于或等于3m/min，一般采用1.5m/min。

④ 池底坡度为0.05。

其余同上。

（3）竖流式沉淀池设计

1）设计内容。中心管面积与直径、喇叭口直径、沉淀区有效面积、池直径、沉淀区有效水深、污泥斗容积、池总高、出水堰负荷核算。

2）计算公式：

$$f_1 = \frac{Q_{max}}{v_0}$$

$$d = \left(\frac{4f_1}{\pi}\right)^{\frac{1}{2}}$$

$$f_2 = \frac{Q_{max}}{v}$$

$$A = f_1 + f_2$$

$$D = \left(\frac{4A}{\pi}\right)^{\frac{1}{2}}$$

$$h_2 = qt$$

$$h_3 = \frac{Q_{max}}{1.3v_1\pi d}$$

$$W = \frac{100Q(c_1 - c_2)t}{100 - P_0}$$

$$H = h_1 + h_2 + h_3 + h_4 + h_5 \tag{5-23}$$

式中 f_1——中心管面积；

v_0——中心管流速；

d——中心管直径；

f_2——每座沉淀池沉淀区的面积；

v——污水上升流速；

A——每座池的总面积；

h_3——中心管喇叭口与反射板之间的垂直距离；

v_1——喇叭口与反射板间流速；

h_4——缓冲层高；

h_5——污泥斗高。

3）主要设计参数：

① 中心管流速 $v_0 \leq 100mm/s$。

② 污水上升流速 $v = 0.5 \sim 1.0mm/s$。

③ 喇叭口与反射板间流速 $v_1 \leq 40mm/s$。

④ $D = 4 \sim 7m$，$D/H \leq 3$。

⑤ 反射板底距泥面 $h_4 \leq 0.3m$。

⑥ h_5 为污泥斗高。

其余同上。

（4）斜（管）板沉淀池设计

1）设计内容。池表面积 A、池长 $a \times$ 池宽 b、污泥斗容积 W、池总高 H。

2）计算公式：

$$A = \frac{Q_{max}}{0.91nq}$$

$$W = \frac{100Q(c_1 - c_2)t}{100 - P_0}$$

$$H = h_1 + h_2 + h_3 + h_4 + h_5$$

式中　h_2——清水区水层高；

h_3——斜管自身高；

h_4——斜板下缓冲层高。

3）主要设计参数：

① $q = 4 \sim 6m^3/(m^2 \cdot h)$。

② 清水区水层高 $h_2 = 0.7 \sim 1m$，斜管自身高 $h_3 = 0.866 \sim 1m$。

③ 斜板下缓冲层高 $h_4 = 0.6 \sim 1.2m$，一般采用 1m。

④ 斜管孔径 50～80mm，斜板净距 80～100mm。

⑤ h_5 为污泥斗高。

（5）辐流沉淀池设计实例　目前各大中型污水处理厂基本采用辐流沉淀池，因此重点介绍辐流沉淀池设计。另外，也有些污水处理厂使用斜板沉淀池，也稍加介绍。

1）设计参数：

① 池的直径较大，20～30m，最大直径达 100m。

② 中心深度为 2.5～5.0m，周边深度为 1.5～3.0m。

③ 有效水深一般不大于 4m，池直径与有效水深之比不小于 6，一般为 6～10。

④ 采用机械刮泥时，沉淀池的缓冲层上缘应高出刮泥板 0.3m，刮泥机械活动桁架的转速为 2～3 次/h。

⑤ 对生活污水或与之相似的废水进行处理的表面负荷可采用 $2 \sim 3.6m^3/(m^2 \cdot h)$，沉淀时间为 1.5～2.0h。

2）设计计算：

① 池表面积［污水量为 $75000m^3/d$，表面负荷取 $3m^3/(m^2 \cdot h)$］：

$$A=\frac{Q}{q}=\frac{1042}{1}\mathrm{m}^2=1042\mathrm{m}^2$$

② 单池面积（沉淀池设置 2 个）：

$$A_{单池}=\frac{A}{n}=\frac{1042}{2}\mathrm{m}^2=521\mathrm{m}^2(取530\mathrm{m}^2)$$

③ 池直径：

$$D=\sqrt{\frac{4A_{单池}}{\pi}}=\sqrt{\frac{4\times530}{\pi}}\mathrm{m}=25.98\mathrm{m}(取26\mathrm{m})$$

④ 沉淀部分有效水深（h_2）。混合液在分离区泥水分离，该区存在絮凝和沉淀两个过程，分离区的沉淀过程会受到进水的紊流影响，取 $h_2=3\mathrm{m}$。

⑤ 沉淀池部分有效容积：

$$V=\frac{\pi D^2}{4}h_2=\frac{3.14\times26^2}{4}\mathrm{m}^2\times3\mathrm{m}=1591.98\mathrm{m}^3$$

⑥ 沉淀池坡底落差（取池底坡度 $i=0.05$，污泥斗上半径取 2m，下半径取 1m）：

$$h_4=i\left(\frac{D}{2}-r_1\right)=0.05\times\left(\frac{26}{2}-2\right)\mathrm{m}=0.55\mathrm{m}$$

⑦ 沉淀池周边（有效）水深：

$$H_0=h_2+h_3+h_5=(3+0.5+0.5)\mathrm{m}=4.0\mathrm{m}\geqslant4.0\mathrm{m}$$

$\frac{D}{H_0}=\frac{26}{4}=6.5>6$，满足规定。

⑧ 污泥斗容积。污泥斗倾角取 60°，高度 $h_6=(r_1-r_2)\tan\alpha=(2-1)\times\tan60°\mathrm{m}=1.73\mathrm{m}$。

$$V_1=\frac{\pi h_6}{3}({r_1}^2+r_1r_2+{r_2}^2)=\frac{3.14\times1.73}{3}\times(2^2+2\times1+1^2)\mathrm{m}^3=12.7\mathrm{m}^3$$

池底可储存污泥的体积为

$$V_2=\frac{\pi h_4}{4}(R^2+Rr_1+{r_1}^2)=\frac{3.14\times0.55}{4}\times(13^2+13\times2+2^2)\mathrm{m}^3=86\mathrm{m}^3$$

共可储存污泥体积为 $V_1+V_2=(12.7+86)\mathrm{m}^3=98.7\mathrm{m}^3$。

⑨ 沉淀池超高取 0.3m，则总高度 $H=(0.3+4+1.73)\mathrm{m}=6.03\mathrm{m}$。

（6）斜板沉淀池设计

1）设计参数。

① 斜板（管）间距一般不小于 50mm，斜板（管）长一般为 1.0～1.2m。

② 斜板的上层应有 0.5～1.0m 的水深，底部缓冲层高度为 1.0m。斜板（管）下为废水分布区，一般高度不小于 0.5m，布水区下部为污泥区。

③ 池出水一般采用多排孔管集水，孔眼应在水面以下 2cm 处，防止漂浮物被带走。

④ 废水在斜管内流速视不同废水而定，如处理生活污水，流速为 0.5～0.7m/s。

⑤ 斜板（管）与水平面呈 60°角，斜板净距（或斜管孔径）一般为 80～100mm。

2）设计实例。最大设计流量 $Q_{max}=710\mathrm{m}^3/\mathrm{h}$，生活污水总变化系数 $K_Z=1.50$，斜管斜长度为 1m，斜管倾角为 60°，设计表面负荷 $q=4\mathrm{m}^3/(\mathrm{m}^2\cdot\mathrm{h})$，进水悬浮物质量浓度 $c_1=250\mathrm{mg/L}$，出水悬浮物质量浓度 $c_2=125\mathrm{mg/L}$，污泥含水率平均为 96%。

① 池子水面面积及池边长。设 $n=4$ 个，则

$$A=\frac{Q_{\max}}{0.91nq}=\frac{710}{4\times4\times0.91}\text{m}^2=49\text{m}^2$$

$$a=\sqrt{A}=\sqrt{49}\text{m}=7.0\text{m}$$

② 池内停留时间。设 $h_2=0.70\text{m}$，$h_3=1\text{m}\times\sin60°=0.866\text{m}$，则

$$t=\frac{(h_3+h_2)\times60}{q}=\frac{(0.7+0.866)\times60}{4}\text{min}=23.5\text{min}$$

③ 污泥部分所需容积。设 $T=2.0\text{d}$，污泥含水率 ρ_0 取 96%，斜板长度 γ 取 1m，则

$$V=\frac{24\cdot100Q_{\max}(c_1-c_2)T}{K_Z\gamma(100-\rho_0)n}=\frac{710\times(0.00025-0.000125)\times24\times100\times2}{1.50\times1\times(100-96)\times4}\text{m}^3=17.75\text{m}^3$$

④ 污泥斗容积。设 $a_1=0.8\text{m}$，$h_5=\left(\frac{a}{2}-\frac{a_1}{2}\right)\tan60°=\left(\frac{7}{2}-\frac{0.8}{2}\right)\tan60°\text{m}=5.37\text{m}$，则

$$V_1=\frac{h_5}{6}(2a^2+2aa_1+2a_1{}^2)=\frac{5.37}{6}(2\times7^2+2\times7\times0.8+2\times0.8^2)\text{m}^3=98.87\text{m}^3>17.70\text{m}^3$$

⑤ 沉淀池总高度。设 $h_1=0.30\text{m}$，$h_4=0.76\text{m}$，则 $H=h_1+h_2+h_3+h_4+h_5=(0.30+0.70+0.866+0.76+5.37)\text{m}=8.0\text{m}$。

（7）溶气气浮工艺设计　溶气气浮（DAF）适用于处理低浊度、高色度、高有机物含量、低含油量、低表面活性物质含量或具有富藻的水。相对于其他的气浮方式，它具有水力负荷高，池体紧凑等优点。但是它的工艺复杂，电能消耗较大，空压机的噪声大等缺点也限制了它的应用。

1）设计参数：

① 气浮池有效水深为 2～2.5m，长宽比为 1:1～1:1.5，一般单格长度不大于 15m，宽度不大于 10m。设计停留时间为 10～20min，水流下降流速为 1～3mm/s，表面负荷为 5～$10\text{m}^3/(\text{m}^2\cdot\text{h})$。

② 接触区下部竖直部分高 300～500mm，水流上升流速取 20mm/s，上部隔板与水平夹角为 60°，上升流速为 5～10mm/s，隔板上端与气浮池水面距离取 300mm，接触区水力停留时间不小于 2min。

③ 集水管布置在分离区底部，可为枝状环状布置，力求集水均匀。

④ 池顶刮泥机行车速度为 5m/min。

⑤ 溶气压力采用 0.2～0.4MPa，回流比取 5%～25%。

⑥ 溶气释放器管内流速 1m/s 以下，出口流速为 0.4～0.5m/s，单个作用范围为 30～110cm。

2）设计计算公式：

① 溶气水量：

$$Q_R=\frac{A}{S}\cdot\frac{QS'}{C_a(fp-1)} \tag{5-24}$$

式中　A——压力溶气水在 1atm 下释放的空气量（kg/d）；

S——废水中悬浮固体量（kg/d），A/S 值宜通过试验确定，可按 0.005～0.06 选用；

C_a——1atm 下空气的溶解度（g/cm^3）；

S'——废水中悬浮固体质量浓度（kg/m^3）；

f——溶气效率，一般取0.6～0.8；

Q——废水处理量（m^3/d）；

p——溶气压力（atm）。

② 回流比：

$$R=\frac{Q_R}{Q} \tag{5-25}$$

式中 Q_R——回流加压水量（m^3/d）。

③ 接触室容积：

$$V_s=\frac{(Q+Q_R)t_1}{24\times60} \tag{5-26}$$

式中 t_1——接触室接触时间，一般取5min。

④ 接触室面积：

$$A_s=\frac{V_s}{H} \tag{5-27}$$

式中 H——有效水深。

⑤ 接触室长度：

$$L_s=\frac{A_s}{b} \tag{5-28}$$

式中 b——气浮池宽度。

⑥ 分离池容积：

$$V_c=\frac{(Q+Q_R)t_2}{24\times60} \tag{5-29}$$

式中 t_2——分离区停留时间，取10～30min。

⑦ 气浮池有效水深：

$$H=v_st_2 \tag{5-30}$$

式中 v_s——分离区水流下降流速，一般取1.5～3.0mm/s。

⑧ 分离区面积：

$$A_c=\frac{V_s}{H} \tag{5-31}$$

⑨ 分离区长度：

$$L_c=\frac{A_c}{b} \tag{5-32}$$

⑩ 溶气罐容积：

$$V_g=Q_Rt_g \tag{5-33}$$

式中 t_g——溶气时间。

5.3.2 污水处理构筑物的设计——二级生物处理

目前常用的生物处理方法主要有活性污泥法、生物膜法、厌氧法、自然生物处理法。由于活性污泥法处理程度高，净化效果好，是目前使用最多的污水处理方法。

5.3.2.1 生物处理方法概述

1. 活性污泥法

活性污泥法的类型较多，主要有普通活性污泥法、生物脱氮除磷、SBR 法、氧化沟、AB 法等。

（1）普通活性污泥法

1）设计内容。曝气池容积及尺寸、需氧量、剩余污泥量、曝气设备选择与设计、污泥回流设备选择与设计、鼓风机选择。

2）计算公式：

$$V=\frac{QS_0}{N_sX} \tag{5-34}$$

$$V=\frac{QY(S_0-S_e)\theta_c}{X_V(1+K_d\theta_c)} \tag{5-35}$$

$$\Delta X=YQS_r+K_dX_V \tag{5-36}$$

$$O_2=a'QS_r+b'VX_V=R \tag{5-37}$$

$$SOR=\frac{AOR\cdot C_{s(20)}}{\alpha[\beta\rho C_{sb(T)}-C]\times1.024^{(T-20)}} \tag{5-38}$$

式中 V——反应池容积（m^3）；

Q——污水流量（m^3/d）；

N_s——污泥负荷［kg BOD_5/(kg MLSS · d)］；

X——回流污泥质量浓度（mg/L）；

Y——污泥产泥系数［kg VSS/kg BOD_5 · d］；

S_0——进水 BOD_5 质量浓度（mg/L）；

S_e——出水 BOD_5 质量浓度（mg/L）；

S_r——去除 BOD_5 质量浓度（mg/L）；

θ_c——污泥龄（d）；

K_d——活性污泥自身氧化系数；

a'——碳的氧当量，通常取 1.47；

b'——氮的氧当量，通常取 4.57；

X_V——挥发性悬浮固体（kg MLVSS/m^3）；

α——氧转移系数，通常取 0.85；

β——氧在污水中饱和溶解度修正系数，通常取 0.95；

ρ——因海拔不同而引起的压力系数；

T——设计温度（℃）；

$C_{s(20)}$——20℃时氧在清水中饱和溶解度（mg/L），通常取 9.17mg/L；

$C_{sb(T)}$——设计水温下曝气池内平均溶解氧饱和度（mg/L）；

C——曝气池内平均溶解氧浓度，通常取 2mg/L；

SOR——标准需氧量（mg/L）；

AOR——设计需氧量（mg/L）；

ΔX——剩余总污泥量（kg/d）。

3）主要设计参数：

① 污泥负荷 N_S：合建完全混合 0.25～0.5kg BOD_5/(kg MLSS·d)，传统法、多点进水、吸附再生 0.2～0.4kg BOD_5/(kg MLSS·d)，延时曝气 0.05～0.1kg BOD_5/(kg MLSS·d)，高负荷法 1.5～3.0kg BOD_5/(kg MLSS·d)，深井曝气 1.0～1.2kg BOD_5/(kg MLSS·d)，纯氧曝气 0.4～0.8kg BOD_5/(kg MLSS·d)。

② 污泥龄 θ_c：延时 20～30d、深井 5d、高负荷 5～15d、其他 5～15d。

③ 污泥回流比 R：传统法、多点进水 25～75，吸附再生 50～100，高负荷法 10～30，合建完全混合 100～400，延时曝气 60～200，深井 50～150。

④ 曝气时间 t：传统法，4～8h；多点进水，3～5h；高负荷法，1.5～3h；深井，大于 0.5h；吸附再生法、吸附池，0.5～1h；再生池，3～6h；延时曝气，20～48h。

⑤ 超高：鼓风曝气，0.5～0.8m；叶轮表面曝气，0.8～1.2m。

（2）生物脱氮除磷

1）设计内容。厌氧段容积、缺氧段容积、好氧段容积、池尺寸、需氧量、污泥回流比、内循环混合液回流比、充氧设备选择与设计。

2）计算公式为

$$V_i = Qt_i \tag{5-39}$$

$$\Delta X = YQ(S_0 - S_e) - K_d VX_V + fQ(SS_0 - SS_e) \tag{5-40}$$

式中　f——SS 污泥转换率，通常取 0.5～0.7g MLSS/g SS；

SS_0——生物反应池进水悬浮物质量浓度（kg/m^3）；

SS_e——生物反应池出水悬浮物质量浓度（kg/m^3）。

其余同普通活性污泥法。

3）主要设计参数。

① 水力停留时间：A-O 法脱氧，厌氧段小于或等于 2h，好氧段大于或等于 6h；A-A-O 法脱氮除磷，厌氧段 0.5～1h，缺氧段 0.5～1h，好氧段 3.5～6h；A-O 法除磷，厌氧段 0.5～1h，好氧段 3～6h。

② 内循环回流比：A-O 法脱氮 $R \geq 200\%$，A-A-O 法脱氮除磷 $R = 100\% \sim 300\%$。

③ 污泥龄 θ_c：A-O 法脱氮 30d。

④ N 负荷：A-O 法脱氮小于 0.03g N/(g MLSS·d)。

⑤ 有机负荷：同活性污泥法。

⑥ 需氧量：需氧 2g/g BOD_5，3.43g/g NH_4^+-N，1.14g/g NO_2^--N，分解 1g COD 需要 NO_2-N 0.58g，或需要 NO_3-N 0.35g。

（3）SBR 法

1）设计内容。SBR 池个数及池容积、进水、反应、沉淀、排水和待机时间、运行周期、排水后污泥容积 V_0。

2）计算公式：

$$V = QT$$

$$T = t_1 + t_2 + t_3 + t_4 + t_5 \tag{5-41}$$

式中　t_1、t_2、t_3、t_4、t_5——进水、反应、沉淀、排水和待机时间（h）。

其余同普通活性污泥法。

3）主要设计参数：

① 污泥负荷：$N_S=0.2\sim0.3$kg BOD_5/(kg MLSS·d)。

② 容积负荷：$N_V=0.1\sim1.3$kg BOD_5/(m^3·d)。

③ MLSS＝3000～5000mg/L。

验算 $V_0/V>40\%$。

（4）氧化沟

1）设计内容：氧化沟有效容积、形式及尺寸，曝气装置选择与设计。

2）计算公式。同普通活性污泥法。

3）主要设计参数：

① 污泥负荷：$N_S=0.03\sim0.07$kg BOD_5/(kg MLSS·d)。

② 容积负荷：$N_V=0.1\sim0.2$kg BOD_5/(m^3·d)。

③ 污泥龄：$\theta_c=15\sim30$d，水力停留时间：$t=20\sim48$h。

④ 混合液质量浓度 $X=5000$mg/L，混合液在渠内流速为0.4～0.5m/s。

（5）AB法

1）设计内容：A、B段容积及尺寸，需氧量，剩余污泥量，曝气设备选择与设计，污泥回流量，鼓风机选择。

2）计算公式：

$$V_A=\frac{QS_A}{N_{SA}X_A} \tag{5-42}$$

$$V_B=\frac{QS_B}{N_{SB}X_B} \tag{5-43}$$

式中　V_A、V_B——A段、B段反应池容积（m^3）；

Q——平均进水量（m^3/d）；

S_A、S_B——A段、B段进水 BOD_5 质量浓度（mg/L）；

N_{SA}、N_{SB}——A段、B段污泥负荷［kg BOD_5/(kg MLSS·d)］；

X_A、X_B——A段、B段回流污泥质量浓度（mg/L）。

其余同普通活性污泥法。

3）主要设计参数：

① A段：污泥负荷 $N_S=2\sim6$kg BOD_5/(kg MLSS·d)，MLSS＝1500～2500mg/L，污泥龄 $\theta_c=0.3\sim0.5$d，水力停留时间 $t=30\sim40$min，溶解氧 DO＝0.2～0.7mg/L。

② B段：污泥负荷 $N_S=0.15\sim0.3$kg BOD_5/(kg MLSS·d)，MLSS＝3000～4000mg/L，污泥龄 $\theta_c=15\sim20$d，水力停留时间 $t=2\sim3$h，溶解氧 DO＝1.0～2.0mg/L。

2. 生物膜法

生物膜法的主要类型有生物滤池、生物转盘、生物接触氧化法和生物流化床等。

（1）生物滤池

1）设计内容：滤料容积、滤池表面积、滤料深度、处理水回流比、布水装置设计。

2）计算公式：

$$V=\frac{Q(S_a-S_e)}{N_V}$$

$$A=\frac{V}{H}$$

$$A=\frac{Q(S_a-S_e)}{N_A}$$

$$A=\frac{Q(R+1)}{N_q}$$

$$R=\frac{S_0-S_a}{S_a-S_e}$$

式中 S_a——未经回流稀释的 BOD_5 质量浓度（mg/L）；

N_V——容积负荷 [g BOD_5/(m^3 滤料·d)]；

N_q——水力负荷 [m^3/(m^2·d)]；

N_A——表面负荷 [g BOD_5/(m^2·d)]；

R——回流比。

3）主要设计参数：

① 容积负荷：普通生物滤池 $N_V=150\sim300$g BOD_5/(m^3 滤料·d)。

② 高负荷生物滤池 $N_V\leqslant1200$g/(m^3·d)，塔式生物滤池 $N_V=1000\sim2000$g/(m^3·d)。

③ 水力负荷：普通生物滤池 $N_q=1\sim3m^3/(m^2\cdot d)$；高负荷生物滤池 $N_q=10\sim30m^3/(m^2\cdot d)$；塔式生物滤池 $N_q=80\sim200m^3/(m^2\cdot d)$。

④ 表面负荷：高负荷生物滤池 $N_A=1100\sim2000$g BOD_5/(m^2·d)。

⑤ 处理水回流比：普通生物滤池、塔式生物滤池 $n=0$，$S_0=S_a$。

（2）生物转盘

1）设计内容：盘片总面积、盘片个数、氧化槽容积。

2）计算公式：

$$A=\frac{QS_0}{N_A} \tag{5-44}$$

$$A=\frac{Q}{N_q} \tag{5-45}$$

$$L=m(d+b)K \tag{5-46}$$

$$V=(0.294\sim0.335)(D+2\delta)^2L \tag{5-47}$$

式中 m——每级转盘盘片数（片）；

d——盘片厚度（m）；

b——盘片净距（m）；

K——循环沟道系数；

δ——转盘与氧化槽表面间距（m）。

3）主要设计参数：

① BOD 面积负荷：$N_A=10\sim20$g/(m^2·d)。

② 水力负荷：$N_q=0.05\sim0.1m^3/(m^2\cdot d)$，$r/D=0.1$ 时，取 0.294；$r/D=0.06$ 时，取

0.335。

③ $r=150\sim300\text{mm}$。

（3）生物接触氧化法

1）设计内容：填料容积、填料层高度、接触氧化池面积、总高度。

2）计算公式：

$$W=\frac{QS_0}{N_W} \tag{5-48}$$

$$A=\frac{W}{H} \tag{5-49}$$

$$H_0=H+h_1+h_2+(m-1)h_3+h_4 \tag{5-50}$$

式中 m——填料层间隙数；

h_1、h_2、h_3、h_4——超高、填料上部水深、填料层间隙高度、配水区高度（m）。

3）主要设计参数：

① 容积负荷：$N_S=0.8\sim20\text{kg BOD}_5/(\text{m}^3\cdot\text{d})$。

② 填料层高：一般取3m，超高 $h_1=0.5\sim1\text{m}$，填料上部水深 $h_2=0.4\sim0.5\text{m}$。

③ 填料层间隙数 m，填料层间隙高度 $h_3=0.2\sim0.3\text{m}$，配水区高度 $h_4=0.5\text{m}$。

3. 自然生物处理法

污水自然生物处理法有稳定塘和土地处理法。

（1）稳定塘

1）设计内容：稳定塘总有效表面积、稳定塘总有效面积、单塘有效面积、单塘有效容积、水停留时间。

2）计算公式：

$$A=\frac{QS_0}{N_A} \tag{5-51}$$

$$A_1=\frac{A}{n} \tag{5-52}$$

$$V=Qt \tag{5-53}$$

$$V_1=\frac{V}{n} \tag{5-54}$$

3）主要设计参数：

① BOD面积负荷：好氧塘 $N_A=4\sim16\text{g}/(\text{m}^2\cdot\text{d})$，兼性塘 $N_A=1\sim10\text{g}/(\text{m}^2\cdot\text{d})$，厌氧塘 $N_A=20\sim60\text{g}/(\text{m}^2\cdot\text{d})$，曝气塘 $N_A=30\sim60\text{g}/(\text{m}^2\cdot\text{d})$。

② 停留时间：好氧塘4～6d，兼性塘7～120d，厌氧塘30～50d，曝气塘1～10d。

③ 水深：好氧塘0.3～0.45m，兼性塘1.2～2.5m，厌氧塘1～3.6m，曝气塘2.5～5m。

（2）土地处理系统

1）设计内容：渗滤田面积、渗滤田参数、湿干比、污水投配率。

2）计算公式：

$$A=\frac{QS_0}{N_A} \tag{5-55}$$

3）主要设计参数：

① BOD 面积负荷：慢速渗滤 11.2 ~ 28kg/(ha · d)，快速渗滤 10 ~ 64kg/(ha · d)，地表渗滤 44.8 ~ 112kg/(ha · d)，湿地系统 10 ~ 18kg/(ha · d)。

② 水力负荷：慢速渗滤 3.86m/a，快速渗滤 6 ~ 120m/a，湿地系统 15 ~ 20m/d，地表漫流 6 ~ 80mm/d。

③ 快速渗滤系统湿干比：1:(1 ~ 7)。

5.3.2.2 生物处理法设计实例

1. 生物转盘设计

某项目采用生物转盘法处理污水，生物转盘盘片采用硬聚氯乙烯板，厚度为 3mm，盘片直径为 3m，盘片净距为 20mm，盘体与氧化槽表面的净距为 150mm。转盘的淹没率为 30%，平均日污水量 $Q = 4800\text{m}^3/\text{d}$，进水 BOD_5 质量浓度为 500mg/L，出水 BOD_5 质量浓度为 30mg/L，BOD_5 的去除率为 94%。取该工艺的面积负荷 N 为 35g $BOD_5/(\text{m}^2 \cdot \text{d})$，水力负荷为 $0.07\text{m}^3/(\text{m}^2 \cdot \text{d})$。

（1）转盘总面积　按面积负荷算：

$$F = \frac{Q(L_n - L_t)}{N} = \frac{4800 \times (500 - 30)}{35}\text{m}^2 = 64457\text{m}^2$$

$$F = \frac{Q}{q} = \frac{4800}{0.07}\text{m}^2 = 68571\text{m}^2$$

式中　F——转盘面积（m^2）；

Q——污水量（m^3/d）；

L_n——进水 BOD_5 质量浓度（mg/L）；

L_t——出水 BOD_5 质量浓度（mg/L）；

q——水力负荷 [$\text{m}^3/(\text{m}^2 \cdot \text{d})$]。

所以采用 68571m^2 作为转盘设计的总面积。

（2）转盘盘片总数　设盘片直径 $D = 3\text{m}$，则

$$M = \frac{0.637F}{D^2} = \frac{0.637 \times 68571}{9} = 4853$$

式中　M——盘片数（片）。

（3）转盘组数及每级盘数　转盘分为 20 组，每组盘片数 m 为 243 片，每组设一个氧气槽，布置成单轴四级的形式，每级盘片数为 61 片。

（4）氧化槽的有效长度　取循环沟道的系数 $K = 1.2$，生物转盘盘片厚度 $a = 3\text{mm}$，净距 $b = 20\text{mm}$，则氧化槽的有效长度 $L = m(a + b)K = 243 \times (0.003 + 0.02) \times 1.2\text{m} = 6.7\text{m}$

$L = 6.7\text{m} < 7\text{m}$，满足要求。

（5）接触氧化槽的有效容积　采用半圆形接触氧化槽，设转盘与氧化槽表面间距 $C = 150\text{mm}$，转轴中心距水面的高度 r 为 200mm，$r/D = 0.067$，系数 k 取 0.328，则

$$V = k(D + 2C)^2 L = 0.328 \times (3 + 2 \times 0.15)^2 \times 6.7\text{m}^3 = 23.9\text{m}^3$$

式中　k——系数；

C——盘体与氧化槽表面的净距（m）。

（6）氧化槽的净有效容积

$$V' = k(D + 2C)^2(L - ma) = 0.328 \times (3 + 2 \times 0.15)^2 \times (6.7 - 243 \times 0.003)\text{m}^3 = 21.3\text{m}^3$$

(7) 氧化槽有效宽度 $B = D + 2C = (3 + 2 \times 0.15)\text{m} = 3.3\text{m}$。

(8) 转盘转速 n_0

$$n_0 = \frac{6.37}{3}\left(0.9 - \frac{V'}{240}\right) = \frac{6.37}{3} \times \left(0.9 - \frac{21.3}{240}\right)\text{r/min} = 1.72\text{r/min}$$

电动机功率：每组转盘由一个电动机带动，转盘半径 R 为 125cm，同一电动机带动的转轴数为 1。

$$N_P = \frac{3.85R^4 n_0^2 mND}{s \times 10^{12}} = \frac{3.85 \times 125^4 \times 1.72^2 \times 243 \times 1 \times 3}{20 \times 10^{12}}\text{kW} = 0.101\text{kW}$$

式中 R——转盘半径（cm）；

n_0——转盘转速（r/min）；

m——每组转盘数（片）；

N——转轴数（个）；

s——转盘组数（组）。

(9) 废水在氧化槽中的停留时间 每个氧化槽的废水量 $Q_1 = \frac{4800}{24 \times 20}\text{m}^3/\text{h} = 10\text{m}^3/\text{h}$，$t = V'/Q_1 = 21.3/10\text{h} = 2.1\text{h}$。

2. CASS 池设计

根据资料可知，设计废水流量 $10000\text{m}^3/\text{d}$，进水 BOD_5 质量浓度为 $S_0 = 400\text{mg/L}$，进水 COD 质量浓度为 800mg/L，进水 SS 质量浓度为 $C_0 = 200\text{mg/L}$，要求出水 BOD_5 质量浓度为 $S_e = 30\text{mg/L}$，出水 COD 质量浓度 150mg/L，出水 SS 浓度为质量 $C_e = 50\text{mg/L}$。

(1) 曝气时间 t_a 设混合液污泥质量浓度 $X = 2500\text{mg/L}$，污泥负荷 $N_e = 0.1\text{kg BOD}_5/\text{kg MLSS}$，冲水比 $\lambda = 0.24$，则：

$$t_a = \frac{24\lambda S_0}{N_e X} = \frac{24 \times 0.24 \times 400}{0.1 \times 2500}\text{h} = 9.22\text{h}，取 9.5\text{h}。$$

(2) 沉淀时间 t_s 当污泥质量浓度小于 300mg/L 时污泥界面沉降速度为

$$u = 7.4 \times 10^4 TX^{-1.7}$$

式中 T——温度（℃）。

设计水温在 20℃时，$u = 7.4 \times 10^4 \times 20 \times 2500^{-1.7}\text{m/h} = 2.48\text{m/h}$。

设计曝气池水深为 $H = 5.0\text{m}$（缓冲层高度 $\varepsilon = 0.5\text{m}$），沉淀时间 t_s：

$$t_s = \frac{\lambda H + \varepsilon}{u} = \frac{0.24 \times 5 + 0.5}{2.48}\text{h} = 0.7\text{h}，取 1\text{h}。$$

设排水时间 $t_d = 0.5\text{h}$，则整个运行周期时间 $t = t_a + t_s + t_d = (9.5 + 1.0 + 0.5)\text{h} = 11\text{h}$，每天运行次数 $n_0 = 24/11$ 次 $= 2.18$ 次。

(3) 曝气池容积 V 设计 3 个反应池即 $n = 3$。

$$V = \frac{Q}{\lambda n n_0} = \frac{10000}{0.24 \times 3 \times 2.18}\text{m}^3 = 6371\text{m}^3$$

(4) 复核出水溶解 BOD_5 根据设计出水水质，出水溶解性 BOD_5 应小于 30mg/L，则设计中的出水水质中溶解性 BOD_5 为

$$S_e = \frac{24S_0}{24 + K_2 X f t_a n_0} = \frac{24 \times 400}{24 + 0.022 \times 2500 \times 0.75 \times 9.5 \times 2.18} \text{mg/L} = 10.9\text{mg/L}$$

$$10.9\text{mg/L} \leqslant 30\text{mg/L}$$

式中 K_2——有机基质降解速率常数 [L/(mg · d)]，生活污水 K_2 取值范围为 0.0168 ~ 0.0281，取 0.022；

f——混合液中挥发性悬浮固体与总悬浮固体浓度的比值（即 N_{wv}/N_w），一般在生活污水中，f 值为 0.7 ~ 0.8，取 0.75。

计算结果符合要求。

（5）计算剩余污泥

20℃时活性污泥的自身氧化系数 $K_{a(20)}$：

$$K_{a(20)} = K_{d(20)} \theta_t^{T-20} = 0.06 \times 1.04^{20-20} = 0.06$$

式中 K_d——活性污泥自身氧化系数，典型值 $K_{d(20)} = 0.06$；

θ_t——温度系数，在 10 ~ 30℃时，取 1.04。

剩余污泥量 ΔX_V：

$$\Delta X_V = YQ\frac{S_0 - S_e}{1000} - K_d V \frac{X}{1000} f \frac{t_a}{24} n n_0$$

$$= 0.6 \times 10000 \times \frac{400 - 10.9}{1000}\text{kg/d} - 0.06 \times 6371 \times \frac{2500}{1000} \times 0.75 \times \frac{9.5}{24} \times 2.18 \times 3\text{kg/d}$$

$$= 479.15\text{kg/d}$$

式中 Y——污泥产泥系数 [kg VSS/(kg BOD_5 · d)]，20℃时为 0.4 ~ 0.8，取 0.6。

剩余污泥量 ΔX_s：

$$\Delta X_s = Q(1 - f_b f)\frac{C_0 - C_e}{1000} = 10000 \times (1 - 0.7 \times 0.75) \times \frac{200 - 50}{1000}\text{kg/d} = 712.5\text{kg/d}$$

式中 f_b——挥发性固体悬浮物中可生化系数，取 0.7。

剩余总污泥量 $\Delta X = \Delta X_V + \Delta X_s = (479.15 + 712.5)\text{kg/d} = 1191.65\text{kg/d}$。

剩余物的质量浓度 N_R：

$$N_R = \frac{N_w}{1-\lambda} = \frac{X}{1-\lambda} = \frac{2500}{1-0.24}\text{mg/L} = 3289.47\text{mg/L}$$

湿污泥量：

$$\frac{\Delta X}{\frac{N_R}{1000}} = \frac{1191.65}{\frac{3289.47}{1000}}\text{m}^3/\text{d} = 362.26\text{m}^3/\text{d}$$

剩余污泥含水率按 99.7% 计算，湿污泥量约为 362.26m^3/d。

（6）复核污泥龄

$$Q_c = \frac{f N_w V n n_0 t_a}{24 \Delta X_V}$$

$$= \frac{0.75 \times 2500 \times 6371 \times 2.18 \times 3 \times 9.5}{24 \times 479.15 \times 3600}\text{d}$$

$$= 17.9\text{d}$$

计算结果大于 15d 则认为，污泥龄可以满足氨氮完全硝化需要。

（7）复核滗水高度 h_1　曝气池有效水深 $H=1.5\text{m}$，滗水高度 h_1：

$$h_1=\frac{HQ}{nn_0V}=\frac{1.5\times10000}{3\times2.18\times6371}\text{m}=0.36\text{m}$$

$$h_1=H\lambda=1.5\times0.24\text{m}=0.36\text{m}$$

复核结果与设定值相符合。

（8）设计需氧量　考虑不同情况。

$$AOR=aQ\frac{S_0-S_e}{1000}-b\Delta X_V=1.47\times10000\times\frac{400-10.9}{1000}\text{kg/d}-1.42\times479.15\text{kg/d}=5039.4\text{kg/d}$$

式中　a、b——计算系数，a 取 1.47，b 取 1.42。

标准需氧量：

$$SOR=\frac{AOR\cdot C_{s(20)}}{\alpha(\beta\rho C_{sb(T)}-C)\times1.024^{T-20}}$$

$$C_{sb(T)}=C_{s(T)}\left(\frac{p_b}{2.026\times10^5}+\frac{Q_t}{42}\right)$$

$$Q_t=\frac{21(1-E_A)}{79+21(1-E_A)}$$

$$\rho=\frac{p}{1.013\times10^5}$$

式中　$C_{s(20)}$——20℃时氧在清水中饱和溶解度，取 $C_{s(20)}=9.17\text{mg/L}$；

α——氧转移系数，取 0.85；

β——氧在污水中饱和溶解度修正系数，取 0.95；

ρ——因海拔不同而引起的压力系数；

p——所在地区大气压力；

T——设计温度，20℃；

$C_{sb(T)}$——设计水温下曝气池内平均溶解氧饱和度（mg/L）；

$C_{s(T)}$——设计温度下氧在清水中饱和溶解度（mg/L）；

p_b——空气扩散装置处的绝对压力（Pa），$p_b=p+9.8\times10^3H$；

H——空气扩散装置淹没深度（m）；

E_A——空气扩散装置氧转移效率（%），可由设备样本查得；

C——曝气池内平均溶解氧质量浓度，取 $C=2\text{mg/L}$。

工程所在地海拔设为 0m，大气压力设为 1atm，所以压力修正系数 $\rho=1$。微孔曝气安装曝气头在池底以上距池底 0.3m，淹没深度 4.7m，其绝对压力 $p_b=p+9.8\times10^3H=1.47\times10^5\text{Pa}$。

微孔曝气头氧转移效率 $E_A=20\%$，标准需氧量 $SOR=279.9\text{kg/h}$。

5.3.3　污水处理主要机械

各种污水处理构筑物所使用的机械和设备较多，其主要设备及适用情况见表 5-6。

表 5-6 污水处理构筑物主要设备及适用情况

构筑物		主要设备及类型		适用情况
格栅		除渣机	链条式	适合于深度不大的中小格栅
			移动式伸缩臂	适合于中等深度的宽大格栅
			圆周回转式	适合于深度较浅的中小格栅
			钢丝绳牵引式	固定式适合于中小格栅，移动式适合于宽大格栅
沉淀池	平流式	刮泥机	链条式	适合于初沉池
			行走小车式	
			单口扫描泵吸式	适合于二沉池
	辐流式		刮吸泥式	
			刮泥式	适合于初沉池
曝气池		竖轴式机械曝气器	泵型、K 型、倒伞型、平板型	适合于完全混合式曝气池、氧化沟
		横轴式机械曝气器	转刷、转碟	适合于氧化沟
		鼓风机	定容式罗茨风机	适合于中小型污水处理厂
			离心式风机	适合于大中小型污水处理厂
			变速离心风机	
			轴流式通风机	适合于浅层曝气池
		曝气头	微孔曝气头、穿孔管、倒盆式扩散器、固定螺旋扩散装置、射流式	适合于大中小型污水处理厂
污泥回流设备		螺旋泵		适合于大中型污水处理厂
		轴流泵		
		空气提升器		适合于小型污水处理厂

5.3.4 污泥处理构筑物设计

污泥处置是通过恰当的方法对污泥进行处理，防止污泥腐化发臭，使其中的有毒有害物质得到妥善处理和综合利用，变害为利，确保污水处理厂正常运行，为污泥找到最终出路。污泥最终处置的主要方法是作农业肥料、作建筑材料、填池、填海造地和排海。

1. 污泥浓缩

(1) 污泥浓缩方法的选择　污泥浓缩的主要目的就是减小污泥体积，从而降低后续处理构筑物和设备的负荷，减少处理费用。常用的浓缩方法有重力浓缩法、气浮浓缩法和离心浓缩法。各种浓缩方法的特点和应用条件参见表 5-7。

(2) 浓缩池设计　浓缩池设计内容、计算公式和主要设计参数见表 5-8。

表 5-7 各种浓缩方法的特点和应用条件

浓缩方法	优点	缺点	应用条件
重力浓缩法	浓缩池构造简单，操作方便；动力消耗小，运行费用低；贮存污泥能力强	占地面积大；浓缩效果不理想；污泥易腐化，散发臭气	初沉污泥、初沉污泥 + 剩余污泥，广泛采用
气浮浓缩法	浓缩效果好，出泥含水率低；占地面积小(只为重力法的 1/10)；运行效果稳定，不受季节影响；产生臭气少；能去除油类	运行费用高于重力法，但低于离心法；操作管理要求较高；电耗大；污泥贮存能力小	初沉污泥、初沉污泥 + 剩余污泥，发达国家开始推广使用
离心浓缩法	浓缩效果好，工作效率高；占地面积极小；几乎不散发臭气，工作环境好	要求专用的离心设备；耗电量大；对操作人员技术要求较高，管理复杂	剩余污泥，很少使用

表5-8 浓缩池设计内容、计算公式和主要设计参数

类型	设计内容	计算公式	主要设计参数
间歇浓缩池	池容积 池表面积	$V=Qt$ $A=V/H$	浓缩时间：$t\leqslant 24h$，一般取9~12h 有效水深：$H=1.0\sim1.5m$ 在不同高度设排上清液管
连续式浓缩池	池表面积 池直径 池容积 池高 浓缩时间校核	$A\geqslant Q_0C_0/G_L$ $V=Qt$	固体通量：初沉污泥 $G_L=80\sim120kg/(m^2\cdot d)$，剩余污泥 $G_L=20\sim30kg/(m^2\cdot d)$ 水力负荷：初沉污泥 $q=1.2\sim1.6m^3/(m^2\cdot h)$，剩余污泥 $q=0.2\sim0.4m^3/(m^2\cdot h)$ 浓缩时间：$t=10\sim16h$
气浮浓缩池	池表面积 池容积 池高 回流比	$A=Q_0(R+1)/q$ $A_a/S=S_aR(f_P-1)/C_0$	表面水负荷：有回流 $q=1.0\sim3.6m^3/(m^2\cdot h)$，无回流 $q=0.5\sim1.8m^3/(m^2\cdot h)$ 溶气比：$A_a/S=0.03\sim0.04$ 回流比：$R=100\%\sim300\%$

2. 污泥消化

污泥中含有大量的有机物，一般用厌氧消化法进行污泥处理，即在无氧的条件下利用兼性菌和厌氧菌降解有机物，最终产生二氧化碳和沼气，使污泥得到稳定。厌氧消化可分为标准消化、高负荷消化、二级消化、两相消化、厌氧污泥床、自然消化等。不同类型的厌氧消化方法，适用于不同情况的污水处理厂。厌氧消化池的类型、特点、设计内容和主要设计参数见表5-9。

表5-9 厌氧消化池的类型、特点、设计内容和主要设计参数

类型	特点	适用条件	设计内容	主要设计参数
标准消化池	池内不设搅拌设备 消化时间长，负荷低，产气量少	小型污水处理厂，现已基本停用	消化池容积 消化池各部尺寸	负荷0.4~1.6kg VSS/$(m^2\cdot d)$ 消化时间：30~60d
高负荷消化池	池内设搅拌设备，污泥加热比标准消化时间短，产气量多 中温消化温度30~35℃ 高温消化温度50~53℃ 高温比中温消化时间短，负荷高，产气量大，但能耗较高	大、中、小型污水处理厂	消化池总容积 消化池座数 消化池尺寸 产生沼气量 搅拌设备 加热设备	挥发性有机物负荷：中温消化 $0.6\sim1.5kg/(m^3\cdot d)$，高温消化 $2.0\sim2.8kg/(m^3\cdot d)$ 消化时间：20~30d 沼气量：$1m^3$ 污泥产沼气 $8\sim12m^3$ 沼气罐容积：5%~40%沼气量
二级消化	一级消化池与高负荷消化池相同，二级消化池污泥不搅拌和加热，减小污泥体积，降低能耗	大、中型污水处理厂	消化池总容积 消化池座数 消化池尺寸 产生沼气量 搅拌设备 加热设备	一级与二级时间比：(4:1)~(2:1) 中温消化 $0.6\sim1.5kg/(m^3\cdot d)$，高温消化 $2.0\sim2.8kg/(m^3\cdot d)$ 消化时间：20~30d 沼气量：$1m^3$ 污泥产沼气 $8\sim12m^3$ 沼气罐容积：5%~40%沼气量
好氧消化	操作简单，小规模投资省，不产生臭气 电耗大，运行费用高	小于 $18000m^3/d$ 的污水处理厂	池容积 池尺寸 需氧量	停留时间：剩余污泥10~15d；初沉+剩余15~20d 负荷：0.38~2.24kg VSS/$(m^3\cdot d)$ 曝气量：剩余 $0.02\sim0.04m^3/(m^3\cdot min)$ 初沉+剩余 $\geqslant0.06m^3/(m^3\cdot min)$

3. 污泥脱水

（1）污泥调节 污水处理工艺产生的初级污泥、剩余污泥、腐殖污泥和污泥消化后产生的消化污泥，均由亲水性带电胶体颗粒组成，直接脱水非常困难。在污泥脱水前需要进行适当的调节预处理，常用的预处理方法有化学调节法、热处理法、冷冻法和淘洗法。由于化学调节法经济实用、简单方便，在国内外被广泛应用；在条件适用时，可考虑采用淘洗调节法。

（2）污泥干化与脱水 经过浓缩、消化后的污泥含水率为95%～97%，体积较大，不利于进行最终处理。经过干化或脱水处理，污泥含水率可降至60%～80%，体积减小为原来的1/10～1/5，由液态变为固态，为综合利用和最终处置提供了方便。干化场和各种污泥脱水机械的特点、主要设计参数和适用条件参见表5-10。

表5-10 干化场和各种污泥脱水机械的特点、主要设计参数和适用条件

类型		优点	缺点	主要设计参数	适用条件
污泥干化场		设备简单，操作方便，耗电少	占地面积大，受季节和气候影响较大，劳动强度大	年蒸发量－年降水量＝污泥脱水量	气候干燥、用地不紧张地区的小型污水处理厂
机械脱水	带式压滤机	连续生产，效率高，设备少，投资较少，劳动强度小，能耗、维护费低	污泥调节药剂费用高，运行费用较高，泥饼含水率较高	产泥率：初沉＋剩余120～350kg（干）/(m·h)，初沉250～500kg（干）/(m·h)	适用于大、中、小型污水处理厂，国内外广泛应用
	板框压滤机	泥饼含水率低，体积小，节省后续处理的费用，污泥调节药剂投量少	间歇式操作，生产效率低，设备投资大	压力：0.2～0.4MPa 产泥率：2～10kg（干）/(m·h)	适用于采用干燥、焚烧、填埋处理的污泥，适用于小型污水处理厂
	真空脱水机	连续生产，工作效率高，运行稳定，可自动控制	附属设备多，工序复杂，运行费用较高	产泥率：初沉污泥10～50kg（干）/$(m^2\cdot h)$，初沉＋腐殖20～40kg（干）/$(m^2\cdot h)$，初沉＋剩余15～25kg（干）/$(m^2\cdot h)$，剩余10～15kg（干）/$(m^2\cdot h)$	大、中、小型污水处理厂均可采用，目前使用较少
	离心脱水机	效率高，基建费用少，占地小，环境好，自动化程度高，运行费用低	机械设备复杂，电耗大，泥饼含水率较高，噪声大	根据离心机转速和泥饼含水率等参数计算	发达国家使用较多，适合于大、中、小型污水处理厂

5.4 污水泵站工艺设计

5.4.1 污水泵站形式

污水泵站可分为多种形式，根据水力条件、工程造价、泵站规模、水文地质条件、施工方法等因素，选择污水泵站的形式。

1. 泵站的建造形式

（1）分建式泵站　集水池与机器间分建成两个独立的建筑物，两者之间有一定的距离。这种泵站集水池和机器间可建成不同的形状，结构处理简单，无渗漏问题，水泵维护检修方便，但增加了吸水管的长度。分建式泵站适合于非自灌式泵站。

（2）合建式泵站　将集水池与机器间合建成一个建筑物，布置紧凑、占地少、节省材料，便于开槽施工，适用于自灌式泵站。

1）将集水池和机器间用隔墙分开，这样可保持机器间干燥，有利水泵的保养和检修，称为干式泵站。

2）将集水池建在机器间的下方，电动机设在机器间中，而水泵叶轮等设在集水池中，机器间和集水池合建在一起，称为湿式泵站。这种泵站结构简单，造价较低，但对水泵腐蚀严重，工作环境较差，给水泵的维修保养带来不便。

（3）圆形泵站　在设计流量较小或水泵台数不大于4台时，可采用圆形或下圆上方形泵站。圆形泵站便于用沉井法施工，造价较低，一般内径为7～15m。

（4）矩形泵站　当设计流量大于$1m^3/s$时，一般采用矩形泵站。矩形泵站平面尺寸不受限制，室内面积利用效率高，工艺布置较为合理，便于起吊检修，适合于大中型泵站，多采用开槽方式施工。

（5）半地下式泵站　为了满足水泵自灌式起动的要求，将机器间设在地下，值班室和配电间设在地上，有利于运输、采光、通风和操作，一般采用半地下式污水泵站。

（6）全地下式泵站　在某些特殊的情况下，泵站的全部构筑物都设在地下，地面上没有任何建筑物。这种泵站几乎不占地，但通风条件差，容易发生中毒事故，引起设备受潮而影响正常运行；深度较大，造价较高。在不允许地面上有建筑物的情况下，才考虑采用全地下式泵站。

2. 水泵的起动方式

（1）自灌式泵站　自灌式泵站水泵叶轮或泵轴低于集水池最低水位，在任何水位的情况下都能直接起动，不需专用的起动辅助设备，起动可靠，操作简单。但增加了泵站的深度，增加地下工程造价，给维修保养带来不便。起动频繁的污水泵站宜采用自灌式泵站。

（2）非自灌式泵站　泵轴设在集水池最高水位上，不能直接起动，需要设置真空泵、真空罐等引水设备。这种泵站深度较浅，结构简单，室内干燥，卫生条件好，利于采光和自然通风，有利于设备的维修保养。在水泵起动不频繁，水文地质条件不好，施工有一定困难的情况下，才可考虑用非自灌式泵站。

5.4.2 污水泵站设计

1. 水泵的选择

（1）流量　城市污水的流量是不均匀的，污水泵站一般按最大日最大时流量设计，通过调整水泵工作台数兼顾其他流量时段的情况。

（2）扬程　水泵扬程由污水提升高度和吸水管、压水管水头损失确定。

$$H = H_{ss} + H_{sd} + \sum h_s + \sum h_d$$

式中　H_{ss}——集水池最低水位与水泵轴高差（m）；

H_{sd}——水泵轴与压水管出水口高差（m）；

$\sum h_s$——吸水管水头损失（m）；

$\sum h_d$——压水管水头损失（m）。

（3）水泵台数　为了适应不同流量时的情况，工作水泵的台数不应少于2台，但也不宜过多；中小型泵站一般不超过4台。为保证泵站的正常工作，要有备用机组和配件，如果经常工作的机组不超过4台，且为同一型号水泵，可设1套备用机组；多于4台时，除设1套备用机组外，还需在仓库里备存1套机组。

（4）泵型　根据水质、水量和提升高度确定水泵的型号，同一泵站应尽量选用类型相同、口径相同的水泵，以利于管理和维修。污水泵站一般选用离心泵、轴流泵、混流泵和潜水泵。在流量大、扬程低时选用轴流泵；在流量小时选用离心泵；在中等流量时选用混流泵；污泥回流泵站多选用螺旋泵。潜水泵由于辅助设备少、安装方便，近年来受到重视。在选择上述水泵无法满足流量或扬程要求时，可采用离心清水泵。当污水中含有腐蚀性物质时，可采用耐腐蚀泵。

2. 集水池

（1）集水池水位　集水池最高水位，即进水管设计水面减去格栅水头损失。集水池最低水位，取决于不同泵型喇叭口的安装条件和叶轮的淹没深度，如图5-5所示。

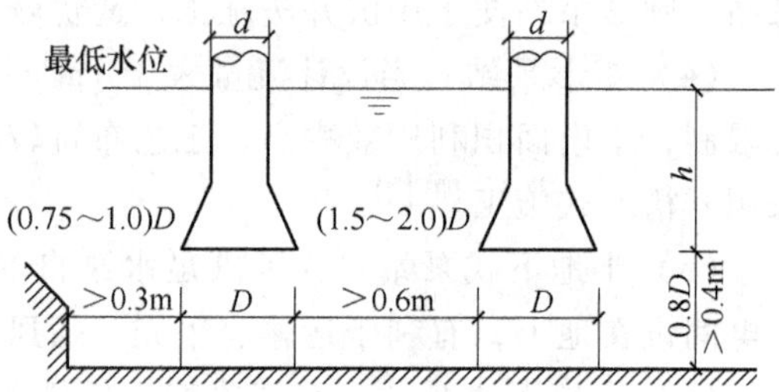

图5-5　集水池最低水位

（2）集水池最小容积　集水池最小容积由集水池有效容积和死水容积两部分组成。有效容积是指最高水位与最低水位之间的调节容积，应不小于最大一台水泵5min的出水量，死水容积是指最低水位以下的容积。

3. 管路系统

（1）管径　为了减少水头损失，吸水管和压力管的管径应比水泵的进出水口断面大一级，并不小于100mm，以利于清通。

（2）吸水管　每台水泵应设置单独的吸水管，吸水管的进水口处不得安装底阀，应设置喇叭口，喇叭口直径为吸水管直径的1.3～1.5倍。吸水管的进水口高于井底0.8D（D为喇叭口直径），喇叭口距吸水井壁不小于（0.75～1.0）D。吸水管的流速一般采用0.8～1.5m/s，最低不小于0.7m/s。吸水管水平段不应有高点，应有不断向水泵升高的坡度（$i \geqslant 0.005$）。水平变径时，应采用偏心渐缩管，并使管顶水平。

（3）出水管　出水管流速一般采用1.2～1.8m/s，不得小于1.0m/s和不大于2.5m/s。污水泵站每台水泵最好设置单独的出水管，在不得已时才考虑共用一条出水管，但应核算只有一台水泵工作时的流速，不得小于0.7m/s。

（4）阀门　污水泵站应在总进水管进入格栅前设置总进水阀门，以便于清淤、检修或事故时使用。对于自灌式泵站，除立式轴流泵外，应在每台泵的吸水管上设截止阀，以防止水泵停止运行或检修拆卸水泵时向泵内灌水。进水阀在水泵运行中处于常开状态。多台水泵共用一条出水管时，应在每台水泵的出水管上设置阀门，避免水泵之间发生串水现象，影响出水量；并在闸阀与水泵之间设置止回阀。当每台水泵设置单独的出水管，在出水井中加隔墙分开，出水无倒灌问题时，可取消止回阀，有时也可取消闸阀。

4. 水泵机组的布置

（1）水泵的排列形式　水泵机组的布置应以保证运行安全、装卸、维修和管理方便，管道长度最短，接头配件最少，水头损失最小为原则。水泵少于 4 台的小型泵站，一般采用单排布置；水泵多于 4 台的泵站可考虑采用双排布置。

（2）水泵机组间的安装间距　为了安装、维修和运行管理的方便，水泵机组、管道的设备之间，设备与墙壁之间应保留一定的间距，设计时可参考表 5-11。

表 5-11　水泵机组间的安装间距

泵站大门至机组或管道	最大设备宽度 +1m，但应≥2m
水管与水管	>0.7m
水管外壁与配电设备	低压设备≥1.5m，高压设备≥2m
水泵（或基础）与墙壁	≥1m
电动机与墙壁	电动机轴长 +0.5m，但应≥3m
水管外壁与相邻机组	≥0.7m，电动机容量大于 55kW 时≥1m

5.5　污水处理厂工艺设计计算实例

5.5.1　污水处理厂工艺的选择

处理厂的工艺流程是指在达到所要求处理程度的前提下，污水处理各单元的有机组合；构筑物的选型则是指处理构筑物形式的选择。两者是相互联系，互为影响的。

城市生活污水一般以 BOD 为主要去除对象。由于经过一级处理后的污水，BOD 只去除 30% 左右，仍不能排放；二级处理 BOD 的去除率可达 90% 以上，处理后的 BOD 含量可能降到 20 ~ 30mg/L，已具备排放水体的标准。因此，本工程的处理工艺流程选择二级生物处理法——活性污泥法，污水处理工艺流程如图 5-6 所示。

该流程包括完整的二级处理系统和污泥处理系统。污水经由一级处理的格栅、沉砂池和初沉池进入二级处理的核心构筑物——曝气池，然后在二次沉淀池中进行泥水分离，二沉池出水消毒后直接排放。初次沉淀池的污泥进入贮泥池，而二次沉淀池一部分污泥作为回流污泥进入曝气池，剩余污泥进入浓缩池浓缩。然后贮泥池与浓缩池中的污泥同时经消化池消化，再进行脱水、干化处理，最后外运。

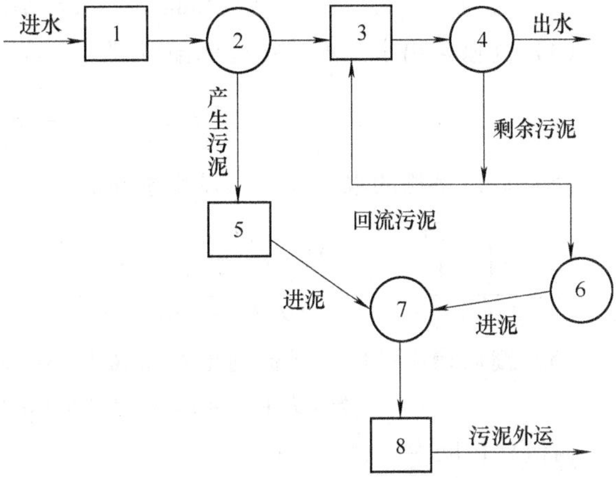

图 5-6　污水处理工艺流程

1—沉砂池　2—初沉池　3—曝气池　4—二沉池　5—贮泥池　6—浓缩池　7—消化池　8—污泥脱水机房

5.5.2　水厂总平面图的布置

污水处理厂平面布置在满足工艺流

程的前提下，利用原有的地形进行布置，可大致分为生活区、污水处理区、污泥处置区三区，布置紧凑，进出水流畅，节省占地。其中，综合楼、宿舍、食堂、办公室等在入厂正门一侧附近，方便职工办公和起居生活，同时也方便外来人员。格栅间气味大，锅炉房多烟尘，污泥区设在地势较低和夏季主导风向的下风向。在脱水机房附近设有后门，以减少煤、灰、泥饼、栅渣外运时对环境的污染。另外，消化池、压缩机房和沼气罐组合在一起，方便采取隔离措施，防水防爆，确保安全。

5.5.3 构筑物设计计算

1. 格栅设计计算

污水处理厂的污水由一根 ϕ1400mm 的管从城区直接接入格栅间。格栅设 2 个，可以在水量小的时候，开启 1 个；水量大的时候，2 个都开启。格栅计算简图如图 5-7 所示。

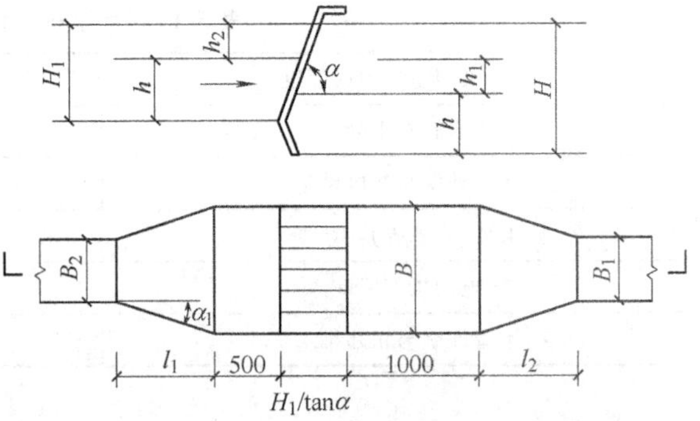

图 5-7 格栅计算简图

（1）栅条的间隙数 设栅前水深 $h=1.05$m，过栅流速 $v=0.9$m/s，栅条间隙宽度 $b=0.02$m，格栅倾角 $\alpha=70°$，则

$$Q_{\max}=1842\text{L/s}=1.842\text{m}^3/\text{s}$$

$$n=\frac{Q_{\max}\sqrt{\sin\alpha}}{bhv}=\frac{1.842\times\sqrt{\sin70°}}{0.02\times1.05\times0.9}\text{个}=94\text{ 个}$$

（2）栅槽宽度 设栅条宽度 $s=0.01$m，则

$$B=s(n-1)+bn=[0.01\times(94-1)+0.02\times94]\text{m}=2.81\text{m}$$

（3）进水渠道渐宽部分的长度 设进水渠宽 $B_1=1.40$m，其渐宽部分展开角度 $\alpha_1=20°$，则

$$l_1=\frac{B-B_1}{2\tan\alpha_1}=\frac{2.81-1.40}{2\tan20°}\text{m}=1.94\text{m}$$

（4）栅槽与出水渠道连接处的渐宽部分长度

$$l_2=\frac{l_1}{2}=\frac{1.94}{2}\text{m}=0.97\text{m}$$

（5）通过格栅的水头损失 设栅条断面为锐边矩形断面 $\beta=2.42$，$k=3$，则

$$h_1=\frac{\beta\left(\frac{s}{b}\right)^{\frac{4}{3}}v^2}{2g\sin\alpha_1\cdot k}=\frac{2.42\times\left(\frac{0.01}{0.02}\right)^{\frac{4}{3}}\times0.9^2}{2\times9.8\times\sin20°\times3}\text{m}=0.039\text{m}，\text{取 }0.04\text{m。}$$

（6）栅后槽中高度 设栅前渠道超高 $h_2=0.3$m，则

$$H=h+h_1+h_2=(1.05+0.04+0.3)\text{m}=1.39\text{m}$$

栅槽总长度为

$$L=l_1+l_2+0.5+1.0+\frac{H_1}{\tan\alpha}=\left(1.94+0.97+0.5+1.0+\frac{1.05+0.3}{\tan70°}\right)\text{m}=4.90\text{m}$$

（7）每日栅渣量 在格栅间隙为 20mm 的情况下，设栅渣量 W_1 为每 1000m³ 污水产渣

0.05m^3，总变化系数 k_Z 为 1.20，则每日栅渣量为

$$W = \frac{86400Q_{max}W_1}{1000k_Z} = \frac{86400 \times 1.842 \times 0.05}{1000 \times 1.20} m^3/d = 6.63m^3/d$$

因 6.63m^3/d > 0.20m^3/d，宜采用机械清渣。

2. 污水泵房设计计算

本设计采用干式矩形半地下合建式泵房，它具有布置紧凑、占地少、结构较省的特点。集水池和机器间由隔水墙分开，只有吸水管和叶轮淹没在水中，机器间经常保持干燥，以利于对泵房的检修和保养，也可避免污水对轴承、管件、仪表的腐蚀。

在自动化程度较高的泵站、较重要地区的雨水泵站、起动频繁的污水泵站中，应尽量采用自灌式泵房，自灌式泵房的优点是起动及时可靠，不需引水的辅助设备，操作简单；缺点是泵房较深，增加工程造价。采用自灌式泵房时，水泵叶轮（或轴承）低于集水池的最低水位，在高、中、低 3 种水位情况下都能直接起动。泵房剖面图如图 5-8 所示。

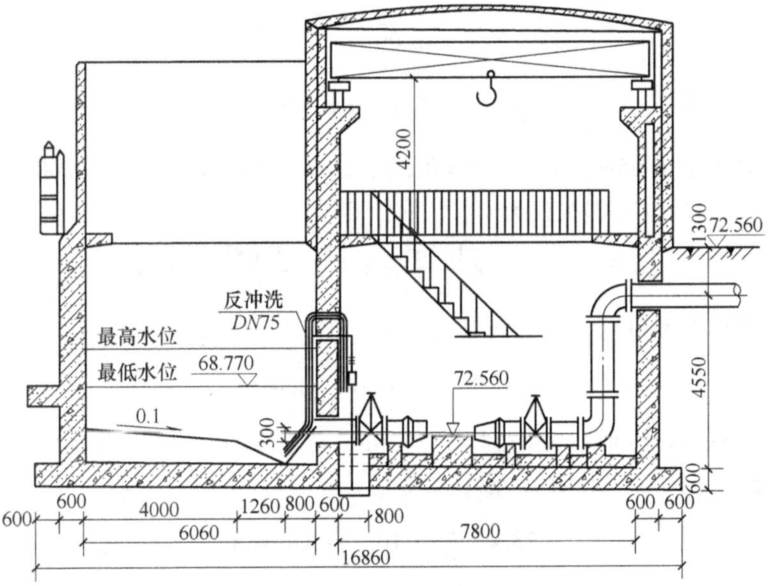

图 5-8　泵房剖面图

（1）集水间计算　选择水池与机器间合建式的方形泵站，用 6 台泵（2 台备用），每台水泵的流量为 $Q_0 = \frac{1842.6}{4}$L/s = 460.65L/s，取 470L/s。

集水间的容积，采用相当于 1 台泵 5min 的容量。

$$W = 0.47 \times 5 \times 60m^3 = 141m^3$$

有效水深采用 $H = 2.4$m，则集水池面积为 $F = \frac{141}{2.4}m^2 = 58.75m^2$。

（2）水泵总扬程估算

1）集水池最低工作水位与所需提升最高水位之间的高差为

$$76.58m - 68.77m = 7.81m$$

2）出水管线的水头损失。每一台泵单用一根出水管，其流量为 Q_0 = 470L/s，选用的管径为 600mm 的铸铁管。

由 $Q_0=\frac{1}{4}\pi d^2 v$，得 $v=\frac{4Q_0}{\pi d^2}=\frac{4\times0.47}{3.14\times0.6^2}\text{m/s}=1.66\text{m/s}$

设单位管长的水头损失（水力坡度）$i=5.75\times10^{-3}$，管总长为40m，局部损失占沿程的30%，则损失为

$$40\times(1+0.3)\times5.75\times10^{-3}\text{m}=0.30\text{m}$$

3）泵站内的管线水头损失假设为1.5m，考虑自由水头为1.0m。

4）水头总扬程为

$H=(7.81+0.3+1.5+1.0)\text{m}=10.61\text{m}$，取11m。

选用6台20sh－28型卧式离心泵，每台 $Q_0=470\text{L/s}$，$H=12\text{m}$。

（3）校核总扬程　泵站平面布置后，对水泵总扬程进行校核计算。

1）吸水管路的水头损失。每根吸水管的流量 $Q_0=470\text{L/s}$，每根吸水管的管径为600mm，流速 $v_1=1.66\text{m/s}$。沿程损失为

$$1.65\times\frac{5.75}{1000}\text{m}=0.01\text{m}$$

由 $\frac{v_1}{v_2}=\frac{{d_2}^2}{{d_1}^2}$ 得　$v_2=\frac{{d_1}^2}{{d_2}^2}v_1=\frac{0.6^2}{0.35^2}\times1.66\text{m/s}=4.88\text{m/s}$

直管部分的长度1.65m，进口（$\xi=0.5$），D_g600 闸门1个（$\xi=0.609$），$D_g600\times350$ 偏心管1个（$\xi=0.2$）。局部损失为

$$(0.5+0.609)\times\frac{1.66^2}{2g}\text{m}+0.2\times\frac{4.88^2}{2g}\text{m}=0.41\text{m}$$

吸水管路的总损失为

$$(0.01+0.41)\text{m}=0.42\text{m}$$

2）出水管路的水头损失。管路长度为28m，渐扩管1个（$\xi=0.3$），闸阀1个（$\xi=0.609$），90°弯头4个（$\xi=1.01$）。沿程损失为

$$28\times5.75\times10^{-3}\text{m}=0.16\text{m}$$

局部损失为

$$(0.3+0.609+4\times1.01)\times\frac{1.66^2}{2g}\text{m}+0.2\times\frac{4.88^2}{2g}\text{m}=0.94\text{m}$$

出水管路的总损失为 $(0.16+0.94)\text{m}=1.10\text{m}$。

3）水泵的所需总扬程。水泵的所需总扬程为 $(76.58-68.77+1.5+0.42+1.10)\text{m}=10.83\text{m}$，取11m，选用20sh－28型双吸卧式离心泵，流量 $Q=450\sim646\text{L/s}$，其扬程 $H=15.2\sim10.6\text{m}$（选用符合要求）。

3. 曝气沉砂池设计计算

本工程采用曝气沉砂池，在池的一侧通入空气，使污水沿池旋转前进，从而产生与主流垂直的横向恒速环流。曝气沉砂池的优点是通过调节曝气量，可以控制污水的旋转速度，使除砂效率稳定，受流量变化的影响小。

设2个曝气沉砂池，并按并联设计，当污水水量较少时，可考虑1个工作，1个备用。污水用泵抽送入池内，按工作水泵的最大组合流量1842L/s计算。曝气沉砂池计算简图如图

5-9 所示。

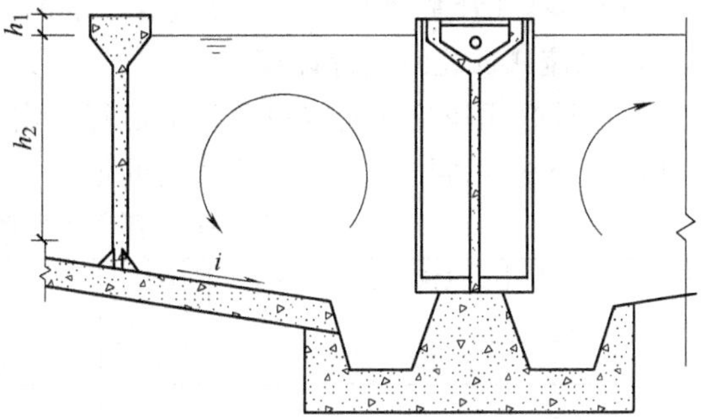

图 5-9　曝气沉砂池计算简图

（1）池子总有效容积　设最大时停留时间为 $t=2\text{min}$，则

$$V=Q_{\max}t=1.842\times2\times60\text{m}^3=221\text{m}^3$$

（2）断面面积　设 $v_1=0.1\text{m/s}$，则

$$A=\frac{Q_{\max}}{v_1}=\frac{1.842}{0.1}\text{m}^2=18.42\text{m}^2$$

（3）池子总宽度　设 $h_2=2.50\text{m}$，则

$$B=\frac{A}{h_2}=\frac{18.42}{2.50}\text{m}=7.368\text{m}$$

（4）每个池子宽度　设 $n=2$ 格，则

$$b=\frac{B}{n}=\frac{7.37}{2}\text{m}=3.68\text{m}$$

（5）池长

$$L=\frac{V}{A}=\frac{221}{18.42}\text{m}=12\text{m}$$

（6）每小时所需空气量　设 1m^3 污水所需空气量 $f=0.2\text{m}^3$，则

$$q=dQ_{\max}=0.2\times1.842\times3600\text{m}^3/\text{h}=1326.24\text{m}^3/\text{h}$$

（7）沉砂斗所需容积　设 $T=2\text{d}$，污水流砂量 $X=30\text{L/m}^3$，则 $V=\frac{86400Q_{\max}XT}{k_Z\times10^6}=\frac{1.842\times30\times2\times86400}{1.2\times10^6}\text{m}^3=7.96\text{m}^3$。

（8）每个沉砂斗容积　设每 1 分格有一个沉砂斗，则

$$V_0=\frac{7.96}{2\times1}\text{m}^3=3.98\text{m}^3$$

（9）沉砂斗各部分尺寸　设斗底宽 $a_1=0.30\text{m}$，斗壁与水平面的倾角为 70°，斗高 $h'_3=1.00\text{m}$，则沉砂斗上口宽为

$$a=\frac{2h'_3}{\tan70°}+a_1=\frac{2\times1.00}{\tan70°}\text{m}+0.30\text{m}=1.03\text{m}，取 1.00\text{m}。$$

沉砂斗容积为

$$V_0=\frac{h'_3}{3}\left(s_1+\sqrt{s_1s_2}+s_2\right)$$

$$=\frac{1.00}{3}\times(1\times12+\sqrt{1\times12\times0.3\times12}+0.3\times12)\text{m}^3$$

$$=7.4\text{m}^3>3.98\text{m}^3（符合要求）$$

（10）沉砂室的高度　采用重力排砂，设池底坡度为 0.06，坡向砂斗，则

$$h_3==1.0+0.06\times(3.68-1.00)\text{m}=1.16\text{m}$$

（11）池总高度　设超高 $h_1=0.3\text{m}$，则

$$H=h_1+h_2+h_3=(0.3+2.5+1.16)\text{m}=3.96\text{m}（取 4.00\text{m}）$$

（12）曝气管系统的计算　曝气管系统的计算见表 5-12，摩擦系数按 0.04 计算。

4. 辐流式沉淀池设计计算

本设计采用辐流式初沉池，该池运行稳定、管理简单，排泥设备已定型，对大中型污水处理厂较经济；适用于地下水位较高的地区。辐流式初沉池设计计算图如图 5-10 所示。

表 5-12　曝气沉砂池曝气管系统的计算

管段编号	管段长度/m	空气流量/(m^3/h)	空气流速/(m/s)	管径/mm	配件	当量长度/m	计算长度/m	比摩阻/(mmH_2O/m)	压力损失/mmH_2O
1－2	0.25	39.02	5.52	50	三通1个	2.03	2.28	1.24	2.83
2－3	3.20	78.04	11.04	50	三通、异径管、闸阀各1个	3.40	6.60	4.98	32.87
3－4	1.00	156.08	9.81	75	三通1个，异径管1个	3.67	4.67	2.62	12.24
4－5	1.00	312.16	11.04	100	四通1个	9.31	10.31	2.49	25.65
5－6	1.00	468.24	16.56	100	四通1个，异径管1个	9.83	10.83	5.60	60.62
6－7	1.00	624.32	9.81	150	四通1个	15.15	16.15	1.31	21.16
7－8	1.00	780.30	12.27	150	四通1个	15.15	16.15	2.05	33.06
8－9	1.00	936.38	19.20	150	四通1个，异径管1个	16.00	17.00	5.01	85.25
9－10	1.00	1092.4	9.66	200	四通1个	21.40	22.60	0.95	21.51
10－11	1.60	1170.5	10.35	200	四通1个	21.40	22.60	1.09	24.70
11－12	1.60	1248.5	11.04	200	四通1个	21.40	22.60	1.24	28.10
12－0	1.50	1326.5	11.73	200	四通1个、闸阀各1个，弯头4个	27.43	37.80	1.40	53.06
压力损失合计：401.05mmH_2O＝4062.64Pa，取4.1kPa									

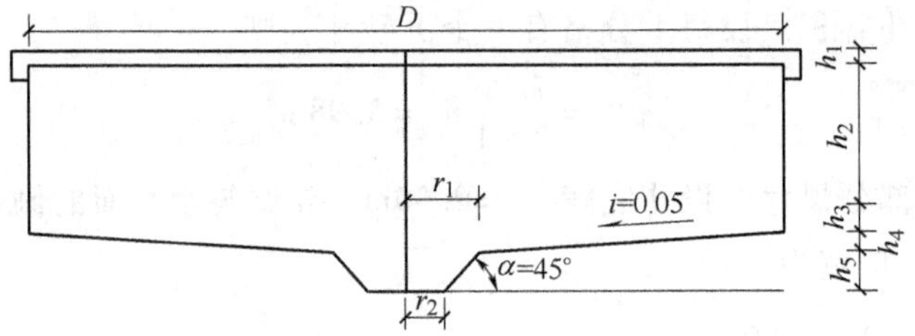

图 5-10　辐流式初沉池设计计算图

本工程采用表面负荷的计算方法，沉淀池建于地面上；沉淀池采用中间进水、周边出水的方式，包括进水管、出水管及排泥设备等。

（1）沉淀部分水面面积　设表面负荷 $q'=2m^3/(m^2\cdot h)$，$n=4$ 个，则

$$F=\frac{Q}{nq'}=\frac{1842}{4\times2}\times3.6m^3=828.9m^2$$

（2）池子直径

$$D=\sqrt{\frac{4F}{\pi}}=\sqrt{\frac{4\times828.9}{\pi}}m=32.5m$$

取 $D=33.00$m。

（3）沉淀部分有效水深　设 $t=1.75$h，则

$$h_2=q't=2\times1.75m=3.5m$$

（4）沉淀部分有效容积

$$V'=\frac{Q_{\max}}{n}t=\frac{1842\times3.6}{4}\times1.75\text{m}^3=2901.15\text{m}^3$$

（5）污泥斗部分所需容积　设 $S=0.5\text{L}/(\text{人}\cdot\text{d})$，$T=4\text{h}$，人口数 $=104.39\times10^4$，则

$$V=\frac{SNT}{1000n}=\frac{0.5\times104.39\times10^4\times4}{1000\times24\times4}\text{m}^3=21.75\text{m}^3$$

（6）污泥斗容积　设 $r_1=3.00\text{m}$，$r_2=1.80\text{m}$，$\alpha=45°$，则

$$h_5=(r_1-r_2)\tan\alpha=(3-1.8)\text{m}\times\tan45°=1.20\text{m}$$

$$V_1=\frac{1}{3}\times\pi\times1.20\times(3.00^2+3.00\times1.80+1.80^2)\text{m}^3=22.17\text{m}^3$$

（7）污泥斗以上圆锥体部分污泥容积　设池底径向坡度为0.05，则

$$h_4=(R-r_1)\times0.05=(33/2-3)\text{m}\times0.05=0.68\text{m}$$

$$V_2=\frac{1}{3}\times\pi\times0.68\times(16.50^2+16.50\times3.00+3.00^2)\text{m}^3=235.53\text{m}^3$$

（8）污泥总容积

$$V_1+V_2=(22.17+235.53)\text{m}^3=257.7\text{m}^3>21.75\text{m}^3$$

（9）沉淀池总高度　设超高 $h_1=0.30\text{m}$，缓冲层 $h_3=0.50\text{m}$，则

$$H=h_1+h_2+h_3+h_4+h_5=(0.30+3.50+0.50+0.68+1.20)\text{m}=6.18\text{m}$$

（10）沉淀池边高度

$$H'=h_1+h_2+h_3=(0.3+3.50+0.5)\text{m}=4.30\text{m}$$

（11）径深比

$$D/h_2=33.00/3.50=9.43\text{（符合要求）}$$

（12）堰负荷计算

$$q=\frac{1842}{4\pi D}=\frac{1842}{4\times\pi\times33}\text{L}/(\text{s}\cdot\text{m})=4.44\text{L}/(\text{s}\cdot\text{m})>2.90\text{L}/(\text{s}\cdot\text{m})$$

要设双边进水的集水槽。

5. 传统推流式曝气池设计计算

本设计采用传统推流式曝气池。

曝气池污泥负荷率为 $0.30\text{kg BOD}_5/(\text{kg MISS}\cdot\text{d})$，污泥质量浓度为2500mg/L，污泥指数 SVI = 100，污泥回流比 $R=0.25$。

曝气方法采用鼓风曝气，扩散装置排放在池子的一侧，这样布置可以使水流在池中呈螺旋状前进，增加气泡和水的接触时间。为了节约空气管道，相邻廊道的扩散装置沿公共墙布置。曝气量依靠空气干管上的阀门控制，并设消泡管进行消泡。

（1）污水处理程度的计算及曝气池的运行方式

1）污水处理程度的计算。设进水 BOD 质量浓度为250mg/L，回流率为25%，出水 BOD 质量浓度要求达到20mg/L，则

$$S_a=250\times(1-25\%)\text{g/m}^3=187.5\text{g/m}^3=187.5\text{mg/L}$$

2）曝气池的运行方式。以传统的活性污泥运行方式为基础，可以按阶段曝气系统和再生曝气系统运行。

（2）曝气池的计算与各部分尺寸的确定　曝气池计算简图如图5-11所示。

1）曝气池的体积。按污泥负荷计算，曝气池的体积计算公式为

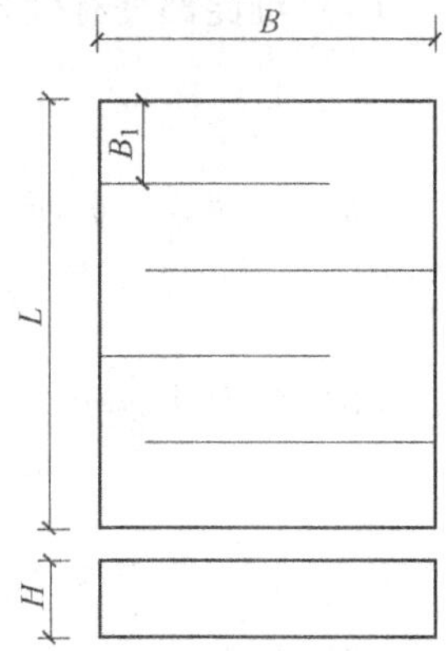

图 5-11 曝气池计算简图

$$V=\frac{Q(S_a-S_e)}{XN_S}$$

取 $N_S=0.3\text{kg BOD}_5/(\text{kg MISS}\cdot\text{d})$，进水量经过沉砂池之后有所减小，$Q=1.287\times10^5\text{m}^3/\text{d}$，$X=2500\text{mg/L}$，则

$$V=\frac{Q(S_a-S_e)}{XN_S}=\frac{1.287\times10^5\times(187.5-20)}{2500\times0.3}\text{m}^3=2.87\times10^4\text{m}^3$$

设 4 组曝气池，其体积 $V_0=\frac{2.87\times10^4}{4}\text{m}^3=7175\text{m}^3$。

名义停留时间为 $t=\frac{2.87\times10^4}{1.287\times10^5}\text{d}=0.22\text{d}=5.35\text{h}$。

2）确定池体。有效水深 $h=4.5\text{m}$，每组曝气池面积 $F=\frac{V_0}{h}=\frac{7175}{4.5}\text{m}^2=1594.44\text{m}^2$。

池宽 $B=7.2\text{m}$，则池长

$$L_Z=\frac{F}{B}=1594.44/7.2\text{m}=221.45\text{m}$$

$$\frac{B}{h}=\frac{7.2}{4.5}=1.6$$

$$\frac{L_Z}{B}=\frac{221.45}{7.2}=30.76$$

设 5 个廊道，每个廊道长为

$$L=\frac{221.45}{5}\text{m}=44.29\text{m}$$

取超高 0.5m，则池总高度 $H=(4.5+0.5)\text{m}=5.00\text{m}$。

（3）曝气系统的计算　曝气池采用鼓风曝气系统。

1）平均时需氧量计算。

$$O_2=a'QS_r+b'VS_V$$

取 $a'=0.5$，$b'=0.15$，则

$$O_2=\frac{0.5\times1.287\times10^5\times(187.5-20)+0.15\times2.87\times10^4\times2500\times0.75}{1000}\text{kg/d}$$

$$=1.88\times10^4\text{kg/d}=785.44\text{kg/h}$$

2）最大时需氧量。$k=1.2$ 代入，得：

$$O_{2(\max)}=\frac{0.5\times1.287\times10^5\times1.2\times(187.5-20)+0.15\times2.87\times10^4\times2500\times0.75}{1000}\text{kg/d}$$

$$=2.10\times10^4\text{kg/d}=875.26\text{kg/h}$$

3）每日去除 BOD_5 值。

$$BOD_5=1.287\times10^5\times(187.5-20)/1000\text{kg/d}=2.16\times10^4\text{kg/d}$$

4）去除1kg BOD的需氧量。

$$\Delta O_2 = 2.10\times10^4\text{kg } O_2/(2.16\times10^4\text{kg BOD}) = 0.97\text{kg } O_2/\text{kg BOD}$$

5）最大时需氧量与平均时需氧量之比。

$$O_{2(max)}/O_2 = 875.26/785.44 = 1.11$$

（4）供气量计算　采用固定式微孔空气扩散器，敷设于池底0.2m处，淹没水深4.3m，计算温度30℃。$E_A=20\%$，$C_{S(20)}=9.17\text{mg/L}$，$C_{S(30)}=8.4\text{mg/L}$。

空气扩散装置出口处的绝对压力p_b值为

$$p_b = 1.013\times10^5\text{Pa} + 9.8\times10^3\times4.3\text{Pa} = 1.4344\times10^5\text{Pa}$$

气泡离开池表面时氧的百分比O_t值为

$$O_t = 21(1-E_A)/[79+21\times(1-E_A)]\times100\% = 21\times(1-0.2)/[79+21\times(1-0.2)]\times100\%$$
$$= 17.54\%$$

曝气池混合液中平均饱和度（按最不利计算）为

$$C_{sb(30)} = C_{s(30)}\times\left(\frac{p_b}{2.066\times105}+\frac{O_t}{42}\right) = 8.4\times\left(\frac{1.4344\times10^5}{2.066\times10^5}+\frac{17.54}{42}\right)\text{mg/L} = 9.34\text{mg/L}$$

同理可得$C_{sb(20)}=10.20\text{mg/L}$。

标准需氧量

$$O_c = O_2\cdot C_{S(20)}/[\alpha(\beta\rho C_{S(20)}-C)\times1.024^{T-20}]$$

式中，O_2为曝气池污水需氧量；$C_{S(20)}$为20℃时氧在清水中饱和溶解度，取9.17mg/L；α为氧总转移系数；β为氧在污水中饱和溶解度修正系数；ρ为压力修正系数；T为设计污水温度；C为曝气池内溶解氧浓度。

计算时取值$\alpha=0.85$，$\beta=0.95$，$\rho=1.0$，$T=30$，$C=1.875\text{mg/L}$

则计算得$O_C = 785.44\times9.17/[0.85\times(0.95\times1.0\times9.17-1.875)\times1.024^{30-20}]\text{kg/h}$

$= 639\text{kg/h}$

相应的最大需氧量

$$O_{C(max)} = 875.26\times9.17/[0.85\times(0.95\times1.0\times9.17-1.875)\times1.024^{30-20}]\text{kg/h}$$
$$= 712\text{kg/h}$$

曝气池平均供气量为

$$G_S = O_C/(0.3E_A) = 639/(0.3\times0.2)\text{m}^3/\text{h} = 1.28\times10^4\text{m}^3/\text{h}$$

曝气池最大供气量

$$G_{S(max)} = O_{C(max)}/(0.3E_A) = 712/(0.3\times0.2)\text{m}^3/\text{h} = 1.42\times10^4\text{m}^3/\text{h}$$

去除每千克BOD供氧量为$1.28\times10^4/(2.16\times10^4)\times24\text{m}^3/\text{kg}\cdot\text{BOD} = 14.22\text{m}^3/\text{kg}\cdot\text{BOD}$

（5）空气管系统计算　选择一条从鼓风机房开始最长的管路作为计算管路，在空气流量变化处设计算节点，统一编号列表计算。

一条廊道的平面面积为$36\times7.2\text{m}^2=259\text{m}^2$，采用固定式微孔空气扩散器，一个曝气头的服务面积为$0.5\sim0.75\text{m}^2$，通过尝试计算得每2条廊道设一根曝气干管，每根干管设8根支干管，每根支干管设有8根支管，每根支管设有12个曝气头，则1条廊道共有曝气头$12\times8\times4$

个 =384 个，每个曝气头的服务面积为 $\frac{259}{384}m^2=0.67m^2$，符合要求。曝气池平剖图如图 5-12 所示。

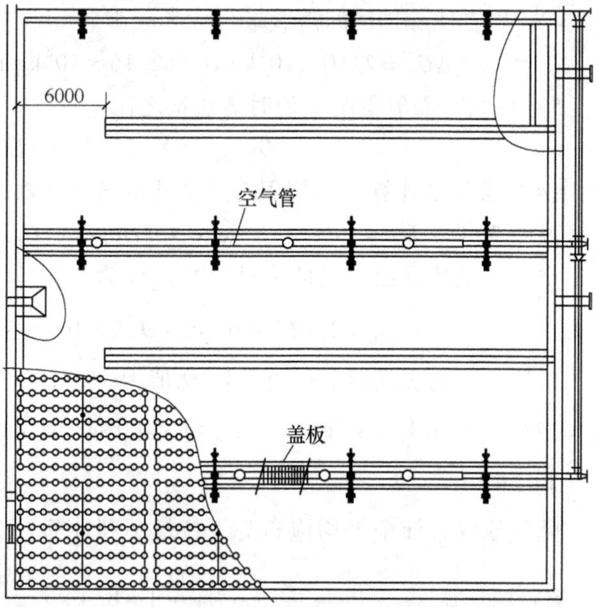

图 5-12 曝气池平剖图

空气干管和支管以及配气竖管的管径根据通过空气量和相应的流速加以确定，查资料得比摩阻，乘以长度得到空气沿程损失；局部损失折算成当量长度计算，曝气管系统的计算见表 5-13。

由表 5-13 计算得总损失 $H=287.14mm\ H_2O$，取 $0.3m\ H_2O$，固定式平板型微孔扩散器的水头损失为 $1.50m\ H_2O$，则总损失为 $1.5m\ H_2O+0.3m\ H_2O=1.8m\ H_2O$。

扩散器距池底为 0.2m，因此鼓风机所需的压力为 $p=[1.8+(4.5-0.2)]\times 9800Pa=59780Pa$，取 60kPa。

表 5-13 曝气池曝气管系统的计算

管段编号	管段长度/m	空气流量/(m^3/h)	空气流速/(m/s)	管径/mm	配件	当量长度/m	计算长度/m	比摩阻/(mm H_2O/m)	压力损失/mm H_2O
1-2	0.75	2.49	1.41	25	三通 1 个	0.88	1.63	0.16	0.26
2-3	0.75	4.98	2.82	25	三通 1 个	0.88	1.63	0.65	1.06
3-4	0.75	7.47	4.23	25	三通 1 个	0.88	1.63	1.46	2.38
4-5	0.75	9.96	5.64	25	三通 1 个	0.88	1.63	2.59	4.27
5-6	0.75	12.45	7.05	25	三通 1 个，异径管 1 个	0.90	1.73	4.05	7.01
6-7	0.37	14.94	3.30	40	三通 1 个，异径管 1 个	1.73	2.10	0.56	1.17
7-8	0.90	29.88	4.23	50	三通 1 个，异径管 1 个	2.56	3.46	0.73	2.52
8-9	0.90	59.76	3.76	75	四通 1 个	6.60	7.50	0.38	2.88
9-10	0.90	89.64	5.64	75	四通 1 个，异径管 1 个	6.97	7.87	0.86	6.80
10-11	0.45	119.52	4.23	100	四通 1 个，异径管 1 个	9.84	10.29	0.36	3.75
11-12	8.40	239.04	3.76	150	三通、闸阀各 1 个，弯头 3 个	17.55	25.95	0.19	4.98
12-13	9.00	478.08	7.51	150	三通 1 个	7.58	16.58	0.77	12.74
13-14	9.00	956.16	15.03	150	四通 1 个，异径管 1 个	14.87	23.87	3.07	73.36
14-15	9.00	1434.20	12.68	200	四通 1 个，异径管 1 个	22.61	31.61	1.64	51.86
15-16	24.00	1915.50	10.84	250	四通、闸阀各 1 个，弯头 2 个	36.38	60.38	0.96	57.91
16-17	14.40	3831.00	11.06	350	三通 1 个	20.94	35.34	0.71	25.21
17-0	113.00	9550.00	13.51	500	四通 1 个，弯头 1 个	16.34	38.9	0.75	28.98

最大时供气量 $1.42\times10^4 m^3/h$，平均时供气量 $1.28\times10^4 m^3/h$。根据以上的压力和空气量，选择合适的鼓风机。

6. 辐流式二沉池设计计算

本设计二沉池也采用辐流式沉淀池。

二沉池的集配水井是双层中管式集配水井，曝气池的来水经中心管进入内层配水井，由配水井均匀地分配给二沉池；二沉池的出水经集水槽汇集，送入外层集水井，然后由集水井进入出水管道送走。

每座沉淀池配有刮泥机1座，刮泥机线速度为1.5m/min。

二沉池设有专门放空时用的放空管道。由于放空管的高程位置限制，池内部分存水不能放尽，需要在放空井内设置临时潜水泵抽升，方可放空。当地下水位较高时，二沉池不能完全放空，以免引起二沉池池体上浮。

(1) 沉淀部分水面面积　表面负荷的取值范围为 $1.0\sim1.5m^3/(m^2\cdot h)$，取 $q=1m^3/(m^2\cdot h)$，$Q=12.87\times10^4 m^3/d$，则

$$A=Q/q=1490\times3600/(1000\times1)m^2=5364m^2$$

(2) 池子直径　共设8个沉淀池，则

$$A_1=5364m^2/8=670.5m^2$$

$$D=\sqrt{\frac{4A_1}{\pi}}=\sqrt{\frac{4\times670.5}{\pi}}m=29m$$

(3) 沉淀部分有效水深　停留时间的取值范围为 $1.5\sim2.5h$，取 $t=2.5h$，则有效水涤

$$h_2=qt=1\times2.5m=2.50m$$

(4) 出水堰负荷

$$q'=1490/(8\times\pi\times29)L/(s\cdot m)=2.04L/(s\cdot m)<2.9L/(s\cdot m)$$

设单边进水就行。

(5) 污泥区容积　采用机械吸泥机，二沉池污泥区容积按2h计算，回流比 R' 取0.5，则

$$V=\frac{2\times2(1+R')QR'}{(1+2R')\times8}=\frac{2\times2\times(1+0.5)\times1490\times0.5}{(1+2\times0.5)\times8}m^3=279.38m^3$$

(6) 污泥斗容积　设池边坡度0.05，进水头部直径为2.10m，污泥斗高 h_5 为0.76m，则锥体部分的容积为

$$V=\frac{1}{3}h_5(R^2+Rr+r^2)$$

$$=\frac{1}{3}\times0.76\times(14.5^2+14.5\times1.05+1.05^2)m^3$$

$$=57.40m^3$$

还需用一段柱体装泥，设其高为 h_4，则

$$h_4=\frac{279.38-57.40}{\pi\times14.5^2}m=0.34m$$

(7) 沉淀池的池边高度（取超高 $h_1=0.3m$，缓冲层高 $h_3=0.5m$）：

$$H=h_1+h_2+h_3+h_4+h_5=(0.3+2.5+0.5+0.34+0.76)m=4.4m$$

进水头部和管道的确定见排水手册。

7. 消毒和混合设计计算

（1）加氯量确定　采用液氯消毒，加氯量应经试验确定。对生活污水，当无实测资料时，可采用下列数值：

1）一级处理后的污水加氯量为 20～30mg/L。

2）不完全人工二级处理的污水加氯量为 10～15mg/L。

3）完全人工二级处理后的污水加氯量为 5～10mg/L。

本工程无实测资料，采用加氯量为 8mg/L，则

$$m=\frac{8\times1490\times86400}{1000000}\mathrm{kg/d}=1030\mathrm{kg/d}$$

（2）混合池计算　接触时间取 30min，接触池的容积为

$$1490\times30\times60/1000\mathrm{m}^3=2682\mathrm{m}^3$$

（3）加氯消毒设备　污水的二级处理加氯消毒一般采用季节性加氯，在夏天污水污染严重时加氯消毒。本工程选用 ZJ-1 型加氯机 2 台，氯库共存氯 15d，需要 30 个氯瓶；另外，设 1 专用水池为氯瓶降温和安全所用。

8. 计量堰设计计算

本工程采用巴氏计量堰。矩形堰的流量公式为

$$Q=m_0bH\,(2gH)^{\frac{1}{2}}$$

其中，m_0取 0.45；H 为堰顶水深；b 为堰宽；Q 为流量。$Q=1842.6\mathrm{L/s}$，$b=1.00\mathrm{m}$，$H_2=0.84\mathrm{m}$，则

$$L_1=0.5b+1.2\mathrm{m}=0.5\times1.00\mathrm{m}+1.2\mathrm{m}=1.70\mathrm{m}$$

$$L_2=0.60\mathrm{m}$$

$$L=0.9\mathrm{m}$$

$$B_1=1.2b+0.48\mathrm{m}=1.2\times1.00\mathrm{m}+0.48\mathrm{m}=1.68\mathrm{m}$$

$$B_2=b+0.3\mathrm{m}=1.00\mathrm{m}+0.3\mathrm{m}=1.30\mathrm{m}$$

选择 $H_1=0.6\mathrm{m}$，$\frac{H_1}{H_2}=\frac{0.6}{0.84}=0.7$。

计量堰计算简图如图 5-13 所示。

9. 浓缩池设计计算

本设计污泥浓缩池采用 2 座圆形辐流式浓缩池，设有刮泥设备，采用周边传动，周边线速度为 2.0m/min。浓缩池设计简图如图 5-14 所示。

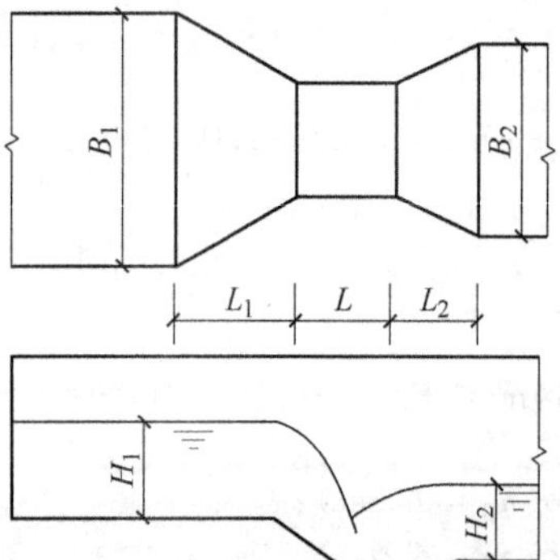

图 5-13　计量堰计算简图

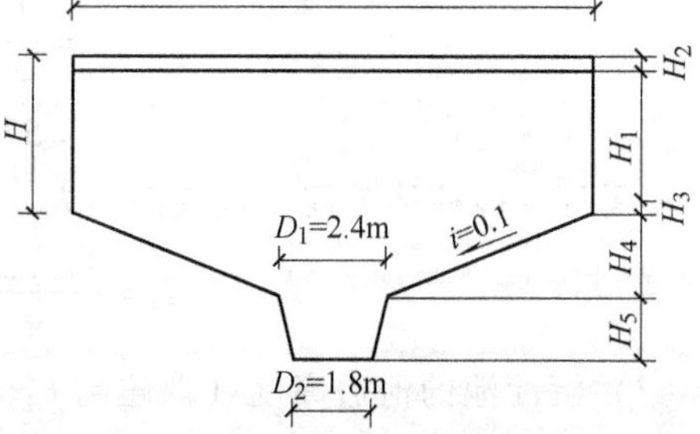

图 5-14　浓缩池设计简图

（1）浓缩污泥量的计算

$$\Delta X = Y(S_a - S_e)Q - K_d V X_V$$

$Y=0.5$，$K_d=0.07$，$S_a=187.5\text{mg/L}$，$S_e=20\text{mg/L}$，$Q=1.287\times10^5\text{m}^3/\text{d}$，$V=2.87\times10^4\text{m}^3$

$$X_V = f\cdot \text{MLSS} = 0.75\times\frac{2500}{1000}\text{kg/L} = 1.875\text{kg/L}$$

$$\Delta X = \left[0.5\times\frac{187.5-20}{1000}\times1.287\times10^5-0.07\times2.87\times10^4\times1.857\right]\text{kg/d} = 7.0\times10^3\text{kg/d}$$

$$Q_s = \Delta X/fX_r$$

$$X_r = \frac{1+Y}{Y}X = \frac{1+0.5}{0.5}\times2500\text{mg/L} = 7500\text{mg/L} = 7.5\text{g/L}$$

$$Q_s = \frac{\Delta X}{fX_r} = \frac{7.0\times10^3}{0.75\times7.5}\text{m}^3/\text{d} = 1244.44\text{m}^3/\text{d}$$

采用间歇排泥，剩余污泥量为 $1244.44\text{m}^3/\text{d}$，含水率 $P_1=99.4\%$，污泥质量浓度为 7.5g/L；浓缩后的污泥质量浓度为 30g/L，含水率 $P_2=97\%$。

（2）浓缩池的直径　采用带有竖向栅条污泥浓缩机的辐流式重力浓缩池，浓缩池污泥固体通量 M 取 $25\text{kg}/(\text{m}^2\cdot\text{d})$。

浓缩池的面积：

$$A = \frac{QC}{M} = \frac{1244.44\times7.5}{25}\text{m}^2 = 373.33\text{m}^2$$

式中　Q——污泥量（m^3/d）；

C——污泥固体质量浓度（g/L）；

M——污泥固体通量［$\text{kg}/(\text{m}^2\cdot\text{d})$］。

采用 2 个浓缩池，每个浓缩池的面积为 $A_0=\dfrac{A}{2}=186.67\text{m}^2$，则浓缩池的直径：

$$D = \sqrt{4A_0/\pi} = \sqrt{4\times186.67/\pi}\ \text{m} = 15.41\text{m}$$

（3）浓缩池的高度计算

1）取污泥浓缩时间 $T=24\text{h}$，则浓缩池工作部分高度 H_1 为

$$H_1 = \frac{TQ}{DA} = \frac{24\times1244.44}{14\times373.33}\text{m} = 5.71\text{m}$$

2）浓缩池的超高 H_2 取 0.30m。

3）缓冲层高度 H_3 取 0.30m。

4）浓缩池的高度 $H=H_1+H_2+H_3=(5.71+0.30+0.30)\text{m}=6.31\text{m}$。

（4）浓缩后污泥体积的计算

$$V_2 = \frac{Q(1-P_1)}{1-P_2} = \frac{1244.44\times(1-0.994)}{1-0.970}\text{m}^3 = 248.89\text{m}^3$$

（5）排泥斗体积的计算

$$H_4 = \frac{14.00-2.40}{2}\text{m}\times0.1 = 0.58\text{m}$$

$$V_1 = \frac{1}{3}\pi H_4({r_1}^2+r_1r_2+{r_2}^2) = \frac{1}{3}\times3.14\times0.58\times(7^2+7\times1.2+1.2^2)\text{m}^3 = 35.74\text{m}^3$$

（6）各种管道的确定　进泥管采用 $D300$，排泥也采用 $D300$，排上清液采用 $D100$。

（7）进水头部结构尺寸及刮泥机搅拌栅的确定　见排水手册。

10. 消化池设计计算

消化池为传统的固定式消化池，采用中温两阶段消化处理方式。

（1）消化池污泥量　初沉池泥量 $Q_{初} = 253.62\text{m}^3/\text{d}$，浓缩后的泥量 $Q_{浓} = 248.89\text{m}^3/\text{d}$，总消化池污泥量为

$$Q = Q_{初} + Q_{浓} = (253.62 + 248.89)\text{m}^3/\text{d} = 502.51\text{m}^3/\text{d}$$

（2）消化池各部分尺寸　消化池设计简图如图5-15所示。

1）一级消化池容积。总容积为

$$V = \frac{720}{5/100}\text{m}^3 = 14400\text{m}^3$$

采用4座一级消化池，则每座池子的有效容积为

$$V_0 = \frac{14400}{4}\text{m}^3 = 3600\text{m}^3$$

消化池直径采用 $D = 22\text{m}$，集气罩直径采用 $d_1 = 2\text{m}$，池底下锥直径采用 $d_2 = 2\text{m}$，集气罩高度采用 $h_1 = 2\text{m}$，h_2 经计算为2.68m。

消化池的柱体高度 h_3 应大于 $\frac{D}{2} = 11\text{m}$，采用12m；下锥体的高度采用 $h_4 = 1\text{m}$，则消化池总高度为

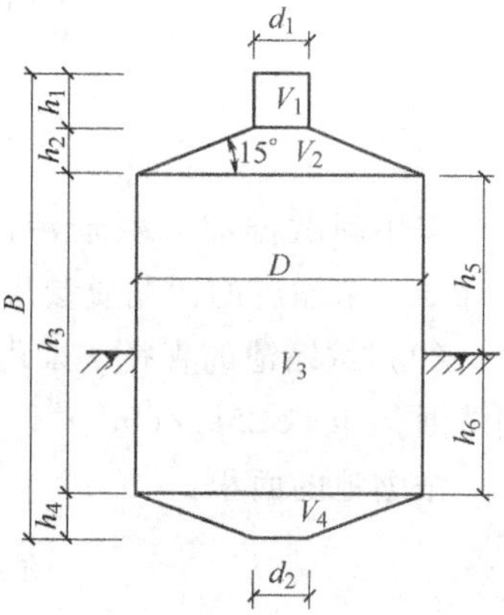

图5-15　消化池设计简图

$$H = h_1 + h_2 + h_3 + h_4 = (2 + 2.68 + 12 + 1)\text{m} = 17.68\text{m}$$

集气罩容积 $V = \pi(d/2)^2 h_1 = 6.28\text{m}^3$。

弓形部分容积为

$$V_2 = \frac{\pi}{24}h_2(3D^2 + 4h_2^2) = \frac{\pi}{24} \times 2.68 \times (3 \times 22^2 + 4 \times 2.68^2)\text{m}^3 = 519.46\text{m}^3$$

圆柱体部分的容积为

$$V_3 = \pi\,(D/2)^2 h_3 = 4561.60\text{m}^3$$

下椎体部分的容积为

$$V_4 = \frac{\pi}{3}h_4[(D/2)^2 + (D/2)(d_2/2) + (d_2/2)^2]$$

$$= \frac{\pi}{3} \times 1 \times [(22/2)^2 + (22/2) \times (2/2) + (2/2)^2]\text{m}^3 = 139.28\text{m}^3$$

$$V_0 = V_3 + V_4 = (4561.60 + 139.28)\text{m}^3 = 4700.88\text{m}^3 > 2512.55\text{m}^3$$

2）二级消化池容积。

总容积 $V = \frac{720}{10/100}\text{m}^3 = 7200\text{m}^3$。

采用2座二级消化池，每2座一级消化池串联1座二级消化池，则每座二级消化池的有效容积：

$$V_0 = \frac{V}{2} = \frac{7200}{2}\text{m}^3 = 3600\text{m}^3$$

二级消化池的各部分的尺寸同一级消化池。

3）消化池各部分的表面积的计算。

集气罩表面积为

$$F_1=\frac{\pi}{4}d_1^2+\pi d_1h_2=\frac{3.14}{4}\times2^2\mathrm{m}^2+3.14\times2\times2.68\mathrm{m}^2=19.98\mathrm{m}^2$$

池顶表面积为

$$F_2=\frac{\pi}{4}(4h_2^2+D)=\frac{3.14}{4}\times(4\times2.68^2+22)\mathrm{m}^2=39.84\mathrm{m}^2$$

则池盖总表面积为

$$F_1+F_2=(19.98+39.84)\mathrm{m}^2=59.82\mathrm{m}^2$$

池壁表面积为

$$F_3=\pi Dh_5=3.14\times22\times7.2\mathrm{m}^2=497.63\mathrm{m}^2\text{（地下部分）}$$

$$F_4=\pi Dh_6=3.14\times22\times4.8\mathrm{m}^2=331.58\mathrm{m}^2\text{（地下部分）}$$

池底表面积为

$$F_5=\pi\times\left[\left(\frac{D}{2}\right)^2+\left(\frac{d_2}{2}\right)^2\right]=3.14\times(11^2+1^2)\mathrm{m}^2=383.28\mathrm{m}^2$$

（3）消化池热工计算　消化池的耗热量可以根据冬季最大负荷量来计算，耗热量包括下列三部分：每天投配的新鲜污泥从原始温度加热到所需温度的耗热量；消化池池体的热损失量，是由池体内污泥的消化温度与池体外大气的最低温度的温差所引起的耗热量；污泥管道的耗热量。

1）提升新鲜污泥温度的耗热量。污泥投配率为5%，则每座一级消化池投配的最大污泥量为

$$V''=5025.1\times5\%\ \mathrm{m^3/d}=251.26\mathrm{m^3/d}$$

采用中温消化，消化温度 $T_D=35℃$，新鲜污泥年平均温度 $T_A=17.30℃$，日平均最低气温 $T_S=12℃$，则日平均耗热量为

$$Q_1=\frac{V''}{24}(T_D-T_A)\times1000=\frac{251.26}{24}\times(35-17.3)\times1000\mathrm{kcal/h}=185319\mathrm{kcal/h}$$

最大耗热量为

$$Q_{1max}=\frac{V''}{24}(T_D-T_S)\times1000=\frac{251.26}{24}\times(35-12)\times1000\mathrm{kcal/h}=240791\mathrm{kcal/h}$$

2）消化池池体的耗热量。

① 池盖传热系数 $K=0.81\mathrm{W/(m^2\cdot K)}$，即 $0.7\mathrm{kcal/(m^2\cdot h\cdot ℃)}$，池外介质为大气，全年平均气温 $T_1=11.6℃$，则全年平均耗热量为

$$Q_2=FK(T_D-T_1)\times1.2=59.82\times0.7\times(35-11.6)\times1.2\mathrm{kcal/h}=1175.82\mathrm{kcal/h}$$

冬季室外计算温度为 $T_2=-9℃$，则最大耗热量为

$$Q_{2max}=FK(T_D-T_2)\times1.2=59.82\times0.7\times[35-(-9)]\times1.2\mathrm{kcal/h}=2210.95\mathrm{kcal/h}$$

② 池壁在地面以上部分传热系数 $K=0.7\mathrm{W/(m^2\cdot K)}$，即 $0.6\mathrm{kcal/(m^2\cdot h\cdot ℃)}$，池外介质为大气，全年平均气温 $T_1=11.6℃$，则全年平均耗热量为

$$Q_3=FK(T_D-T_1)\times1.2=497.63\times0.6\times(35-11.6)\times1.2\mathrm{kcal/h}=8384.06\mathrm{kcal/h}$$

冬季室外计算温度为 $T_2=-9℃$，则最大耗热量为

$$Q_{3\max}=FK(T_D-T_2)\times1.2=497.63\times0.6\times(35+9)\times1.2\text{kcal/h}=15764.92\text{kcal/h}$$

③ 池壁在地面以下部分传热系数 $K=0.52\text{W/(m}^2\cdot\text{K)}$，即 $0.45\text{kcal/(m}^2\cdot\text{h}\cdot℃)$，池外介质为土壤，全年平均气温 $T_1=12.6℃$，则全年平均耗热量为

$$Q_4=FK(T_D-T_1)\times1.2=331.58\times0.45\times(35-12.6)\times1.2\text{kcal/h}=4010.79\text{kcal/h}$$

冬季室外计算温度 $T_2=4.2℃$，则最大耗热量为

$$Q_{4\max}=FK(T_D-T_2)\times1.2=331.58\times0.45\times(35-4.2)\times1.2\text{kcal/h}=5514.84\text{kcal/h}$$

④ 池底部分传热系数 $K=0.52\text{W/(m}^2\cdot\text{K)}$，即 $0.45\text{kcal/(m}^2\cdot\text{h}\cdot℃)$，池外介质为土壤，全年平均气温 $T_1=12.6℃$，则全年平均耗热量为

$$Q_5=FK(T_D-T_1)\times1.2=383.28\times0.45\times(35-12.6)\times1.2\text{kcal/h}=4636.15\text{kcal/h}$$

冬季室外计算温度为 $T_2=4.2℃$，则最大耗热量为

$$Q_{5\max}=FK(T_D-T_2)\times1.2=383.28\times0.45\times(35-4.2)\times1.2\text{kcal/h}=6374.71\text{kcal/h}$$

⑤ 每座消化池池体全体平均耗热量为

$$Q_x=(1175.82+8384.06+4010.79+4636.15)\text{kcal/h}=18206.82\text{kcal/h}$$

最大耗热量为

$$Q_{x\max}=(2210.95+15764.92+5514.84+6374.71)\text{kcal/h}=29865.42\text{kcal/h}$$

3）每座消化池总耗热量。

全年平均耗热量为

$$\sum Q=(185319+18206.82)\text{kcal/h}=203525.82\text{kcal/h}$$

最大耗热量为

$$\sum Q_{\max}=(240791+29865.42)\text{kcal/h}=270656.42\text{kcal/h}$$

4）热交换器的计算。消化池每天所需的热量，是由污泥加热循环泵将污泥通过热交换器提供的。本设计采用池外套管式泥-水热交换器，套管中心走泥，套管间走热水，热水从上部向下流。生污泥在进入一级消化池之前，与回流的一级消化池污泥先进行混合，再进入一级消化池，其比例为1:2，全天均匀投配。

进入消化器的生污泥量为

$$Q_{S1}=502.51/24\text{m}^3/\text{h}=20.94\text{m}^3/\text{h}$$

回流消化污泥量为

$$Q_{S2}=20.94\times2\text{m}^3/\text{h}=41.88\text{m}^3/\text{h}$$

进入消化器的总污泥量为

$$Q_S=Q_{S1}+Q_{S2}=(20.94+41.88)\text{m}^3/\text{h}=62.82\text{m}^3/\text{h}$$

内管管径选用 $DN80$，外径管径选 $DN125$，则污泥在内管中的流速为

$$v=62.82/(\pi/4\times0.08^2\times3600)\text{m/s}=3.47\text{m/s}$$

热交换器按最大总耗热量 $Q_{\max}=270656.42\text{kcal/h}$，热交换器的入口热水温度采用 $T_w=85℃$，ΔT_w 采用10℃，则循环热水量为

$$Q_w=Q_{\max}/(\Delta T_w\times1000)=270656.42/(10\times1000)\text{m}^3/\text{h}=27.07\text{m}^3/\text{h}$$

内外管之间的热水流速为

$$v=27.07/[(\pi/4\times0.125^2-\pi/4\times0.08^2)\times3600]\text{m/s}=1.04\text{m/s}$$

生污泥与消化污泥混合后的温度为

$$T_b=(1\times12+2\times35)/3℃=27.33℃$$

热交换器的套管长度按下式计算：

$$L = Q_{\max} \cdot 1.2/(\pi D K \Delta T_{\mathrm{m}})$$

其中，$\Delta T_{\mathrm{m}} = \dfrac{\Delta T_1 - \Delta T_2}{\ln \dfrac{\Delta T_1}{\Delta T_2}}$。

$$\Delta T_1 = (T_{\mathrm{w}} - \Delta T_{\mathrm{w}}) - T_{\mathrm{b}} = (85-10)℃ - 27.33℃ = 47.67℃$$

$$\Delta T_2 = T_{\mathrm{w}} - T'_{\mathrm{s}} = (85-36.19)℃ = 48.81℃$$

$$\Delta T_{\mathrm{m}} = \frac{\Delta T_1 - \Delta T_2}{\ln \dfrac{\Delta T_1}{\Delta T_2}} = \frac{47.67-48.81}{\ln \dfrac{47.67}{48.81}}℃ = 48.24℃$$

式中　T'_{s}——管壁温度，根据工程实践经验，取36.19℃。

热交换器的传热系统选用 $K=697.8\mathrm{W/(m^2 \cdot K)}$，即 $600\mathrm{kcal/(m^2 \cdot h \cdot ℃)}$ 则每座消化池的套管式泥－水热交换器的总长度为

$$L = \frac{Q_{\max} \times 1.2}{\pi D K \Delta T_{\mathrm{m}}} = \frac{270656.42 \times 1.2}{3.14 \times 0.08 \times 600 \times 48.24}\mathrm{m} = 44.67\mathrm{m}$$

设每根长4m，其根数为 $n=44.67/4=11.2$ 根，选用12根。

5）消化池保温结构厚度计算。

① 设消化池池盖混凝土结构厚度 $\delta_{\mathrm{G}}=250\mathrm{mm}$，池盖传热系数 $K=0.81\mathrm{W(m^2 \cdot K)}$ 钢筋混凝土的导热系数 $\lambda_{\mathrm{G}}=1.33\mathrm{W/(m \cdot K)}$，采用聚氨酯硬质泡沫塑料作为保温材料，导热系数 $\lambda_{\mathrm{B}}=0.02\mathrm{W/(m \cdot K)}$，则池盖保温材料的厚度（$\delta_{\mathrm{B1}}$）为

$$\delta_{\mathrm{B1}} = \frac{\dfrac{\lambda_{\mathrm{G}}}{K} - \delta_{\mathrm{G}}}{\dfrac{\lambda_{\mathrm{G}}}{\lambda_{\mathrm{B}}}} = \frac{\dfrac{1.33}{0.81} - 0.25}{\dfrac{1.33}{0.02}}\mathrm{m} = 0.021\mathrm{m} = 21\mathrm{mm}$$

② 设消化池在地面以上部分池壁的混凝土结构厚度为 $\delta_{\mathrm{G}}=400\mathrm{mm}$，传热系数 $K=0.7\mathrm{W/(m^2 \cdot K)}$ 采用聚氨酯硬质泡沫塑料作为保温材料，导热系数 $\lambda_{\mathrm{B}}=0.02\mathrm{W/(m \cdot K)}$，则池壁在地面以上部分保温材料的厚度（$\delta_{\mathrm{B2}}$）为

$$\delta_{\mathrm{B2}} = \frac{\dfrac{\lambda_{\mathrm{G}}}{K} - \delta_{\mathrm{G}}}{\dfrac{\lambda_{\mathrm{G}}}{\lambda_{\mathrm{B}}}} = \frac{\dfrac{1.33}{0.7} - 0.4}{\dfrac{1.33}{0.02}}\mathrm{m} = 0.023\mathrm{m} = 23\mathrm{mm}$$

池壁在地面上的保温材料延伸到地面以下的深度为冰冻线冻深加上0.5m。

③ 设消化池在地面以下部分池壁的混凝土结构厚度 $\delta_{\mathrm{G}}=400\mathrm{mm}$，传热系数 $K=0.52\mathrm{W/(m^2 \cdot K)}$ 土壤的导热系数为 $\lambda_{\mathrm{B}}=1.0\mathrm{W/(m \cdot K)}$，则在地面以下部分池壁的保温材料的厚度（$\delta_{\mathrm{B3}}$）为

$$\delta_{\mathrm{B3}} = \frac{\dfrac{\lambda_{\mathrm{G}}}{K} - \delta_{\mathrm{G}}}{\dfrac{\lambda_{\mathrm{G}}}{\lambda_{\mathrm{B}}}} = \frac{\dfrac{1.33}{0.52} - 0.4}{\dfrac{1.33}{1.0}}\mathrm{m} = 1.62\mathrm{m} = 1620\mathrm{mm}$$

④ 设消化池池底混凝土结构厚度 $\delta_{\mathrm{G}}=700\mathrm{mm}$，则池底部分保温材料的厚度（$\delta_{\mathrm{B4}}$）为

$$\delta_{B4}=\frac{\frac{\lambda_G}{K}-\delta_G}{\frac{\lambda_G}{\lambda_B}}=\frac{\frac{1.33}{0.52}-0.7}{\frac{1.33}{1.0}}m=1.39m=1390mm$$

地下水位在池底混凝土结构厚度以下，故不加其他保温措施。

⑤ 池盖、池壁的保温材料采用聚氨酯硬质泡沫塑料，其厚度经计算分别为 21mm、23mm，均按 23mm 计，乘以 1.5 的修正系数，故采用 40mm。

二级消化池的保温材料及厚度与一级消化池相同。

6）沼气混合搅拌计算。消化池的混合搅拌采用多路曝气管，单位搅拌用气采用 $6m^3/(min \cdot 1000m^3$ 池容)，则用气量为

$$q=6\times5025.1/1000m^3/min=30.15m^3/min=0.5m^3/s$$

曝气立管的流速采用 12m/s，则所需立管的总面积 $F=q/v=0.50/12m^2=0.04m^2$。

选用直径为 $DN60$ 的立管，每根断面 $A=0.00283m^2$，则所需立管的总数为 $0.04/0.00283=14.13$ 根，取 15 根。

核算立管的实际流速为

$$v=0.50/(15\times0.00283)m/s=11.78m/s(\text{符合要求})$$

产沼气量按 8 倍的泥量计算，则：

$$V=502.51\times8m^3/d=4020m^3/d$$

11. 沼气柜设计计算

储气柜内部的体积应按需要的最大调节容量决定，无资料可按平均日产量的 25% ~ 40%，即 6 ~ 10h 的平均产气量计算。采用的储气柜为低压浮盖式湿式储气柜，浮动罩直径与高度之比一般为 1.5:1。

沼气系统的压力一般为 1176 ~ 1960Pa，本系统采用 1960Pa。

储气柜的容积 $V=4020\times30\%\ m^3=1206m^3$，采用单极温式储气柜 2 个，则 $V_0=603m^3$。设 $D=12m$，$H=8m$，则：

$$V=\frac{\pi D^2}{4}h=\frac{\pi\times12^2\times8}{4}m^3=904m^3>603m^3$$

储气柜上加 1 个球冠 $R=6m$，容积忽略不计。

12. 其他构筑物的计算

（1）回流污泥泵房　取回流比 $R=0.5$，设 2 台回流污泥泵，则污泥量为

$$Q_0=\frac{1842\times0.5}{2}L/s=460.5L/s$$

选用螺旋污泥泵的型号为 LXB900，功率 11kW，据此计算泵房的大小。

（2）鼓风机房　鼓风机房主要提供曝气沉砂池和曝气池曝气所需的空气。鼓风机房的设计计算是根据空气量和空气压力确定鼓风机的大小，然后据鼓风机的大小确定鼓风机房的大小，同时也得考虑噪声的影响。鼓风机选用 L_G 型罗茨鼓风机 L_G80 共 4 台，空气量为 $80m^3/min$，风压为 60kPa；配电动机 JS-114-4，功率为 115kW，其中 1 台备用。鼓风机和电动机运行时需要冷却，设冷水泵 2 台（1 台备用），冷却塔 1 座（冷却循环水使用）。

（3）污泥投配池　污泥投配池用来贮存初沉池的生污泥和浓缩池浓缩后的剩余活性污

泥。来自初沉池的污泥量为 520m³/d，来自浓缩池的污泥量为 200m³/d，总污泥量为 720m³/d。设计中采用2个投配池，污泥停留时间18h，池子尺寸为 25m×20m，池高 7m，底部为斗形，每池中间做成斗形。投配池后有 D_g150 的进泥管，侧壁引入一根 D_g200 的生污泥管。

（4）污泥控制室　污泥控制室是消化池的控制中心，它的主要作用包括新鲜污泥的投配、消化池内的污泥循环搅拌、消化污泥的加热、消化池运行情况的监测和控制。因此，污泥控制室的大小根据污泥投配泵和污泥加热设备的大小来确定，具体参数根据有关的规定和经验选取。

设计污泥控制室为半地下式框架结构，分为三层：地下部分为泵工作间，设有污泥加热循环泵、新鲜污泥投配泵以及排污泵；地面一层为电气仪表、设备控制室；地面二层为热交换间。新鲜污泥的投配可按两种方式运行：一种为直接投配，即新鲜污泥由污泥投配池抽出，不经预热，经过泵的提升后，直接进入消化池；另一种是经过预热后投配，即新鲜污泥由投配池抽出后由旁通管与循环污泥混合进入热交换口，经热交换器预热以后再投入消化池。

（5）污泥脱水机房　污泥脱水机房包括机械间、药剂贮存间、值班控制室。机械间包括脱水机、带式输送机、泥浆泵、污泥搅拌机、储泥罐等。药剂贮存间存污泥脱水前预处理所需要的药剂。污泥脱水设备采用 763-D 型带式压滤机。污泥运输设备采用 TD-75 型带式运输机 1 台，带宽 800mm。轴压型带式压滤机性能参数见表 5-14。

表 5-14　轴压型带式压滤机性能参数

进水含水率(%)	聚合物用量污泥(%)	产污能力/[kg 干污泥/(m·h)]	泥饼含水率(%)
97	0.3	250	75

采用2台带式压滤机，每台处理污泥量为 $Q=720/2\text{m}^3\text{d}=360\text{m}^3/\text{d}=15\text{m}^3/\text{h}$。

其他的辅助设施根据有关的资料设计计算。

（6）厂内给水排水以及道路　厂内生产以及生活用水由市区给水管网引入 $D=600$mm 给水总管，分别接到各构筑物内，进水总管设水表1个。厂内实行雨、污水完全分流制，厂内污水经泵提升后进入格栅前的进水闸井内，与城市污水一同处理；雨水不经处理，直接排至厂外。厂内道路完全成环状，主干道宽 12m，次干道宽 7m，采用沥青混凝土。

13. 污水处理厂高程计算

污水处理厂的水流常依靠重力流动，以减少运行费用。为此，必须精确计算其水头损失（初步设计或扩初设计时，精度要求可较低）。水头损失包括：水流通过各处理构筑物的水头损失，包括从进池到出池的所有水头损失在内；水流通过连接前后两构筑物的管渠（包括配水设备）的水头损失，包括沿程与局部水头损失；水流流过量水设备的水头损失。

选择一条距离最长、水头损失最大的流程进行水力计算，并适当留有余地，使实际运行时能有一定的灵活性。以近期最大流量（或泵的最大出水量）作为构筑物和管渠的设计流量，计算水头损失。

设计处理后的污水排入河流水位远低于水厂的地面高程，而且洪水位时也不会发生倒灌。考虑构筑物的挖土深度不宜过大，综合各方面条件，以曝气池埋深作为起点，推算各水面标高。

(1) 污水处理部分高程计算

河边水位：68.00m

跌水位：3.28m

跌水井水位：71.28m

出水厂管总损失：$0.00137 \times 256 \times (1+0.3)$m = 0.46m

计量堰下游水位：71.73m

计量堰堰上水头：0.24m

自由跌水：0.10m

合计：0.34m

计量堰上游水位：72.07m

接触池出水管总损失：$0.000991 \times 12.5 \times (1+0.3)$m = 0.016m

接触池出水口的损失：0.20m

合计：0.216m

接触池的水位：72.28m

接触池进水口的损失：0.106m

合计：0.10m

混合池的水位：72.386m

混合池进水口损失：0.15m

混合池入水管总损失：$0.00092 \times 140 \times (1+0.3)$m = 0.17m

1号集配水井外井出水口的损失：0.20m

合计：0.52m

1号集配水井水位：72.906m

1号集配水井外井进水口的损失：0.10m

二沉池出水总渠的损失：0.00163×14m = 0.02m

合计：0.12m

二沉池出水总渠起端水位与其集水槽出口水位相同，其水位73.026m

二沉池集水槽堰上水头：0.30m

自由跌水：0.15m

合计：0.45m

二沉池水位：73.476m

二沉池进水头部的损失：0.15m

二沉池进水管总损失：$0.00251 \times 30.5 \times (1+0.3)$m = 0.10m

1号集配水井内井进口损失：0.10m

合计：0.35m

1号集配水井内井水位：73.826m

1号集配水井内井进口损失：0.10m

总损失：$0.00092 \times 48 \times (1+0.3)$m = 0.06m

合计：0.16m

曝气池集水槽水位：73.986m

曝气池集水槽堰上水头：0.30m

自由跌水：0.15m

合计：0.45m

曝气池水位：74.436m

曝气池进水口损失：0.15m

合计：0.15m

曝气池配水口水位：74.586m

曝气池入流管总损失：0.00117 ×46 ×(1 +0.3)m =0.07m

2 号集配水井出口损失：0.10m

合计：0.17m

2 号集配水井外井水位：74.756m

2 号集配水井外井井口损失：0.10m

初沉池出水总渠损失：0.00095 ×5m =0.005m，取 0.01m

合计：0.11m

出水总渠起端与初沉池集水槽出口水位相同，其水位 74.866m

初沉池集水槽堰上水头：0.30m

自由跌水：0.15m

合计：0.45m

初沉池水位：75.316m

初沉池进水头部损失：0.15m

初沉池入流管总损失：0.00234 ×21.5 ×(1 +0.3)m =0.07m

2 号集配水井内井出水口损失：0.10m

合计：0.32m

2 号集配水井内井水位：75.636m

2 号集配水井内井进水口损失：0.10m

2 号集配水井内井入流管总损失：0.00092 ×82 ×(1 +0.3)m =0.10m

合计：0.20m

曝气沉砂池的出水堰水位：75.836m

曝气沉砂池出水堰的堰上水头：0.30m

自由跌水：0.15m

合计：0.45m

曝气沉砂池水位：76.286m

曝气沉砂池配水口损失：0.20m

合计：0.20m

曝气沉砂池配水口水位：76.486m

(2) 污泥处理部分高程计算　污泥处理部分的高程计算从初沉池开始。初沉池排出的污泥的含水率为 97%。初沉池至贮泥池的管道用铸铁管，长 310m，管径 300mm。污泥在管内呈重力流，流速为 1.5m/s，按下式求得水头总损失为

$$h_f = 2.49 \times \left(\frac{310}{0.3^{1.17}}\right) \times \left(\frac{1.5}{71}\right)^{1.85} \times (1+0.3)\,\mathrm{m} = 3.3\mathrm{m}$$

根据处理构筑物结构尺寸和埋深可确定泥区构筑物的高程：

贮泥池水位 72.01m，浓缩池水位 75.63m，一级消化池水位 78.56m，二级消化池水位，77.56m。

5.6 处理成本计算

5.6.1 水厂工程造价

1. 计算依据

估算指标采用于1989年1月1日试运行的原城乡建设环境保护部文件建标［88］182号《关于发布试行〈城市基础设施工程投资概算指标〉的通知》中审查批准的由原城乡建设环境保护部城市建设管理局组织制定的《城市基础设施工程投资估算指标》（排水工程）。

2. 单项构筑物工程造价计算

（1）第一部分费用　第一部分费用包括建筑工程费，设备、器材、工具等购置费，安装工程费。可查有关排水工程投资估算、概算指标确定。

污水处理厂的日处理水量：$1842\times3.6\times24\mathrm{m^3/d}=159200\mathrm{m^3/d}$。

计算各单项构筑物工程造价见表5-15。

表5-15　主要构筑物投资

序号	名称	投资计算/万元	序号	名称	投资计算/万元
1	总平面	$144000\times8000/100/10^4=1152$	13	贮气柜	$17.89\times159200/10^4=284.81$
2	污水泵	$6000\times1842/10^4=1105.2$	14	锅炉房	$24.10\times159200/10^4=383.67$
3	曝气沉砂池	$8.88\times159200/10^4=141.37$	15	综合楼及控制室	$20.24\times159200/10^4=322.22$
4	初沉池	$57.36\times159200/10^4=913.17$	16	办公及实验楼	$20.24\times159200/10^4=322.22$
5	曝气池	$137.52\times159200/10^4=2189.32$	17	脱水机房	$6.16\times159200/10^4=98.07$
6	二沉池	$105.92\times159200/10^4=1686.25$	18	投剂室	$11.40\times159200/10^4=181.49$
7	污泥泵房	$61.12\times159200/10^4=973.03$	19	机修间	$16.64\times159200/10^4=264.91$
8	鼓风机房	$43.68\times159200/10^4=695.39$	20	仓库	$17.89\times159200/10^4=284.81$
9	污泥浓缩池	$17.96\times159200/10^4=285.92$	21	车库	$10.40\times159200/10^4=165.57$
10	储泥池	$5.64\times159200/10^4=89.79$	22	药剂库	$5.92\times159200/10^4=94.25$
11	消化池控制室	$10.40\times159200/10^4=165.57$	23	变电所、配电间	$24.10\times159200/10^4=383.67$
12	消化池	$48.08\times159200/10^4=765.43$	合计		12948.13

（2）第二部分费用　第二部分费用包括建设单位管理费、征地拆迁费、工程监理费、供电费、设计费、招投标管理费等。根据有关资料统计，按第一部分费用的50%计。

$$12948.13\times50\%\text{万元}=6474.07\text{万元}$$

（3）第三部分费用　第三部分费用包括工程预备费、价格因数预备费、建设期贷款利息、铺底流动资金。

工程预备费按第一部分费用的10%计，则：12948.13×10%万元=1294.81万元。

价格因数预备费按第一部分费用的5%计，则：12948.13×5%万元=647.41万元。

建设期贷款利息、铺底流动资金按20%计，则：12948.13×20%万元=2589.63万元。

第三部分费用合计：（1294.81+647.41+2589.63）万元=4531.85万元

（4）工程总投资合计

项目投资=第一部分费用+第二部分费用+第三部分费用

总投资：（12948.13+6474.07+4531.85）万元=23954.05万元。

5.6.2 污水处理成本计算

污水处理厂成本通常包括工资福利费、电费、药剂费、折旧费、检修维修费、行政管理费以及污泥综合利用收入等项费用，单位均为万元。

（1）动力费

$$E_1=\frac{8760Nd}{k}=\frac{8760\times(115\times4+80\times4+15\times4)\times0.30}{1.4}\text{元}=157.68\text{ 万元}$$

（2）药剂费

$$E_2=365\times10^{-6}Q(a_1b_1+a_2b_2)=365\times10^{-6}\times6631\times(1.5\times800+10\times600)\text{元}=1.743\text{ 万元}$$

式中 a_1——聚丙烯酰胺的质量浓度，$a_1=1.5\text{mg/L}$；

b_1——聚丙烯酰胺的价格，$b_1=800$ 元/t；

a_2——加氯量，$a_2=10\text{mg/L}$；

b_2——氯的价格，$b_2=600$ 元/t。

（3）工资福利费

$$E_3=AN'=10000\times200\text{ 元}=200\text{ 万元}$$

式中 A——职工每人每年的平均工资福利；

N'——劳动定员。

（4）折旧提成费

$$E_4=0.84SP_4=0.84\times23954.05\times4.6\%\text{ 万元}=925.58\text{ 万元}$$

（5）大修维护基金提成

$$E_5=0.84SP_5=0.84\times23954.05\times2.4\%\text{ 万元}=482.91\text{ 元}$$

（6）日程修理维护费

$$E_6=0.84SP_6=0.84\times23954.05\times1\%\text{ 万元}=201.21\text{ 万元}$$

（7）管理费、销售费和其他费用

$$\begin{aligned}E_7&=(E_1+E_2+E_3+E_4+E_5+E_6)P_7\\&=(157.68+1.743+200+925.58+482.91+201.21)\times15\%\text{ 万元}=295.52\text{万元}\end{aligned}$$

（8）综合成本

年处理成本：$\sum E=2264.49$ 万元。

年处理量：$\sum Q=365Q=\frac{5810.8}{1.4}$万 t=4150 万 t，式中 1.4 为总变化系数。

单位处理成本：$\frac{\sum E}{\sum Q}=0.55$ 元/m^3。

思考题与习题

1. 根据给定的污水处理资料，设计一个污水处理流程，包括各处理构筑物计算、构筑物剖面图、平面布置图、高程图。

（1）自然条件：

1）气候：亚热带海洋季风性季风气候，常年主导风向为东南风。

2）水文：最高潮水位 6.48m，高潮常水位 5.28m，低潮常水位 2.72m。

（2）城市污水排放现状：

1）污水水量：生活污水按人均生活污水排放量 300L/（人·d）；生产废水量按近期 1.5 万 m^3/d，远期 2.4 万 m^3/d；公用建筑废水量排放系数按近期 0.15，远期 0.20；处理厂处理系数按近期 0.80，远期 0.90 考虑。

2）污水水质：

① 生活污水水质指标为 COD_{Cr} 60g/(人·d)，BOD_5 30g/(人·d)。

② 工业污染源参照沿海开发区指标，拟定为 COD_{Cr} 300mg/L，BOD_5 170mg/L，氨氮根据经验确定为 30mg/L。

（3）污水处理厂建设规模与处理目标：

1）建设规模：该污水处理厂服务面积为 10.09km^2，近期（2020 年）规划人口为 6.0 万人，远期（2040 年）规划人口为 10.0 万人。处理水量近期 3.0 万 m^3/d，远期 6.0 万 m^3/d。

2）处理目标：根据该城镇环保规划，污水处理厂出水进入的水体水质按国家 3 类水体标准控制，同时执行国家关于污水排放的规范和标准，拟定出水水质指标为 $COD_{Cr} \leq 100mg/L$，$BOD_5 \leq 30mg/L$，$SS \leq 30mg/L$，$NH_3-N \leq 10mg/L$。

（4）建设原则：污水处理工程建设过程中应遵从下列原则：污水处理工艺技术方案，在达到治理要求的前提下应优先选择基建投资和运行费用少、运行管理简便的先进的工艺；所用污水、污泥处理技术和其他技术不仅要求先进，更要求成熟可靠；和污水处理厂配套的厂外工程应同时建设，以使污水处理厂尽快完全发挥效益；污水处理厂出水应尽可能回用，以缓解城市严重缺水问题；污泥及浮渣处理应尽量完善，消除二次污染；尽量减少工程占地。

2. 设计任务为某造纸厂生产废水的处理，设计处理量 2000t/d。

根据厂方提供的实验数据，进水水质数据和排放标准对比见表 5-16。

表 5-16　进水水质数据和排放标准对比　（单位：mg/L）

指标	COD_{Cr}	BOD_5	SS
进水水质	5417	3440	1500
排放标准	400	100	100

该项目废水有生产废水、锅炉冷却废水和生活污水，其中生产废水占绝大部分。

（1）生产废水：根据生产工艺分析，该项目为麦草爆破法制造瓦楞纸，工艺过程中不添加化学药剂，与化学法制浆造纸相比不存在难于处理的造纸黑液问题，其生产废水大部分可经处理后回用。但是在爆破法生产瓦楞纸的过程中仍有大量的废水产生，废水具有 COD_{Cr} 含量较高、SS 含量大、有机物质含量多的特点。生产废水主要来源于以下几方面：

1）制浆废水：在纤维成浆、洗浆筛选等制浆过程中产生含有固态物、有机物、COD_{Cr}、BOD 等高含量污染物质的废水，这部分废水由浓缩机过滤后直接排至污水站处理。

2）抄纸废水：由造纸机网部脱出的白水浑浊度较高，其中含有大量纤维等，这部分的白水经沉淀后可直接回用。

3）锅炉废水：该废水属锅炉蒸汽在爆破后的冷却水，几乎不含有杂质，锅炉冷却水量约为锅炉用水量的80%，此类冷却水可完全循环使用，只需补充少量损耗水即可。

（2）生活污水：生活污水主要有厨房废水、卫生间污水等，该公司每天总用水量约为2t，按生活污水排放系数为0.8计算，则每天需排放生活污水量为1.6m^3，其中主要污染物为有机物、氨氮、悬浮物等，但含量不高，该部分污水不排入本厂污水处理厂，而是和雨水一起由另一条管路外排。

设计工艺流程如图5-16所示。

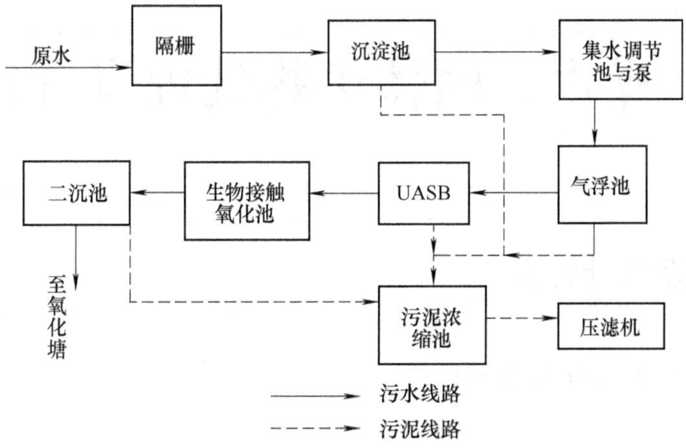

图5-16 设计工艺流程

6

第 6 章 废气、噪声、固体废物处理设计计算实例

6.1 废气处理设计计算

6.1.1 燃煤锅炉烟气处理设计计算

1. 概述

我国的主要大气污染物包括二氧化硫、烟尘、工业粉尘和氮氧化物。2011 年我国工业废气排放总量达到 47.52 万亿 m^3，是 2003 年的 1.38 倍。废气处理行业也是我国环保产业的支柱之一，市场规模从 2006 年的 185 亿元增长到 2011 年的 387 亿元，年均增长率达到 15.9%。煤炭燃烧时除产生大量的 SO_2 外，还生成少量的 SO_3。一般烟气中 SO_3 的质量浓度为 10 ~40g/L。由于烟气中含有水（4% ~12%），使生成的 SO_3 瞬间形成硫酸雾。当温度较低时，硫酸雾凝结成硫酸，附着在设备的内壁上，或溶解于洗涤液中，腐蚀吸收塔和其他有关设备。解决的办法主要有：采用耐腐蚀材料作吸收塔，如不锈钢、环氧树脂玻璃钢、硬聚氯乙烯、陶瓷等；设备内壁涂敷防腐材料，如水玻璃等；设备内衬橡胶等。含有烟尘的烟气高速穿过设备及管道，在吸收塔内同吸收液湍流搅动接触，致使设备严重磨损。另外，燃煤锅炉烟气由于煤炭的化学成分燃烧后产生大量微细尘埃及以硫为主要成分的气体，硫与空气中的水分起化学反应生成酸性水气，最后形成酸雨。

（1）设计依据及原则　严格按照 GB 13271—2014《锅炉大气污染物排放标准》中二类区标准、烟尘质量浓度排放标准、二氧化硫排放标准进行设计计算。

（2）锅炉房基本概况

锅炉型号：SZL4-13 型，共 4 台。

设计耗煤量：600kg/(h · 台)。

排烟温度：160℃。

烟气密度（标准状态下）：1.34kg/m^3。

空气过剩系数：$\alpha = 1.42$。

烟气在锅炉出口前阻力：800Pa。

当地大气压：97.86kPa。

冬季室外空气温度：－1℃。

空气含水（标准状态下）按0.01293kg/m^3计。

烟气其他性质按空气计算。

煤的工业分析值：$C^Y=68\%$，$H^Y=4\%$，$S^Y=1\%$，$O^Y=5\%$，$N^Y=1\%$，$W^Y=6\%$，$A^Y=15\%$，$V^Y=13\%$（煤中挥发分的含量）。

按GB 13271—2014《锅炉大气污染物排放标准》中二类区标准执行，烟尘质量浓度排放标准（标准状态下）为200mg/m^3，二氧化硫排放标准（标准状态下）为900mg/m^3，净化系统布置场地在锅炉房北侧15m以内。

（3）通风除尘系统的主要设计程序

1）燃煤锅炉排烟量及烟尘和二氧化硫质量浓度的计算。

2）净化系统设计方案的分析确定。

3）除尘器的比较和选择：确定除尘器类型、型号及规格，并确定其主要运行参数。

4）管网布置及计算：确定各装置的位置及管道布置，并计算各管道的管径、长度、烟囱高度和出口内径及系统总阻力。

5）风机及电动机的选择设计：根据净化系统所处理烟气量、烟气温度、系统总阻力等计算选择风机种类、型号及电动机的种类、型号和功率。

2. 烟气量、烟尘和二氧化硫浓度的计算

（1）标准状态下理论空气量　假定：

1）煤中固定氧可用于燃烧。

2）煤中硫主要被氧化为SO_2。

3）不考虑NO_x的生成。

4）煤中的N在燃烧时转化为N_2。

标准状态下理论空气量：

$$Q'_a=4.67(1.867C^Y+5.56H^Y+0.7S^Y-0.7O^Y) \tag{6-1}$$

式中，$C^Y=68\%$、$H^Y=4\%$、$S^Y=1\%$、$O^Y=5\%$分别为煤中各元素所占的质量分数，

结果为$Q'_a=6.84m^3/kg$。

（2）标准状态下理论烟气量　标准状态下理论烟气量：

$$Q'_s=1.867(C^Y+0.375S^Y)+11.2H^Y+1.24W^Y+0.016Q'_a+0.79Q'_a+0.8N^Y \tag{6-2}$$

式中　Q'_a——标准状态下理论空气量（m^3/kg）；

W^Y——煤中水分所占质量分数，$W^Y=6\%$；

N^Y——N元素在煤中所占质量分数，$N^Y=1\%$。

结果为$Q'_s=7.32m^3/kg$。

（3）标准状态下实际烟气量

$$Q_s=Q'_s+1.016(\alpha-1)Q'_a \tag{6-3}$$

式中　α——空气过量系数；

Q'_s——标准状态下理论烟气量（m^3/kg）；

Q'_a——标准状态下理论空气量（m^3/kg）。

结果为$Q_s=10.25m^3/kg$。

标准状态下烟气流量Q应以m^3/h计，因此：

$$Q = Q_s \times \text{设计耗煤量} \tag{6-4}$$

结果为 $Q = 6150m^3/h$。

(4) 标准状态下烟气含尘质量浓度

$$C = \frac{d_{sh} A^Y}{Q_s} \tag{6-5}$$

式中 d_{sh}——排烟中飞灰占煤中不可燃成分的质量分数，$d_{sh} = 16\%$；

A^Y——煤中不可燃成分的含量，$A^Y = 15\%$；

Q_s——标准状态下实际烟气量（m^3/kg）。

结果为 $C = 0.00234kg/m^3 = 2340mg/m^3$。

(5) 标准状态下烟气中二氧化硫质量浓度的计算

$$C_{SO_2} = \frac{2S^Y}{Q_s} \times 10^6 \tag{6-6}$$

式中 S^Y——煤中可燃硫的质量分数，$S^Y = 1\%$；

Q_s——标准状态下燃煤产生的实际烟气量（m^3/kg）。

结果为 $C_{SO_2} = 1951mg/m^3$。

3. 除尘器的选择

(1) 除尘器应该达到的除尘效率

$$\eta = 1 - \frac{C_s}{C} \tag{6-7}$$

式中 C——标准状态下烟气含尘质量浓度（mg/m^3）；

C_s——标准状态下锅炉烟尘排放标准中规定值（mg/m^3）。

结果为 $\eta = 91.45\%$。

(2) 除尘器的选择 工况下烟气流量：

$$Q' = \frac{QT'}{T} \tag{6-8}$$

式中 Q——标准状态下的烟气流量（m^3/h）；

T'——工况下烟气温度（K）；

T——标准状态下温度，273K。

结果为 $Q' = 9754m^3/h$。

根据工况下的烟气量、烟气温度及要求达到的除尘效率确定除尘器：选择 XLD-4 型多管式旋风除尘器，产品性能规格见表 6-1，除尘器外形结构尺寸见表 6-2、图 6-1。

表 6-1 除尘器产品性能规格

型号	配套锅炉容量/(t/h)	处理烟气量/(m^3/h)	除尘效率(%)	设备阻力/Pa	分割粒径 $d/\mu m$	质量/kg
XLD-4	4	12000	92~95	932~1128	3.06~3.3	2369

表 6-2 除尘器外形结构尺寸 （单位：mm）

A	B	C	D	E	F	G	H	M	N
1400	1400	300	50	350	1000	2985	4460	700	4235

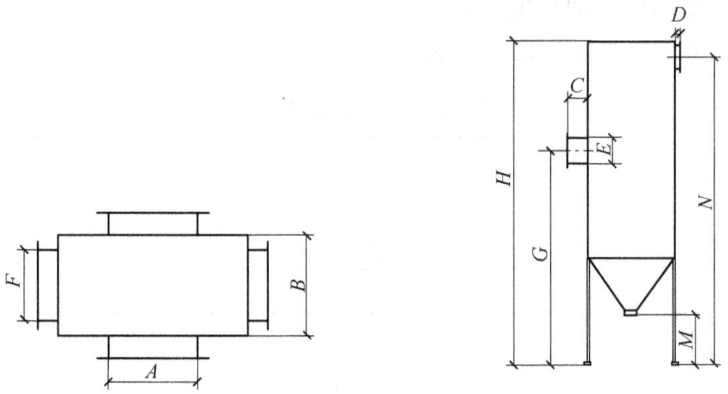

图 6-1　除尘器外形结构尺寸

4. 确定除尘器、风机和烟囱的位置及管道的布置

(1) 各装置及管道布置的原则　根据锅炉运行情况及锅炉现场的实际情况确定各装置的位置。一旦确定各装置的位置，管道的布置也就基本可以确定了。对各装置及管道的布置应力求简单、紧凑、管路短、占地面积小，并使安装、操作和检修方便。

(2) 管径的确定　管道直径：

$$d=\sqrt{\frac{4Q'}{\pi v}} \tag{6-9}$$

式中　Q'——工况下管道内烟气流量（m^3/s）；

v——烟气流速（m/s），对于锅炉烟尘 $v=10\sim15m/s$，取 $v=14m/s$。

结果为 $d=0.496m$。

圆整并选取风道（表6-3）：

表 6-3　风道直径规格　（单位：mm）

外径 D	钢制板风管	
	外径允许偏差	壁厚
500	±1	0.75

内径：$d=(500-2\times0.75)\ mm=498.5mm$。

由式（6-9）可计算出实际烟气流速：$v=13.9m/s$。

5. 烟囱的设计

(1) 烟囱高度的确定　首先确定共用一个烟囱的所有锅炉的总的蒸发量（t/h），然后根据 GB 13271—2014《锅炉大气污染物排放标准》中的规定（见表6-4）确定烟囱的高度。

表 6-4　锅炉烟囱的高度

锅炉总额定出力/(t/h)	<1	1~2	2~4	4~10	10~20	20~40
烟囱最低高度/m	20	25	30	35	40	45

锅炉总额定出力：$4\times4t/h=16t/h$，故选定烟囱高度 $H=40m$。

(2) 烟囱直径的计算　烟囱出口内径可按下式计算：

$$d=0.0188\sqrt{\frac{Q}{\omega}} \tag{6-10}$$

式中 Q——通过烟囱的总烟气量（m^3/h）；

ω——按表6-5选取的烟囱出口烟气流速（m/s）。

表6-5 烟囱出口烟气流速 （单位：m/s）

通风方式	运行情况	
	全负荷时	最小负荷时
机械通风	10～20	4～5
自然通风	6～10	2.5～3

选定 $\omega=4m/s$。

结果为 $d=1.83m$，圆整取 $d=1.8m$。

烟囱底部直径：

$$d_1=d_2+2iH \tag{6-11}$$

式中 d_2——烟囱出口直径（m）；

H——烟囱高度（m）；

i——烟囱锥度（通常取 $i=0.02\sim0.03$，取 $i=0.02$）。

结果为 $d_1=3.5m$。

（3）烟囱的抽力

$$S_y=0.0342H\left(\frac{1}{273+t_k}-\frac{1}{273+t_p}\right)B \tag{6-12}$$

式中 H——烟囱高度（m）；

t_k——外界空气温度（℃）；

t_p——烟囱内烟气平均温度（℃）；

B——当地大气压（Pa）。

结果为 $S_y=183Pa$。

6. 系统阻力计算

（1）圆管摩擦阻力损失

$$\Delta p_L=\lambda\frac{L}{d}\cdot\frac{\rho v^2}{2} \tag{6-13}$$

式中 λ——摩擦阻力系数（实际中对金属管道可取0.02，对砖砌或混凝土管道可取0.04）；

d——管道直径（m）；

ρ——烟气密度（g/m^3）；

v——管中气流平均速率（m/s）；

L——管道长度（m）。

对于直径500mm圆管：$L=9.5m$。

$$\rho=\rho_n\frac{273}{273+160}=1.34\times\frac{273}{433}kg/m^3=0.84kg/m^3 \tag{6-14}$$

结果为：$\Delta p_L=30.4Pa$。

（2）局部压力损失

$$\Delta p = \xi \frac{\rho v^2}{2} \tag{6-15}$$

式中　ξ——异形管件的局部阻力系数；

v——与 ξ 相对应的断面平均气流速率（m/s）；

ρ——烟气密度（kg/m^3）。

$\alpha \leqslant 45°$ 时，$\xi = 0.1$，取 $\alpha = 45°$，$v = 13.8m/s$，结果为 $\Delta p = 8.0Pa$，$L_1 = 0.05m \times \tan 67.5° = 0.12m$。

图 6-2 中 L_1 为渐缩管，L_2 为 30°Z 形弯头

$$h = (2.985 - 2.39)m = 0.595m \approx 0.6m$$

$$h/D = 0.6/0.5 = 1.2$$

取 $\xi' = 0.157$。

$$\xi = \xi_{Re}\xi' = 0.157(\xi_{Re} = 1.0)$$

结果为 $\Delta p = 12.6Pa$。

L_3 为渐扩管。

$$\frac{A_2}{A_1} = \frac{\frac{\pi}{4} \times 1^2}{\frac{\pi}{4} \times 0.5^2} = 4$$

$$L_3 = \frac{1 - 0.5}{2}\tan 15° m = 0.067m$$

图 6-3 中 a 为渐缩管。$\alpha \leqslant 45°$ 时，$\xi = 0.1$，取 $\alpha = 30°$，$v = 13.8m/s$，结果为 $\Delta p = 8.0Pa$。b、c 均为 90°弯头，$D = 500mm$，$\xi = 0.23$，结果为 $\Delta p = 18.4Pa$。

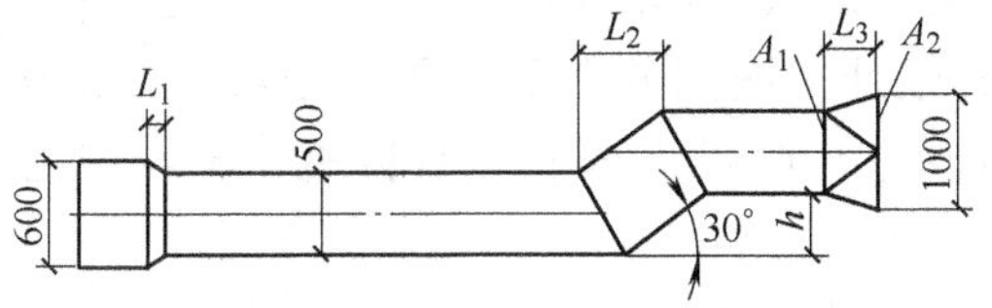

图 6-2　除尘器入口前管道示意图

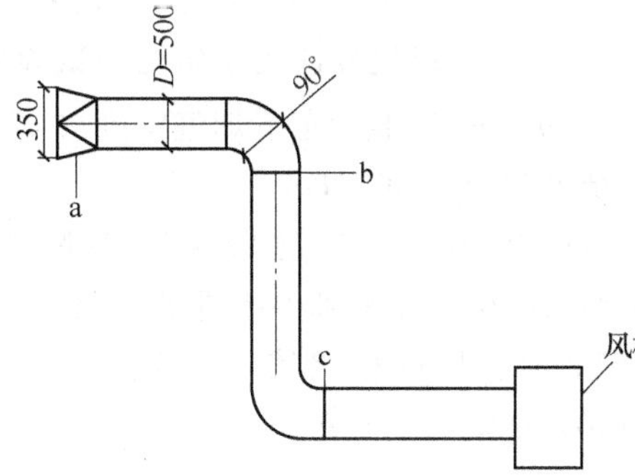

图 6-3　除尘器出口至风机入口段管道示意图

两个弯头，$\Delta p' = 2\Delta p = 2 \times 18.4Pa = 36.8Pa$。

对于如图 6-4 中所示 T 形三通管，$\xi = 0.55$，$\Delta p = 44Pa$。

$$\sum \Delta p = (30.4 + 8 + 12.6 + 8 + 36.8 + 44 + 800 + 950)Pa = 1889.8Pa$$

其中锅炉出口前阻力为 800Pa，除尘器阻力 950Pa。

7. 风机和电动机的选择及计算

（1）标准状态下风机风量计算

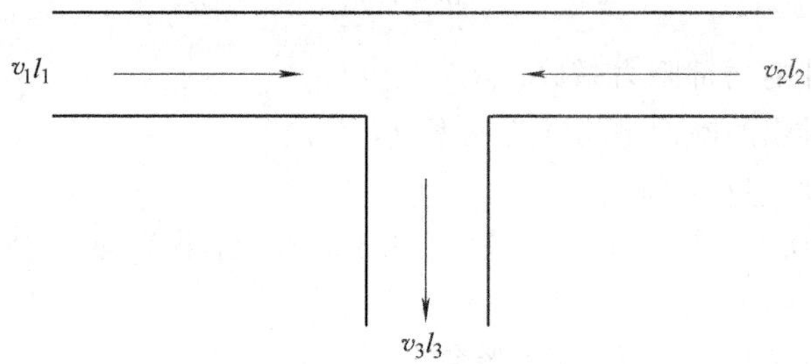

图 6-4 T 形三通管示意图

$$Q_y = 1.1Q \cdot \frac{273 + t_p}{273} \cdot \frac{101.325}{B} \tag{6-16}$$

式中 1.1——风量备用系数；

Q——标准状态下风机前风量（m^3/h）；

t_p——风机前烟气温度，若管道不太长，可以近似取锅炉排烟温度（℃）；

B——当地大气压（kPa）。

结果为 $Q_y = 11109.8m^3/h$。

（2）风机风压计算

$$H_y = 1.2(\sum \Delta p - S_y)\frac{273 + t_p}{273 + t_y} \cdot \frac{101.325}{B} \cdot \frac{1.293}{\rho_y} \tag{6-17}$$

式中 1.2——风机备用系数；

$\sum \Delta p$——系统总局部压力损失（Pa）；

S_y——烟囱抽力（Pa）；

t_p——风机前烟气温度（℃）；

t_y——风机性能表中给出的试验用气体温度，通常为 20℃；

ρ_y——标准状态下烟气密度（kg/m^3）。

结果为 $H_y = 3024Pa$。

根据 H_y 和 Q_y，选定 Y5-47 Ⅱ 型 No. 7c 的引风机，Y5-47 Ⅱ 型 No. 7c 的引风机是在原 Y5-47 Ⅱ 型引风机性能基础上改进的产品，该引风机最佳工况点的全压内效率为 85.6%，与原 Y5-47 Ⅱ 型引风机相比较，由于进行了一系列改进，使噪声值有显著降低，噪声指标为 12.5dB，性能见表 6-6。

表 6-6 引风机性能

机号传动方式	转速/(r/min)	流量/(m^3/h)	全压/Pa	内效率(%)	内功率/kW	所需功率/kW
C 式	2320	11663	3030	79	12.42	17.00

（3）电动机功率计算

$$Ne = \frac{Q_y H_y \beta}{3600 \times 1000 \eta_1 \eta_2} \tag{6-18}$$

式中 Q_y——风机风量（m^3/h）；

H_y——风机风压（Pa）；

η_1——风机在全压头时的效率（一般风机为0.6，高效风机约为0.9）；

η_2——机械传动效率，当风机与电动机直联传动时 $\eta_2=1$，用联轴器连接时 $\eta_2=0.95\sim0.98$，用V带传动时 $\eta_2=0.95$；

β——电动机备用系数，对引风机，$\beta=1.3$。

取 $\eta_1=0.75$，$\eta_2=0.95$，$\beta=1.3$，结果为 $Ne=16.9\text{kW}$。

根据电动机的功率、风机的转速、传动方式选定Y180M-2型电动机。

8. 通风除尘系统布置图

锅炉烟气除尘系统布置图如图6-5和图6-6所示。

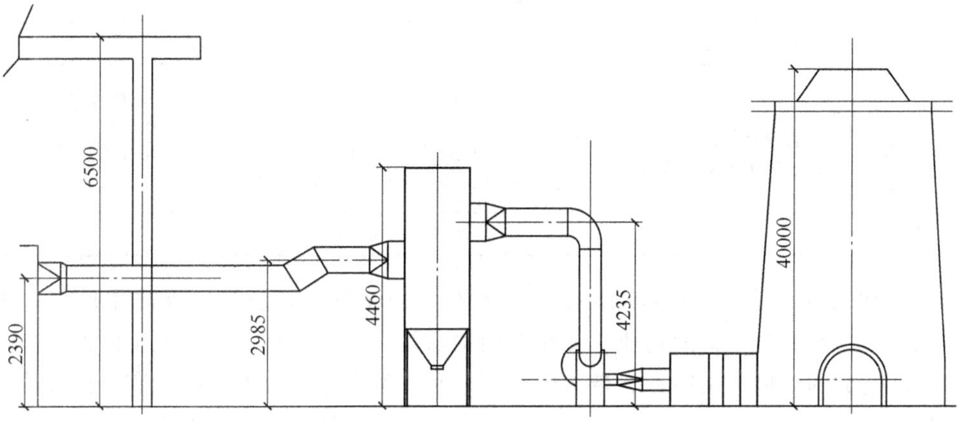

图6-5 锅炉烟气除尘系统立面图

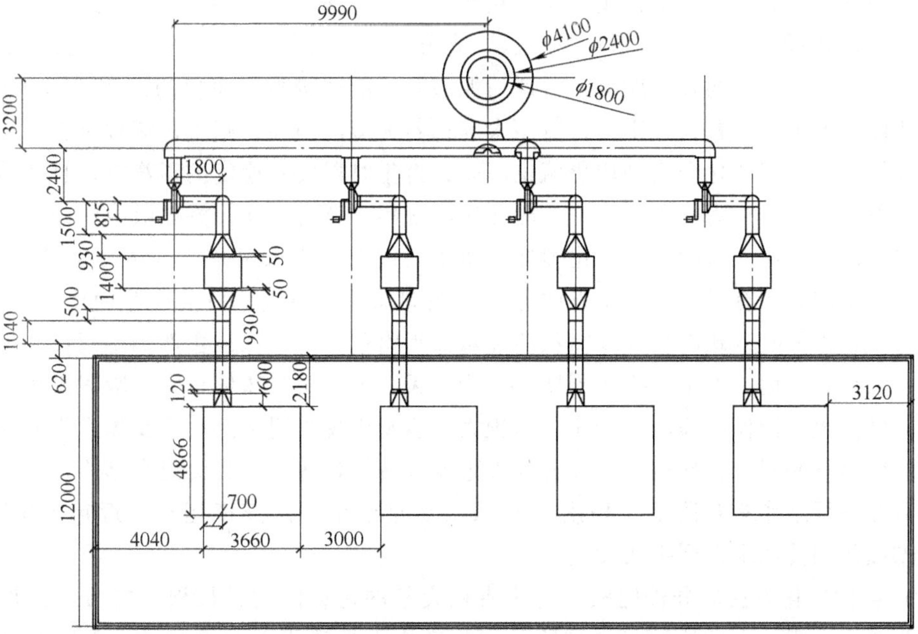

图6-6 锅炉烟气除尘系统平面布置图

6.1.2 车间有机废气处理设计计算

1. 概述

（1）有机废气的来源　有机废气主要来源于石油和化工行业生产过程中排放的废气，特点是数量较大，有机物含量波动性大、可燃、有一定毒性，有的还有恶臭，而氯氟烃的排放还会引起臭氧层的破坏。石油和化工工厂及石化产品的存储设施，印刷及其他与石油和化工有关的行业，使用石油、石油化工产品的场合和燃烧设备，以石油产品为燃料的各种交通工具都是有机废气的源头。有机废气的来源和污染途径见表6-7。

表6-7　有机废气的来源和污染途径

类别	污染源	污染途径
固定源	石油炼制、储存，印刷，油漆，化工行业的有机原料及合成材料，农药、染料、涂料等化工产品，炼焦、固定燃烧装置	石油炼制过程、化工产品生产工艺中泄漏、存储设施中蒸发，废水有机物的蒸发，油墨、涂料中有机物蒸发，消毒剂、农药、染料等加工过程中有机物的蒸发，垃圾焚烧炉中不完全燃烧，饮食业煎、炸、烤类食物
流动源	汽车、轮船、飞机	曲轴箱漏气、尾气排放

（2）有机废气治理技术现状及进展　随着科学技术的飞速发展，商品生产给人类物质文明增色添彩，然而与丰富的物质享受相伴而生的是人类生态环境在遭受不断的威胁。有机废气排放所造成的环境污染问题，带给生态环境和人类身体健康严重的危害，因而成为人们关注的焦点。有机废气的种类多种多样，所以采用的治理技术也要根据废气的性质而定。目前有机废气治理的方法主要有两类，一是回收法，二是消除法。回收法主要有活性炭吸附、变压吸附、吸收法、冷凝法及膜分离技术，是通过物理方法改变温度、压力或采用选择性吸附剂和选择性渗透膜等方法来富集分离有机废气。有机废气消除法可分为物理-化学法和生物法两类。物理-化学法主要包括热破坏法、光分解法、臭氧分解法等；生物法包括生物过滤器、生物冲刷塔、生物膜反应器、活性污泥法等。活性炭吸附净化的效率可达95%以上，但需要活性炭的再生装置，否则运行费用太高；若无蒸汽回收，则工艺流程过长，操作费用高，回收的水和溶剂的化合物利用价值也不高，再生时需要有稳定的蒸汽源，且活性炭经反复吸附脱附后吸附的能力逐渐降低，一般使用两三年后就需更换。液体吸收法净化的效率在60%~80%，且存在二次污染。催化燃烧法净化的效率可达95%以上，但适合处理高浓度、小风量且温度较高的有机气体，所以此方法消耗的能源量较大。目前广泛使用的是吸附-催化燃烧法，它主要是以颗粒状或蜂窝状活性炭为吸附剂，为了保证生产的连续性，一般设置两个吸附床交替使用。由于切换的周期至少为一天，因此吸附床体积大，吸附剂用量多，设备笨重，投资大，操作麻烦，由于床层体积大，容易出现吸附热的局部积累而引起燃烧爆炸等现象。针对这些问题，现有新型装置的吸附器采用一种多单元分流组合结构，并以新型材料——活性炭纤维作为吸附剂，采用PLC来实现整个系统的连续运行。近年来生物氧化、半导体光催化剂技术也得到很快发展。

（3）各种净化方法的分析比较　解决有机废气的污染问题，最根本的方法是加强管理和工艺改革。由于技术的原因，在现阶段的生产中大量使用无害涂料、无害溶剂是不可能的，非甲烷总烃溶剂的使用量仍然很大，所以必须解决有机废气问题。目前国内外采用的三种净化方法分析比较见表6-8。

表6-8　国内外有机废气常用处理方法的优缺点比较

净化类别	优点	缺点
活性炭吸附法	1. 可处理大风量、低浓度的有机废气 2. 可回收溶剂 3. 不需要加热 4. 净化效率高，运转费用低	1. 净化废气前，需要进行预处理 2. 仅限于低含量废气 3. 设备庞大
催化燃烧法	1. 设备简单、投资少、操作方便，占地面积小 2. 热量可以循环利用 3. 有利于净化高含量废气	1. 催化剂成本高 2. 要考虑催化剂中毒和表面异物附着，易失效
液体吸收法	1. 操作流程简单，吸附价格便宜 2. 净化气体不需要预处理 3. 建造快、占地小	1. 后处理量大、费用高 2. 对溶剂成分处理量大

2. 设计参数及目标

（1）主要技术参数　设计范围为有机废气；处理风量为6000m³/h；废气温度为25℃；净化率为90%；排放高度为15m；排放标准为达到GB 16297—1996《大气污染物综合排放标准》中二级标准；运行功率为5.5kW。

（2）设计目标

1）严格执行国家有关环境保护的各项规定，确保各项污染指标达到国家及地区有关污染物排放标准。

2）经处理后的废气，将不会产生二次污染。

3）处理工艺运行安全可靠，处理效果好，维护简单方便。

4）低耗能、低运行费用、基建投资少、维护管理方便。

5）工艺设计与设备选型能够在生产运行过程中有较大的调节余地。

（3）设计内容

1）项目概况。某公司从事泡沫塑料承托件的生产加工，年生产泡沫塑料5000t，其中可挥发性聚苯乙烯在加工过程中会产生大量有机废气（主要为非甲烷总烃），需设一套风量为6000m³/h的风机处理装置，对该车间产生的有机废气进行处理，以达到规定的排放标准——GB 16297—1996《大气污染物综合排放标准》表2中二级标准。

2）引用标准及设计规范等。GB 16297—1996《大气污染物综合排放标准》，GB 50316—2000《工业金属管道设计规范（2008年版）》，《环境保护设备选用手册》。

3. 设计计算

（1）集气罩的设计　集气罩是用以捕集污染气流的，其性能对净化系统的技术经济指标有直接影响。由于污染源设备结构和生产操作工艺的不同，集气罩的形式是多种多样的。按罩口气流流动方式可将集气罩分为两大类：吸气式集气罩和吹吸式集气罩。利用吸气气流捕集污染空气的集气罩称为吸气式集气罩，吹吸式集气罩则是利用吹吸气流来控制污染物扩散的装置。

由于受到工艺条件限制，一般产生有机废气的车间无法进行密闭，且喷气车间室内横向气流干扰较小，可采用外部集气罩的上部集气罩来收集污染气体，如图6-7所示。

（2）集气罩相关参数的确定

1）罩口速度 v_x。本设计中，污染源产生有机废气可按照轻矿物粉尘从轻微速度发散到平静的空气中参照，所以污染源的控制速度按中表 6-9 可取 0.5 ~ 1.0m/s，本设计选用 v_x = 0.8m/s。

表 6-9　污染源的控制速度

条件	罩口速度/(m/s)
扬尘速度极低，没有干扰气流，如烟尘从敞口容器外溢、液面蒸发、浸槽	0.25 ~ 0.5
扬尘低速飞散，无干扰气流，如喷漆、酸洗、焊接	0.5 ~ 1.0
扬尘较高速飞散，有较小干扰气流，如开炼机、密炼机、装袋、装桶、解包车	1.0 ~ 2.5
扬尘高速飞散，有干扰气流，如喷砂、粉磨机、砂轮机	2.5 ~ 10

2）罩口面积：

$A_0 = \frac{Q}{v_x} = \frac{6000}{3600 \times 0.8} m^2 = 2.08 m^2$，取面积为 $2.10 m^2$。

3）罩口直径（图 6-8）：

$$D = \sqrt{\frac{4A_0}{\pi}} = \sqrt{\frac{4 \times 2.10}{3.14}} m = 1.63 m$$

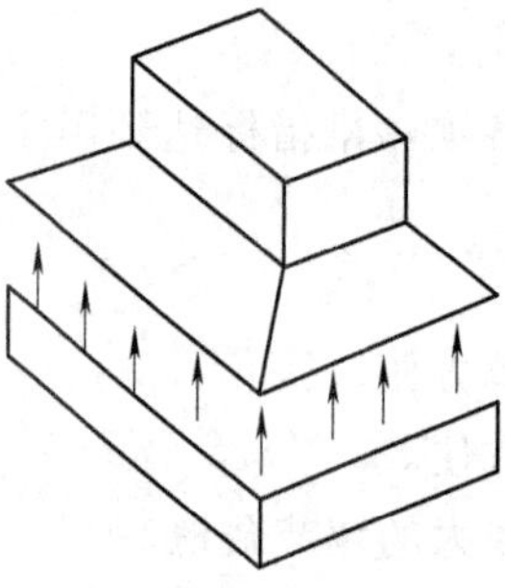

图 6-7　吸气式集气罩

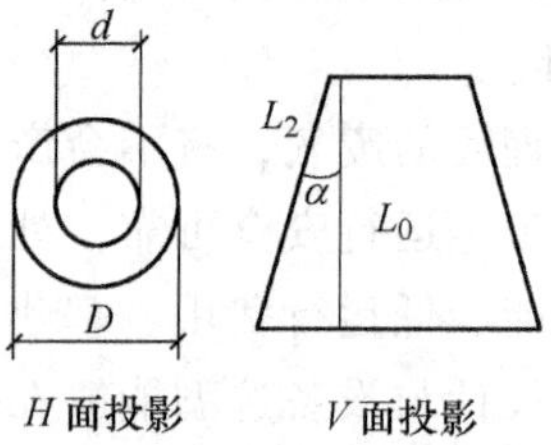

图 6-8　集气罩计算简图

4）喇叭口直径　$d = 0.5m$，以减少周围空气混入排风系统。

5）罩口敞开面周长：

$$L = \pi \sqrt{\frac{4A_0}{\pi}} = 3.14 \sqrt{\frac{4 \times 2.10}{3.14}} m = 5.11 m$$

6）罩口喇叭口长度：

$L_0 \leqslant 3d$，取 $L_0 = 1.5d = 1.5 \times 0.5 m = 0.75 m$。

7）罩的扩张角度：

$\alpha = 90° - \arctan \frac{2L_0}{D-d} = 90° - \arctan \frac{2 \times 0.75}{1.63 - 0.5} = 36.99° < 60°$，在允许范围内。

8）圆形工作台特征尺寸：$d_0 = 1.2m$（$d_0 < D$）。

9）工作台到地面高度：$H_0 = d_0 = 1.2m$。

$\frac{d}{d_0} = \frac{0.5}{1.2} = 0.42 > 0.2$，$1.2 < \frac{D}{d_0} = \frac{1.63}{1.2} = 1.36 < 2.0$，设计符合要求。

10）污染源到罩口高度：$H < 0.7d_0 = 0.7 \times 1.2m = 0.84m$，取 $H = 0.8m$。

(3) 管道布局设计 在净化系统中用以输送气流的管道称为风管，通过风管使系统的设备和部件连成一个整体。该段设计主要是根据集气罩的流量及净化设备的要求来完成必需的管道参数设计，主要包括管内流速的确定、管道直径的确定、管道内流体的压力损失的计算。本设计采用圆形风管来进行连接。

1) 管道内流体速度的确定。管道内流体的选择涉及技术和经济两方面的问题，因此，要使管道设计计算经济合理，必须选择合适的流速，使投资和运行费用的总和最小。一般排风系统风管内常用流速见表6-10。

表6-10 除尘管道内最低气流速度 (单位：m/s)

粉尘性质	垂直管	水平管	粉尘性质	垂直管	水平管
粉状的黏土和砂	11	13	铁和钢(屑)	18	20
耐火泥	14	17	灰土、砂土	16	18
重矿物粉尘	14	16	锯屑、刨屑	12	14
轻矿物粉尘	12	14	大块干木屑	14	15
干型砂	11	13	干粉尘	8	10
煤灰	10	12	燃料粉尘	14~16	16~18
湿土(2%水分以下)	15	18	大块湿木屑	18	20
铁和钢(尘末)	13	15	谷物粉尘	10	12
棉絮	8	10	麻(短纤维粉尘、杂质)	8	12
水泥粉尘	8~12	18~22			

2) 管道直径的确定。在已知流量和确定流速后，管道直径可按照下式计算：钢板制圆形风管，取风速12m/s，风管直径 $d=\sqrt{\frac{4Q}{\pi v}}=\sqrt{\frac{4\times6000}{3600\times3.14\times12}}\text{m}=0.42\text{m}$，取圆整为500mm，厚度为1mm。

风管横截面积：

$$f=\frac{1}{4}\pi d^2=\frac{1}{4}\times3.14\times0.5^2\text{m}^2=0.2\text{m}^2$$

则实际风管气速：

$$v=\frac{4Q}{\pi d^2}=\frac{4\times6000}{3600\times3.14\times0.5^2}\text{m/s}=8.49\text{m/s}$$

3) 管道内流体压力的损失。

① 摩擦阻力的计算。对于直径为 d 的圆形风管，摩擦阻力计算公式为

$$\Delta p_{\text{m}}=\frac{\lambda}{d}\cdot\frac{\rho v^2}{2}l \tag{6-19}$$

式中 λ——摩擦阻力系数；

v——风管内气体的平均流速（m/s）；

ρ——气体的密度（kg/m^3）；

l——风管的长度（m）。

管径 $d=0.5\text{m}$，摩擦系数 $\lambda=1.593$，$l=5\text{m}$，$\rho=1.147\text{kg/m}^3$，风管内气体的平均流速 $v=8.49\text{m/s}$。

$$\Delta p_{\mathrm{m}}=\frac{\lambda}{d}\cdot\frac{\rho v^2}{2}l=\frac{1.593}{0.5}\times\frac{1.147\times8.49^2}{2}\times5\mathrm{Pa}=658.51\mathrm{Pa}$$

② 局部阻力的计算　局部阻力系数取$\sum\varepsilon=2.5$。

$$\Delta p_{\mathrm{i}}=\sum\varepsilon\frac{\rho v^2}{2}=2.5\times\frac{1.147\times8.49^2}{2}\mathrm{Pa}=103.34\mathrm{Pa}$$

则管路总压力损失为$\Delta p_3=\Delta p_{\mathrm{m}}+\Delta p_{\mathrm{i}}=(658.51+103.34)\mathrm{Pa}=761.85\mathrm{Pa}$。

（4）风机和电动机的选择

1）风量计算。在确定管网风量的基础上，考虑到风管、设备的漏风，选用风机的风量应大于管网计算测定的风量，计算公式如下：

$$Q_0=K_QQ \tag{6-20}$$

式中　Q_0——选择风机的计算风量（$\mathrm{m^3/h}$）；

K_Q——风量附加安全系数，一般管道系统取1.0～1.1，吸收系统取1.1～1.5，且吸收器漏风另加5%～10%，本设计取$K_Q=1.1$。

$$Q_0=K_QQ=1.1\times6000\mathrm{m^3/h}=6600\mathrm{m^3/h}$$

2）风压计算。考虑到风机性能波动、管网阻力计算的不精确，选用的风机压力应大于管网计算所确定的风压，计算公式如下：

$$\Delta p_0=K_{\mathrm{p}}\Delta p=1.15\times761.85\mathrm{Pa}=876.13\mathrm{Pa}$$

式中　Δp_0——选择风机的计算风量（Pa）；

K_{p}——风压附加安全系数，一般管道系统取1.0～1.5，除尘系统取1.15～1.20，本设计取$K_p=1.15$。

风机样本上的性能参数是在标准状况（大气压力为1.013×105Pa，温度20℃）下得出的，在实际使用情况下不是标准态，风机的风压会变化，风量不变，因此选择风机时对参数进行换算：

$$\Delta p'=\Delta p\frac{\rho}{\rho_0}=\Delta p_0\frac{T_0p_0}{Tp}=876.13\times\frac{273\times101325}{293\times101325}\mathrm{Pa}=816.33\mathrm{Pa}$$

式中　$\Delta p'$——风机在实际工作状况下的风压（Pa）；

Δp——风机样本上的风压（Pa）；

ρ、T、p——风机在实际工况下的密度、温度和压力。

3）风机型号。在选择风机时应注意以下几个问题：

① 根据输送气体的性质，确定风机的类型。

② 根据所需风量、风压和选定的风机类型，确定风机的型号。

③ 在满足风量风压的条件下，尽可能选用噪声低、工作效率高的型号。

④ 通风机和风管系统的不合理连接可能使风机性能急剧变坏，因此，在连接时要使气体进出风机时尽可能地均匀一致，不能有方向和速度的突然变化。

4）电机型号。排风机选择为C4-73NO.45，具体性能参数如下：

风量为5800～10500$\mathrm{m^3/h}$；全压为2450～1421Pa；电动机型号为Y160M2-2；功率为15kW。

（5）活性炭吸附过程设计

1）吸附机理。吸附和脱附互为可逆过程。当用新鲜的吸附剂吸附气体中的吸附质时，由于吸附剂表面没有吸附质，因此也没有吸附质的脱附。但随着吸附的进行，吸附剂表面上的吸附质逐渐增多，也就出现了吸附质的脱附，且随着时间推移，脱附速度不断增大。但从宏观上看，同一时间内吸附质的吸附量仍大于脱附量，所以过程的总趋势仍为吸附。当同一时间内吸附质的吸附量与脱附量相等时，吸附和脱附达到动态平衡，此时称为达到吸附平衡。平衡时，吸附质在流体中的含量和吸附剂表面上的含量不再变化，从宏观上看，吸附过程停止。平衡时的吸附质在流体中的含量称为平衡含量，在吸附剂中的含量称为平衡吸附量。

吸附质与吸附剂长时间接触后，终将达到吸附平衡。吸附平衡量是吸附剂对吸附质的极限吸收量，也称为静吸附量分数或静活性分数，用 X_t 表示，无量纲。它是设计和生产中十分重要的参数。吸附平衡时，吸附质在气、固两相中的含量关系一般用吸附等温线表示。吸附等温线通常根据实验数据绘制，也常用各种经验公式来表示。

2）吸附量。吸附量是指在一定条件下单位质量的吸附剂上所能吸附的吸附质的量，通常以 kg 吸附质/kg 吸附剂或质量分数表示，它是吸附剂所具有吸附能力的标志。在工业上将吸附量称为吸附剂的活性。

吸附剂的活性有两种表示方法：

① 吸附剂的静活性。在一定条件下达到平衡时吸附剂的平衡吸附量即为其静活性，对一定的吸附体系，静活性只取决于吸附温度和吸附质的含量或分压。

② 吸附剂的动活性。在一定的操作条件下，将气体混合物通过吸附床层，吸附质被吸附，当吸附一段时间后，从吸附剂层流出的气体中开始发现吸附质（或其含量达到一定规定的允许值）时，认为床层失效，此时吸附剂吸附的吸附质的量称为吸附剂的动活性。动活性除与吸附剂和吸附质的特性有关外，还与温度、含量及操作条件有关。吸附剂的动活性值是吸附系统设计的主要依据。

3）吸附器的确定。对吸附器的基本要求：

① 具有足够的过气断面和停留时间。

② 良好的气流分布。

③ 预先除去入口气流中污染吸附剂的杂质。

④ 能够有效地控制和调节吸附操作温度。

⑤ 易于更换吸附剂。

吸附工艺根据吸附剂在吸附器上的工作状态，可将吸附器分为固定床、移动床和流化床过程。

综合工艺特点和经济技术可行性分析，本设计吸附器采用固定床吸附器，壳体为圆形，封头为椭圆形，其优点是流体阻力小，可以减少气体流经吸附床层的动力消耗。

设备基本运行参数如下：

处理风量：$6000m^3/h$。

材料：钢板，$\delta = 4mm$。

压降：小于或等于 1000Pa。

数量：两台并联，脱附吸附交替运行。

4）吸附塔计算。

① 空塔气速和横截面积的确定。空塔气速为气体通过吸附器整个横截面的气速。空塔气速的选择，不仅直接决定了吸附器的尺寸和压降的大小，而且还会影响吸附效率。气速很

小，则吸附器尺寸很大，不经济；气速过大，则压降增大，使吸附效率受到影响。通过实验确定最佳气速。吸附设计中不能追求过高的吸附效率而把空塔速度取值减小，那会使吸附床的体积、吸附剂用量和设备造价大为增高；反之也不宜取过大的空塔速度，那样设备费用虽低，但吸附效率降低很多，且体系压降会随着空塔速率的增大上升很快，造成动力消耗过大，因此应选取合适的空塔气速，适合气速一般为 0.25 ~ 0.5m/s，本设计取 0.38m/s。

② 吸附层计算。选择吸附器型号为 ACA-KHJ-70，具体参数如下：

处理风量 Q 为 7000m^3/h；吸附器直径为 1800mm；活性炭填充量 w 为 500kg/罐；电动机功率为 15kW，处理效率大于或等于 90%。

活性炭的堆积密度范围 $\rho = 200 \sim 600 kg/m^3$，设计取 $\rho = 300 kg/m^3$。

由于废气中空气所占的比例远远大于污染物所占的比例，因此，废气性质可以近似看做干空气的热物理性质，查《化工原理》（王志魁主编，第四版）附录 8 得以下数据：

流体密度 $\rho_f = 1.147 kg/m^3$，黏度 $\mu_f = 1.94 \times 10^{-5} Pa \cdot s$。

吸附的粒状活性炭性质：平均直径 $d_p = 0.003m$，固定床孔隙率 $\varepsilon = 0.5$。

a. 填料层高 h：

$$h = \frac{w}{\pi r^2 \rho} = \frac{500}{3.14 \times 0.9^2 \times 300} m = 0.65m$$

b. 吸附器总高度 H：

$H = 1.5h = 1.5 \times 0.65m = 0.975m$，取 1m。

c. 吸附剂的体积：

$$V = \pi r^2 h = 3.14 \times 0.9^2 \times 0.65m^3 = 1.66m^3$$

d. 床层压降：

$$\frac{\Delta p_1}{h} = 150 \frac{(1-\varepsilon)^2}{\varepsilon^3} \cdot \frac{\mu_f U}{d_p^2} + 1.75 \frac{1-\varepsilon}{\varepsilon^3} \cdot \frac{\rho_f U^2}{d_p} \tag{6-21}$$

根据活性炭的性能：

$$\frac{\Delta p_1}{0.65} = 150 \times \frac{(1-0.5)^2}{0.5^3} \times \frac{1.94 \times 10^{-5} \times 0.38}{0.003^2} Pa + 1.75 \times \frac{1-0.5}{0.5^3} \times \frac{1.147 \times 0.38^2}{0.003} Pa = 632.2Pa$$

$$\Delta p_1 = 0.65 \times 632.2Pa = 410.9Pa$$

（6）烟囱的设计

1）设计参数。烟囱出口速度 $v_0 = 20m/s$，烟囱的高度 $H = 15m$。

2）烟囱出口面积：

$$S = \frac{Q}{v_0} = \frac{6000}{3600 \times 20} m^2 = 0.083m^2$$

3）烟囱的内径：

$D = \sqrt{\frac{4S}{\pi}} = \sqrt{\frac{4 \times 0.083}{3.14}} m = 0.325m$，取 0.35m。

4. 工艺说明及流程简图

（1）工艺选择　处理工艺的选择，应根据气量的大小、净化要求、回收的可能性、设备建造和运转的经济性等条件全面考虑，实际工作中应特别注意与工艺密切配合，尽可能做到综合利用。

目前，国内外有机废气治理的常用方法有液体吸收法、活性炭吸附法及催化燃烧法。液体吸收法净化效率为60% ~80%，适合处理低含量、大风量的有机废气，但存在着二次污染；催化燃烧法净化效率为95%，适合处理高含量、小风量的有机废气，缺点是对处理对象要求苛刻，要求气体的温度较高，为提高废气的温度要消耗大量的燃料，所以运行费用很高；活性炭吸附法净化效率为99.2% ~99.3%，对于处理大风量、低含量的有机废气，国内外一致认为该法是最成熟和可靠的技术，但该工艺流程过长，操作费用高，另外需要稳定的蒸汽源。针对这些问题，结合本设计特点和具体要求，利用活性炭固定床吸附系统对工业有机废气进行净化，选用蜂窝状活性炭作为吸附剂。

（2）工艺流程 该处理工艺系统组合十分紧凑，集吸附-脱附于一体。本方案采用活性炭作为吸附剂对废气进行吸收处理，吸附床一般配置2台以上，轮换使用，当1台吸附床吸附的有机物达到规定的吸附量时，换到另1台吸附床进行吸附净化操作，净化后的气体通过排气管排入大气。同时对用过的吸附床进行脱附再生。脱附是在外加蒸汽的作用下通过加温进行的，其放出的废气通过风机送至吸附塔（图6-9）。

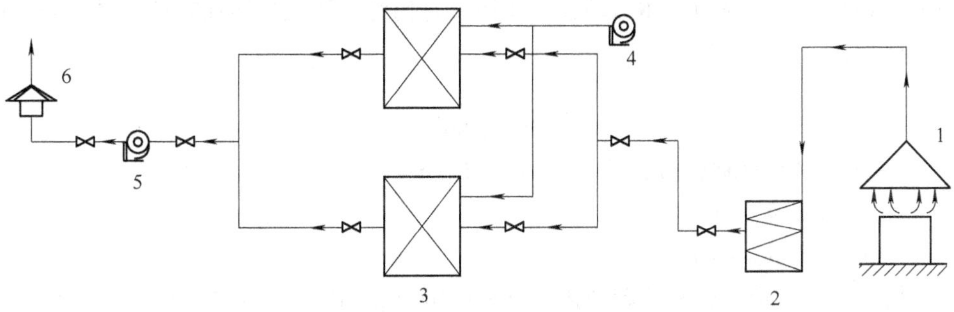

图6-9 有机废气活性炭吸附法处理工艺流程

1—集气罩 2—除雾过滤器 3—活性炭固定吸附床 4—提供蒸汽的风机 5—风机 6—排气罩

6.2 噪声处理设计计算

工业噪声主要是生产和各种工作过程中机械振动、摩擦、撞击及气流扰动而产生的声音。城市中各种工厂的生产运转及市政、建筑施工所造成的噪声振动，其影响虽然不及交通运输大，但局部地区的污染却比交通运输严重得多。我国对于工业噪声一向都比较重视，企业在进行环境影响评价时对于设备噪声也有严格的要求。

6.2.1 空压机房降噪系统设计

在工业噪声中比较突出的是空压机的噪声，其特点为：噪声声级高，低频突出，传播距离远，特别是某些噪声的频率与人体内脏器官的固有频率相接近，引起共振容易出现安全事故。空压机是一个多声源发声体，其噪声主要有进气噪声，驱动机、机体辐射噪声，排气噪声，管道辐射噪声等。因此，研究和治理空压机噪声十分必要。本设计以空压机房降噪为例，介绍空压机房降噪系统设计计算。

1. 概述

（1）空压机房基本信息 空压机房长12m，宽9m，高3m。车间内有两台型号为4L-

20/8 的空压机，机器沿车间长度靠一侧布置，机器相距 2m，工人操作点距声源的距离为 1.6～2.4m，房间壁面的平均吸声系数为 0.025，工人在车间工作时间每天不超过 2h。试采取有效措施对车间噪声进行设计控制，达到 GBZ 1—2010《工业企业设计卫生标准》的要求。

（2）空压机噪声控制说明　空压机是厂矿企业广泛采用的动力机械设备，它可以提供压力波动不大的稳定气流，具有转动平稳、效率高的特点，但空压机运转的噪声较大，一般在 90～110dB（A），而且呈低频特性，它严重危害周围环境，尤其在夜晚影响范围达数百米。因此，如何控制空压机噪声是工业噪声控制中常遇到的问题。

1）空压机噪声源分析。空压机按噪声原理可分为容积式和叶片式两类，容积式空压机又分往复式和回转式，一般使用最为广泛的是活塞式压缩机。空压机是个综合性噪声源，它的噪声主要由进、出口辐射的空气动力性噪声，机械运动部件产生的机械性噪声和驱动电动机噪声等部分组成。

① 进气和排气噪声。空压机的进气噪声是由于气流在进气管内的压力脉动形成的。进气噪声的基频与进气管内的气体脉动频率相同，它们与空压机的转速有关。进气噪声的基频可用下式计算：

$$f_i = \frac{nz}{60}i \tag{6-22}$$

式中　z——压缩机与气缸数目，单缸 $z=1$，双缸 $z=2$；

n——压缩机转速（r/min）；

i——谐波序号，$i=1, 2, 3, \cdots$。

空压机的转速较低，往复式转速为 480～900r/min，因此，进气噪声频谱呈典型的低频性能，它的谐波频率也不高。

空压机的排气噪声是由于气流在排气管内产生压力脉动所致。由于排气管与贮气罐相连，因此，排气噪声较进气噪声弱，所以空压机的空气动力噪声一般以进气噪声为主。

② 机械性噪声。空压机的机械性噪声，一般包括构件的撞击、摩擦，活塞的振动，阀门的冲击噪声等，这些噪声带有随机性，呈宽频特性。对这类噪声控制，在机械的设计、选材、加工工艺、平衡诸多方面就应加以考虑，这在实际应用中很重要。当然，也可以采用被动的噪声控制设施，如阻尼减振、隔声等。

③ 电磁噪声。空压机的电磁噪声是由电动机产生的，电动机噪声与空气动力性噪声和机械性噪声相比是比较弱的。但当一些空压机由柴油机驱动时，则柴油机就成为主要噪声源，柴油机噪声呈低中频特性。实验表明，同一种空压机，若由电动机驱动改为柴油机驱动，其噪声要高出 10dB（A）。

综上所述，空压机的噪声中进排气口动力性噪声最强，其次为机械性噪声和电磁噪声。

2）空压机噪声的控制方法。

① 进气口安装消声器。在整个空压机组中，进气口辐射的空气动力性噪声最强，在进气口安装消声器是解决这一噪声问题的最有效的手段。一般可将进气口引到车间外部，然后加装消声器。因为进气噪声呈低频特性，所以一般加装阻抗复合式消声器，如设计带插入管的多节扩张至微穿孔板复合式消声器。

② 空压机装隔声罩。在环境噪声标准要求较高的场合，对于空压机的噪声，如仅在进

气口安装消声器，往往不能满足降噪的要求，还必须对机壳及机械构件辐射的噪声采取措施，在整个机组加装隔声罩是控制这种噪声的有效措施。隔声罩的设计要保证其密闭性，以便获得良好的隔声效果。为了便于检修和拆装，隔声罩设计成可拆式，留检修门及观察窗，同时考虑机组的散热问题，在进出风口安装消声器。

③ 空压机管道的减振降噪。空压机的排气口至贮气罐的管道，由于受排气的压力脉动作用，会产生振动及辐射出噪声，它不仅会造成管道和支架的疲劳和破坏，还会影响周围操作人员的身心健康。为此，对管道可采用下列方法减振降噪。

a. 避开共振管长。当空压机的激发频率与管道内气柱系统的固有频率相吻合时，会引起共振，此时的管道长度称为共振管长。对于空压机的管道，它一端与空压机的气缸相连，另一端与贮气罐相通。由于贮气管的容积远远大于管道的容积，所以可将管道看成一端封闭，其声学管内的气柱固有频率可由下式计算：

$$f_i = \frac{c}{4l} i \tag{6-23}$$

式中　c——声速（m/s）；

l——管长（m）；

i——谐波序号，$i = 1, 3, 5, \cdots$。

一般共振区域位于（0.8 ~ 1.2）f_i 之间，设计输气管道长度时，应尽量避开与共振频率相关的长度。

b. 排气管中加装节流孔板。在排气管道中加装节流孔板，节流孔板相当于阻尼元件，对气流脉动起减弱作用。由于气流截面面积的变化，造成声学边界条件的改变，限制管道的驻波形成，从而减弱了管道的振动和噪声辐射。

④ 贮气罐的噪声控制。空压机不断地将压缩气体输送到贮气罐内，罐内压缩空气在气流脉动的作用下，产生激发振动，从而伴随强烈的噪声，同时激励壳体振动并辐射噪声。这种噪声，除采取隔声方法之外，也可在贮气罐内悬挂吸声器，利用吸声体的吸声作用，阻碍罐内驻波的形成，从而达到吸声降噪的目的。

⑤ 空压机的噪声综合控制。许多工矿企业里，通常有多台压缩机供生产的需要，因而建有压缩机站。压缩机的噪声很大，如果在每一台空压机的进气口都安装消声器，不仅工作量大，而且投资也难以接受。因此，对于一些已建的空压机站，要根据具体情况，在站内采取吸声、建隔声间等降噪措施。隔声间是在空压机房内建造的相对安静的小房子，以供操作者休息用。这个休息室的门窗均做声学处理。实践证明，空压机站内建造的隔声间，可以将噪声控制在 60dB（A）以下。另外，在站内进行吸声处理，如顶棚和墙壁悬挂吸声体，也可以使站内噪声降低 4 ~ 10dB（A）。

上述噪声控制措施，一般是在已建的空压机站实施的。以噪声控制的效果及投资来看，如在空压机站工艺设计、土建施工时综合考虑噪声控制措施，投资少并有满意的降噪效果。

本设计采用阻性消声器。

2. 噪声控制设计计算

（1）空压机厂房噪声 A 计权声级计算　从空压机厂房内噪声倍频程频谱图计算 A 计权声级，列于表 6-11。

表 6-11 空压机厂房内噪声 A 计权声级一览表

中心频率/Hz	63	125	250	500	1000	2000	4000	8000
频带声压级/dB	89	91	94	96	95	92	94	89
A 计权修正值/dB	-26.2	-16.1	-8.6	-3.2	0	+1.2	+1.0	-1.1
修正后频带声级/dB	62.8	74.9	85.4	92.8	95	93.2	95	87.9
各声级叠加/dB	—	—	85.4	92.8	95	93.2	95	87.9
总的 A 计权声级/dB	100.5							

按现有企业噪声标准的规定，在 93dB 噪声环境中工作的时间只允许 4h，其余 4h 必须在不大于 90dB 的噪声环境中工作；在 96dB 噪声环境中工作的时间只允许 2h，其余 6h 必须在不大于 90dB 的噪声环境中工作。工作环境噪声每增加 3dB，在此环境中的工作时间就必须减少一半，但最高不得超过 115dB。

所以消声量 $\Delta T_L = (100.5 - 96)\,\text{dB} = 4.5\text{dB}$。

该站房长 12m，宽 9m，高 3m，故混响室面积为

$$S = (12 \times 9 + 9 \times 3 + 12 \times 3) \times 2\text{m}^2 = 342\text{m}^2$$

声源位置在两个刚性平面的交线上，全部声能只能在 1/4 空间辐射，Q 为 4。

房间常量：

$$R = \frac{S\alpha}{1-\alpha} = \frac{342 \times 0.025}{1 - 0.025} = 8.77$$

式中 α——平均吸声系数。

$$\frac{Q}{4\pi r^2} = \frac{4}{4\pi \times 2^2} = 0.0796176 < \frac{4}{R} = \frac{4}{8.77} = 0.456 (r\text{ 取值}1.6 \sim 2.4\text{m,取}2\text{m})$$

当受声点离声源很远时，$\frac{Q}{4\pi r^2}$远小于$\frac{4}{R}$，室内声场以混响声为主，直达声可忽略。

(2) 有关车间噪声设计控制 进气口噪声控制（低频：抗性消声器）、排气口噪声控制（频段宽：阻性消声器）、控制机体的振动（使用隔振器）。

(3) 阻性消声器的设计 设空压机风量为 $50\text{m}^3/\text{min}$，进气管直径为 250mm，采用阻性消声器。根据目前大多数国家规定工业企业卫生噪声标准 NR 为 85，查图得：8 个倍频带的允许声压级依次为 103dB、97dB、92dB、87dB、84dB、82dB、81dB、79dB。

1) 确定消声器的消声量。根据 4L-20/8 型进气口测得噪声倍频程声压级，见表 6-12 中的第一行，安装消声器后，在进气口 1.5m 处噪声应控制在 NR85 曲线内，其倍频程声压级列于表 6-12 中第二行，经计算所需消声器的消声量列于表 6-12 中的第三行。

表 6-12 4L-20/8 型鼓风机进气口消声器设计

序号	中心频率/Hz	63	125	250	500	1000	2000	4000	8000	A
1	倍频程声压级/dB	108	112	110	116	108	106	100	92	117
2	NR85/dB	103	97	92	87	84	82	81	79	90
3	消声器应有的消声量/dB	5	15	18	29	24	24	19	13	27

（续）

序号	中心频率/Hz	63	125	250	500	1000	2000	4000	8000	A
4	消声器周长与截面之比 P/S	16	16	16	16	16	16	16	16	
5	材料吸声系数 α_0	0.30	0.50	0.80	0.85	0.85	0.86	0.80	0.78	
6	消声系数 $\varphi(\alpha_0)$	0.4	0.7	1.2	1.3	1.3	1.3	1.2	1.1	
7	消声器所需长度/m	0.78	1.34	0.93	1.39	1.15	1.15	0.98	0.74	
8	气流再生噪声 L_{oa}/dB									79.5

2）确定消声器的结构。根据该风机的风量和进口，可选定直管式阻性消声器，消声器截面周长与截面积之比，列于表6-12中第四行。

3）选择吸声材料及吸声层。吸声材料可选用超细玻璃棉。由噪声的倍频程声压级看，超低频段噪声较强。吸声层厚度取150mm，填充密度为20kg/m^3。根据气流速度，吸声层护面采用一层玻璃布加一层穿孔板，板厚2mm，孔径6mm，孔间距为11mm。这种结构的吸声系数列于表6-12中的第五行，由吸声系数查表6-12得消声系数 φ（α_0）值，见表6-12中第六行。

4）消声器长度的设计。由式（6-24）可计算出各频带所需消声器的长度：

$$L = \frac{\Delta L}{\psi(\alpha_0)} \cdot \frac{S}{P} \tag{6-24}$$

式中　ΔL——消声量（dB）；

$\psi(\alpha_0)$——与材料吸声系数 α_0 有关的消声系数；

P——通道截面的周长（m）；

S——通道横截面面积（m^2）；

L——消声器的有效长度（m）。

$$\frac{P}{S} = \frac{2\pi r}{\pi r^2} = \frac{2}{r}$$

进气管直径为250mm即0.25m，则 $r = 0.125$m，$P/S = 16$。

为了满足各频率降噪量的要求，消声器的设计长度取最大值，该消声器取 $L = 1.4$m。

根据上述分析与计算，消声器的设计方案如图6-10所示。

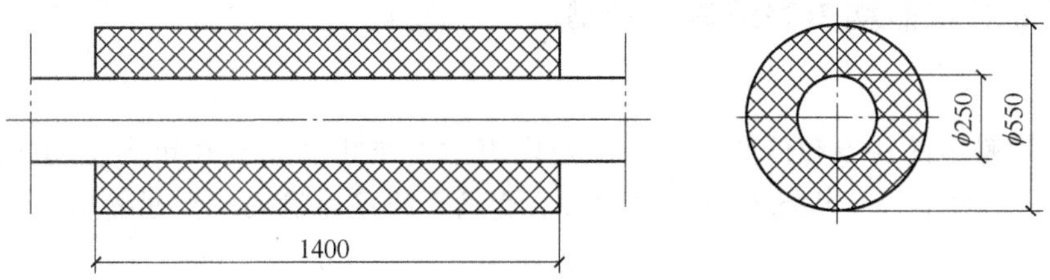

图6-10　风机进口直管式阻性消声器

$d_1 = 0.25$m，$d_2 = d_1 + 2b = 0.25\text{m} + 2 \times 0.15\text{m} = 0.55$m。

5）计算高频失效的影响。

$$f_{失} = 1.85\frac{c}{D}$$

式中　c——声速（m/s）；

D——消声器通道截面周长（圆形通道直径）(m)。

$f_{失}=1.85\times\frac{340}{0.25}\text{Hz}=2516\text{Hz}$，在中心频率4kHz的倍频带内，其消声器对于高于2516Hz的频率段，消声量将降低，上面设计的消声器长度为1.4m，在8kHz的消声量为24.64dB，(消声器长度取为1.4m时反算得到的消声量)。

$$\Delta L'=\frac{3-n}{3}\Delta L$$

式中　$\Delta L'$——高于失效频率的某一倍频带的消声量（dB）；

n——高于失效频率的倍频程带数；

ΔL——失效频率处的消声量（dB）。

但由于高频失效，在中心频率8kHz的倍频带内的消声量为

$$\Delta L'=\frac{3-n}{3}\Delta L\approx\frac{3-1}{3}\times 24.64\text{dB}=16.43\text{dB}$$

该计算中，取8kHz近似为倍频带内，消声量为16.43dB，由表6-12中第三行看出，8kHz所需的消声量为13dB，所以即使高频失效导致消声量下降，本设计的消声器的消声量满足要求。

6）验算气流再生噪声

消声器内流速：

$$v=\frac{Q}{S}=\frac{50}{60\times\frac{1}{4}\times\pi\times 0.25^2}\text{m/s}=16.98\text{m/s}$$

$$L_{oa}=(18\pm 2)+60\lg v=(92\pm 2)\text{dB(A)}$$

式中　L_{oa}——气流再生噪声［dB（A）］；

v——消声器通道内的流速（m/s）。

气流再生噪声近似按点声源在自由场传播考虑。距离进口1.5m处的噪声级：

$$L_a=L_{oa}-20\lg r-11=(94-20\lg 1.5-11)\text{dB(A)}=79.5\text{dB(A)}$$

计算得气流再生噪声级为79.5dB（A），与降噪标准的表6-12中第二行比较，噪声级控制在90dB（A）以内，可以看出，气流再生噪声对消声器性能影响可忽略。

6.2.2　某学校行政楼声屏障设计计算

1. 概述

(1) 交通噪声的特点和传播途径　交通噪声主要指机动车辆在市内交通干线上运行时所产生的噪声，随着城市机动车辆数目增长，交通干线迅速发展，交通噪声日益成为城市的主要噪声。

机动车在低速运行时，以发动机壳体的振动噪声为主，在高速运行时，轮胎噪声就上升为主要噪声。测量结果表明，车速为50～100km/h时，在距离交通干线中心15m处，拖拉机噪声为85～95dB，重型货车为80～90dB，中型或轻型货车为70～85dB，摩托车为75～85dB，小客车为65～75dB。车速加倍，交通噪声平均增加7～9dB。

交通噪声是一种不稳定的噪声。在交通干线两旁，噪声级随时间而变化。这种噪声与机动车辆的类型、数目、速度、运行状态、相互距离、是否鸣笛，道路宽度、坡度、干湿状

态、路面情况、交叉路口建筑物的层数及风速等因素有关。

噪声影响人们的正常生活和休息，居住在交通干道两侧的居民随时受到交通噪声污染的困扰。调查资料表明：长期生活在振动和噪声环境中可使人烦躁、恶心、头痛和失眠，其中70dB 的噪声可使 50% 的人睡眠受到影响，突发性的 60dB 的噪声可使人从睡梦中惊醒。

形成噪声污染的因素主要有三个，即声源、传播媒介和接收体。只有这三者同时存在，才能对听者形成干扰。从这三方面入手，通过降低声源、限制噪声传播、阻断噪声的接收等手段来达到控制噪声的目的，在具体的噪声控制技术上，可采取吸声、隔声和消声三种措施。

（2）声屏障

1）声学原理。声屏障是降低地面运输噪声的有效措施之一，一般 3 ~ 6m 高的声屏障，其声影区内降噪效果为 5 ~ 12dB。当噪声源发出的声波遇到声屏障时，它将沿着三条路径传播（图 6-11a）：一部分越过声屏障顶端绕射到达受声点，一部分穿透声屏障到达受声点，一部分在声屏障壁面上产生反射。声屏障的插入损失主要取决于声源发出的声波沿这三条路径传播的声能分配。

① 绕射。越过声屏障顶端绕射到达受声点的声能比没有屏障时的直达声能小。直达声与绕射声的声级之差，称为绕射声衰减，其值用符号 ΔL_d 表示，并随着 φ 角的增大而增大（图 6-11b）。声屏障的绕射声衰减是声源、受声点与声屏障三者几何关系和频率的函数，它是决定声屏障插入损失的主要物理量。

② 透射。声源发出的声波透过声屏障传播到受声点的现象。穿透声屏障的声能量取决于声屏障的面密度、入射角及声波的频率。声屏障隔声的能力用传声损失 TL 来评价。TL 大，透射的声能小；TL 小，则透射的声能大，透射的声能可能减少声屏障的插入损失，透射引起的插入损失的降低量称为透射声修正量，用符号 ΔL_t 表示。通常在声学设计时，要求 $TL - \Delta L_d \geqslant 10\text{dB}$，此时透射的声能可以忽略不计，即 $\Delta L_t \approx 0$。

③ 反射。当道路两侧均建有声屏障，且声屏障平行时，声波将在声屏障间多次反射，并越过声屏障顶端绕射到受声点（图 6-11c），它将会降低声屏障的插入损失，由反射声波引起的插入损失的降低量称为反射声修正量，用符号 ΔL_r 表示。为减小反射声，一般在声屏障靠道路一侧附加吸声结构。反射声能的大小取决于吸声结构的吸声系数 α，它是频率的函数，为评价声屏障吸声结构的整体吸声效果，通常采用降噪系数 NRC。

2）声屏障插入损失计算。

① 绕射声衰减 ΔL_d 的计算。由于噪声源是交通噪声源，为无限长线声源，所以只介绍线声源的绕射声衰减的计算。因为保护对象是行政楼，所以设计的声屏障为有限长度的。

a. 无限长线声源，无限长声屏障：

$$\Delta L_d = \begin{cases} 10\lg\left(\dfrac{3\pi\sqrt{1-t^2}}{4\arctan\sqrt{\dfrac{1-t}{1+t}}}\right), & t=\dfrac{40f\delta}{3c}\leqslant 1 \\[2ex] 10\lg\left(\dfrac{3\pi\sqrt{t^2-1}}{2\ln(t+\sqrt{t^2-1})}\right), & t=\dfrac{40f\delta}{3c}>1 \end{cases} \tag{6-25}$$

式中　f——声波频率（Hz）；

δ——声程差(m)，$\delta = A + B - d$，A、B、d 如图 6-11a 所示；

c——声速（m/s）。

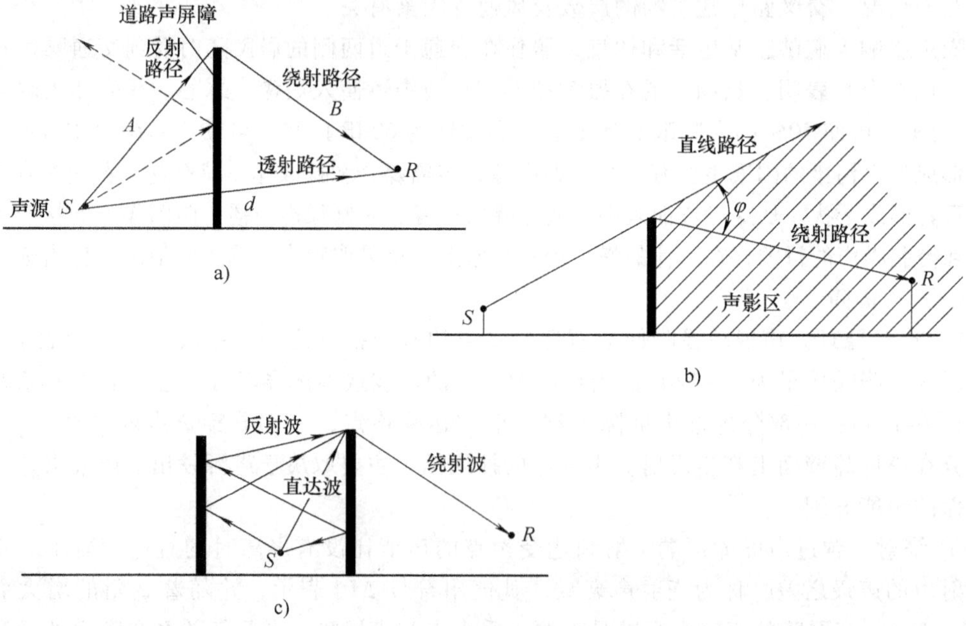

图 6-11 声屏障绕射、反射路径

a）声波传播路径 b）声波绕射路径 c）声波的反射

b. 无限长线声源及有限长声屏障：ΔL_d 仍由式（6-25）计算，然后根据图 6-12 进行修正。修正后的 ΔL_d 取决于遮蔽角百分率 β/θ。图 6-12a 中虚线表示：无限长声屏障声衰减为 8.5dB，若有限长声屏障对应的遮蔽角百分率为 92%，则有限长声屏障的声衰减为 7.8dB。

② 透射声修正量 ΔL_t 的计算。透射声修正量 ΔL_t 由下式计算：

$$\Delta L_t = \Delta L_d + 10\lg(10^{-\Delta L_d/10} + 10^{-TL/10}) \tag{6-26}$$

③ 反射声修正量 ΔL_r 的计算。反射声修正量取决于声屏障、受声点及声源的高度，两个平行声屏障之间的距离，受声点至声屏障及道路的距离，靠道路内侧声屏障吸声结构的降噪系数 NRC。

④ 障碍物声衰减的确定。如果在声屏障修建前，声源和受声点间存在其他屏障或障碍物，则可能产生一定的绕射声衰减，由它们产生的声衰减称为障碍物声衰减，用符号 ΔL_S 表示。

⑤ 地面吸收声衰减的确定。如果地面不是刚性的，则会对传播过程中的声波产生一定的吸收，从而会使声波产生一定的衰减。由地面吸收产生的声衰减称为地面吸收声衰减，用符号 ΔL_G 表示。

考虑到其他障碍物和地面声吸收的影响，声屏障实际插入损失为

$$IL = \Delta L_d - \Delta L_t - \Delta L_r - \max(\Delta L_S, \Delta L_G) \tag{6-27}$$

式中，max 表示取 ΔL_S 和 ΔL_G 中的较大者，这是因为一般两者不会同时存在。如果有其他屏障或障碍物存在，地面效应 ΔL_G 会被破坏，因为只有贴近地面，地面吸收声衰减才会明显。式（6-27）中减去 max（ΔL_S，ΔL_G），是因为一旦设计的声屏障建成，原有屏障或障碍物或地面声吸收效应都会失去作用。

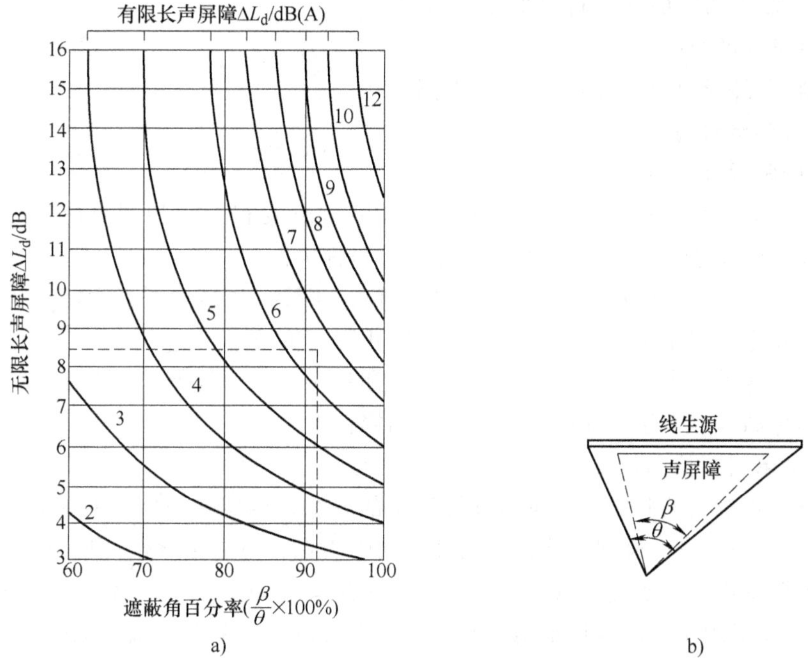

图6-12　有限长度的声屏障及线声源的修正

a）修正图　b）遮蔽角

2. 设计资料

某学校行政楼南侧25m处相邻一条马路，路宽为14m（双向四车道），路面为沥青路面，该行政楼为四层，楼高12m，总长度为150m。根据环境影响评价报告，近三年内的车流量为白天580辆/h，夜间430辆/h，大型车与小型车比例为1：3，车速限制为60km/h。

根据道路交通噪声预测方法和区域环境噪声测量方法，该区域的实测噪声值分布见表6-13，测量点S1、S2距路面中心线20m、32m。

表6-13　噪声实际测量值

预测点位置	测量点高度/m	预测点声级/dB	
		昼间	夜间
S1-1	1.5	71.7	68.2
S1-2	4.5	73.3	69.8
S1-3	7.5	73.6	70.1
S2-1	1.5	68.9	65.5
S2-2	4.5	74.6	71.1
S2-3	7.5	75.6	72.2

设计内容及要求如下：

1）结合我国相关标准，为该楼设计一声屏障。

2）完成噪声敏感建筑物有关参量和使用标准的确定，声屏障设计和计算声屏障结构、材料及在两座建筑物之间的相对位置。声屏障的设计除了达到预期的降噪指标外，还应符合景观、结构、造价和养护等方面的要求。

3）编写设计说明书。

4）绘制声屏障结构尺寸图、安装布置图。

3. 声屏障设计计算

（1）声屏障设计要点

1）声屏障本身必须有足够的隔声量，声屏障对声波有三种物理效应：隔声（透射）、反射和绕射效应，因此声屏障的隔声量应比设计目标大。

2）设计声屏障时，应尽可能采用配合吸声型声屏障，以减弱反射声能及绕射声能。

3）声屏障主要用于阻断直达声，有效地防止噪声的发散。

4）作为交通道路声屏障，应注意景观造型和材质的选用与周围环境相协调。

5）声屏障结构的力学性能应符合有关的国家标准。

（2）声屏障目标值的确定

1）噪声保护对象的确定。根据声环境评价的要求，确定噪声防护对象，它可以是一个区域，也可以是一个或一群建筑物，本设计中的噪声保护对象是学校行政楼。

2）代表性受声点的确定。代表性受声点通常选择噪声最严重的敏感点，它根据道路路段与防护对象相对的位置以及地形地貌来确定，它可以是一个点，或者是一组点。通常，代表性受声点处插入损失能满足要求，则该区域的插入损失也能满足要求。该设计中选择楼层中心为代表性受声点，高度为6m。

3）声屏障设计目标值。

① 城市环境噪声标准。声屏障设计目标就是GB 3096—2008《声环境质量标准》，见表6-14。

表6-14 环境噪声限值 ［单位：dB(A)］

类别		昼间	夜间
0类		50	40
1类		55	45
2类		60	50
3类		65	55
4类	4a类	70	55
	4b类	70	60

注：0类标准适用于康复疗养区等特别需要安静的区域。

1类标准适用于以居民住宅、医疗卫生、文化教育、科研设计、行政办公为主要功能，需要保持安静的区域。

2类标准适用于以商业金融、集市贸易为主要功能，或者居住、商业、工业混杂，需要维护住宅安静的区域。

3类标准适用于以工业生产、仓储物流为主要功能，需要防止工业噪声对周围环境产生严重影响的区域。

4类标准适用于交通干线两侧一定距离之内，需要防止交通噪声对周围环境产生严重影响的区域，包括4a类和4b类两种类型。4a类为高速公路、一级公路、二级公路、城市主干路、城市次干路、城市轨道交通（地面段）、内河航道两侧区域；4b类为铁路干线两侧区域。

在本次设计计算中，应该执行1类标准。依据表6-14可知，$\overline{L_d}=55\text{dB}$，$\overline{L_n}=45\text{dB}$。

$$L_{dn}=10\lg\left[\frac{5}{8}\cdot 10^{0.1\overline{L_d}}+\frac{3}{8}\cdot 10^{0.1(\overline{L_n}+10)}\right]=55\text{dB} \tag{6-28}$$

式中 $\overline{L_d}$——昼间噪声能量平均A声级（dB）；

$\overline{L_n}$——夜间噪声能量平均A声级（dB）。

② 预测点昼夜等效声级。

$$L_{dn1}=10\lg\left[\frac{5}{8}\times10^{0.1\times71.7}+\frac{3}{8}\times10^{0.1\times(68.2+10)}\right]dB=75.3dB$$

$$L_{dn2}=10\lg\left[\frac{5}{8}\times10^{0.1\times73.3}+\frac{3}{8}\times10^{0.1\times(69.8+10)}\right]dB=76.9dB$$

$$L_{dn3}=10\lg\left[\frac{5}{8}\times10^{0.1\times73.6}+\frac{3}{8}\times10^{0.1\times(70.1+10)}\right]dB=77.2dB$$

$$L_{dn4}=10\lg\left[\frac{5}{8}\times10^{0.1\times68.9}+\frac{3}{8}\times10^{0.1\times(65.5+10)}\right]dB=72.6dB$$

$$L_{dn5}=10\lg\left[\frac{5}{8}\times10^{0.1\times74.6}+\frac{3}{8}\times10^{0.1\times(71.1+10)}\right]dB=78.2dB$$

$$L_{dn6}=10\lg\left[\frac{5}{8}\times10^{0.1\times75.6}+\frac{3}{8}\times10^{0.1\times(72.2+10)}\right]dB=79.3dB$$

$$L_{eq}=10\lg\left[\frac{1}{n}\sum_{i=1}^{n}10^{0.1L_{dni}}\right] \tag{6-29}$$

$$L_{eq}=10\lg\left[\frac{1}{6}\times(10^{0.1\times75.3}+10^{0.1\times76.9}+10^{0.1\times77.2}+10^{0.1\times72.6}+10^{0.1\times78.2}+10^{0.1\times79.3})\right]dB=77dB$$

4）目标值的确定。目标值等于预测点昼夜等效连续声级减去标准值：

$$\Delta L=(77-55)dB=22dB$$

（3）声屏障插入损失计算

1）绕射声衰减计算。经过计算选择，以下三个方案可行性较强。

方案一：受声点高度为 6m，声源即车辆平均高度为 1m，等效频率 $f_e=500Hz$，声屏障的总高度为 4m，长度为 113m，公路宽度 14m，声屏障距离公路中心 27m，受声点距离公路中心 32m。绕射声衰减计算示意图如图 6-13 所示。

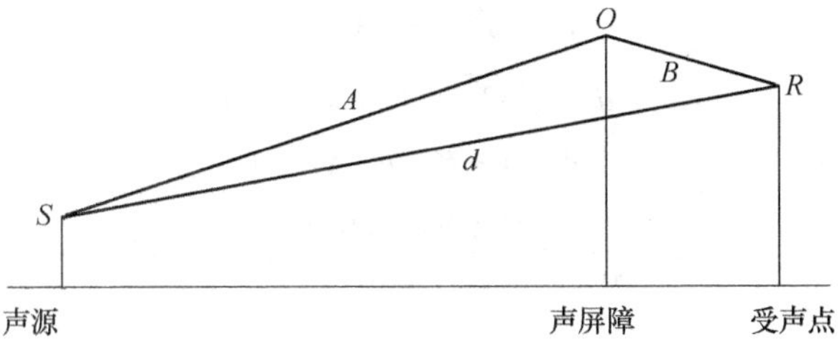

图 6-13　绕射声衰减计算示意图

$$A=\sqrt{27^2+3^2}m=27.2m$$

$$B=\sqrt{5^2+2^2}m=5.4m$$

$$d=\sqrt{32^2+5^2}m=32.4m$$

$$\delta=A+B-d=0.2m$$

$$t=\frac{40f_e\delta}{3c}=\frac{40\times500\times0.2}{3\times340}=3.92>1$$

$$\Delta L_d=10\lg\left[\frac{3\pi\sqrt{t^2-1}}{2\ln(t+\sqrt{t^2-1})}\right]=10\lg\left[\frac{3\times3.14\sqrt{3.92^2-1}}{2\ln(3.92+\sqrt{3.92^2-1})}\right]dB=9.4dB$$

$$有限长声屏障的遮蔽角百分率=\frac{\beta}{\theta}=\frac{2\arctan\dfrac{113}{32-27}}{180^\circ}=97.2\%，\Delta L_d=9.14dB。$$

方案二：受声点高度为6m，声源即车辆平均高度为1m，等效频率$f_e=500Hz$，声屏障的总高度为6m，长度为98m，公路宽度为14m，声屏障距离公路中心25m，受声点距离公路中心32m。

$$A=\sqrt{25^2+5^2}m=25.5m$$

$$B=\sqrt{7^2+0^2}m=7m$$

$$d=\sqrt{32^2+5^2}m=32.4m$$

$$\delta=A+B-d=0.1m$$

$$t=\frac{40f_e\delta}{3c}=\frac{40\times500\times0.1}{3\times340}=1.96>1$$

$$\Delta L_d=10\lg\left[\frac{3\pi\sqrt{t^2-1}}{2\ln(t+\sqrt{t^2-1})}\right]=10\lg\left[\frac{3\times3.14\sqrt{1.96^2-1}}{2\ln(1.96+\sqrt{1.96^2-1})}\right]dB=7.88dB$$

有限长声屏障的遮蔽角百分率 $=\frac{\beta}{\theta}=\frac{2\arctan\frac{98}{32-25}}{180^\circ}=95.5\%$，所以经修正后$\Delta L_d=7.53dB$。

方案三：受声点高度为6m，声源即车辆平均高度为1m，等效频率$f_e=500Hz$，声屏障的总高度为6m，长度为112m，公路宽度为14m，声屏障距离公路中心27m，受声点距离公路中心32m。

$$A=\sqrt{27^2+5^2}m=27.5m$$

$$B=\sqrt{5^2+0^2}m=5m$$

$$d=\sqrt{32^2+5^2}m=32.4m$$

$$\delta=A+B-d=0.1m$$

$$t=\frac{40f_e\delta}{3c}=\frac{40\times500\times0.1}{3\times340}=1.96>1$$

$$\Delta L_d=10\lg\left[\frac{3\pi\sqrt{t^2-1}}{2\ln(t+\sqrt{t^2-1})}\right]=10\lg\left[\frac{3\times3.14\sqrt{1.96^2-1}}{2\ln(1.96+\sqrt{1.96^2-1})}\right]dB=7.88dB$$

有限长声屏障的遮蔽角百分率 $=\frac{\beta}{\theta}=\frac{2\arctan\frac{112}{32-27}}{180^\circ}=97.16\%$，经修正后$\Delta L_d=7.66dB$。

2）透射修正量的ΔL_t的计算。若声屏障的传声损失$TL-\Delta L_d>10dB$，此时可忽略透射声影响，即$\Delta L_t\approx0$。其中TL为声屏障的传声损失，它表示构件隔声性能的大小。根据前面计算所得目标值再加上安全值15dB，则$TL=\Delta L+15dB=37dB$。上述三种方案中，$TL-\Delta L_d$都大于10dB，此时可忽略透射声影响，即$\Delta L_t\approx0$。

3）反射修正量计算。反射声修正量取决于声屏障、受声点及声源的高度，两个平行声屏障之间的距离，受声点至声屏障及道路的距离，靠道路内侧声屏障吸声结构的降噪系数

NRC。因为反射声修正量与隔声屏计算关系不大，所以可以不考虑。

4）障碍物声衰减的确定。如果在声屏障修建前，声源和受声点间存在其他屏障或障碍物，则可能产生一定的绕射声衰减，由它们产生的声衰减称为障碍物声衰减，用符号 ΔL_S表示。由于教室与马路之间没有什么建筑物和其他障碍物，所以障碍物声衰减 $\Delta L_S \approx 0$。

5）地面吸收衰减的确定。如果地面不是刚性的，则会对传播过程中的声波产生一定的吸收，从而会使声波产生一定的衰减。由地面吸收产生的声衰减称为地面吸收声衰减，用符号 ΔL_G 表示。短距离（30～50m）衰减可忽略。在本设计中，传播距离为32m，可忽略。

6）声屏障实际插入损失。声屏障的总降噪量用插入损失 IL 来表示，其定义为在保持噪声源、地形、地面、背景噪声和气候条件等不变的情况下，安装声屏障前后受声点的声压级之差。声屏障的插入损失主要取决于声屏障的绕射声衰减 ΔL_d、透射减少量 ΔL_t 和反射降低量 ΔL_r，考虑到其他障碍物和地面吸收的影响，声屏障实际插入损失为 $IL = \Delta L_d - \Delta L_t - \Delta L_r - \max(\Delta L_S, \Delta L_G)$。

本设计中在声屏障修建前，声源和受声点间不存在其他屏障或障碍物，只考虑地面的吸收声衰减即可。

$$IL_1 = \Delta L_d - \Delta L_t - \Delta L_G = 9.14\text{dB}$$
$$IL_2 = \Delta L_d - \Delta L_t - \Delta L_G = 7.53\text{dB}$$
$$IL_3 = \Delta L_d - \Delta L_t - \Delta L_G = 7.66\text{dB}$$

综合考虑经济性和插入损失计算的比较，选择方案一。但其插入损失未达到目标值，可以在声屏障表面覆盖吸声材料，或者通过绿化带降噪。

4. 声屏障选型

（1）声屏障形状的选择　声屏障按几何形状一般可分为直立型、折板型、弯曲型、半封闭型和全封闭型。

1）直立型声屏障。直立型声屏障指竖立在道路边缘的平面反射型屏障板。由于直立型声屏障用材简易、施工方便、造价较低、与环境有较好的融合性，在国内外有广泛的应用。其特性一般可通过增加其高度进行有效的改善，尽管高度增加1m，也可带来 IL 增加1.5dB（A）的效益，但同样带来了降低教学区采光度、干扰驾驶员视线等负效应。

2）折板型和弯曲型声屏障。一般用于降噪要求较高但声屏障高度又有一定限制的场合。把声屏障上部折向道路方向，面向道路的一侧做成吸声表面，可以达到很好的降噪效果。声屏障的支撑件多采用H型钢。折板型声屏障可增加声程差，提高降噪效果。

3）半封闭型声屏障。半封闭型声屏障适用于城市交通干道和两侧高层建筑密集区，其降噪效果非常好。

4）全封闭型声屏障。全封闭型声屏障适用于城市的高架桥，既可有效降噪，又可防止高空杂物坠落。

（2）声屏障材料的选择　国内的声屏障如按声学性能分类可分为吸声型（金属隔声板）、隔声型（PC板）、混合型（吸声与隔声的混合型），这些声屏障的实际效果一般为降噪3～5dB。

1）FC板。FC纤维水泥加压板简称FC板，声屏障生产单位用FC穿孔板作声屏障面板，用在高速公路上，主要优点是成本低，但声学效果一般，最大问题在于其吸水率大于17%，用在室外易风化，寿命短，且不美观。

2）PC板。PC板又称为聚碳酸酯耐击板，PC板具有耐冲击、阻燃的特性。6mm厚的PC板平均隔声量为21.5dB，隔声指数为24dB，国内第一代声屏障用得较多，主要优点是制作方便，有一定隔声效果，最大缺点是成本较高，有眩光，吸声效果不佳。

3）彩钢复合板。彩钢复合板具有结构形式灵活、式样多、美观、自重轻、隔声性能好、安装简便快速等优点，它两面采用厚度为0.5~0.6mm的彩涂钢板，中间填入阻燃型聚苯乙烯板，测试结果显示吸声彩钢复合板在400~800Hz频段上吸声系数均大于0.85，表明本材料对中频声吸收效果佳。因公路交通噪声主要为中低频声音，其能量分布在500Hz附近，所以它良好的吸声性能对降低公路交通噪声较为有利。因此用彩钢复合板制成的声屏障吸声构件，在具体公路声屏障建设使用中能有效地降低在双侧屏障存在时因声反射对行车道区域声环境所产生的污染。

4）金属隔声板。它的结构设计，综合了薄板共振吸声结构及穿孔板吸声结构。主要特点为隔声板由前板与后板组成，其厚度为50~200mm，中间由吸声材料与空腔组成，空腔的厚薄根据噪声源频率来决定。

（3）本设计采用的声屏障材料　根据目标值22dB，再加上15dB的安全值，需要选隔声量为37dB或更高隔声量的隔声材料，根据《环境噪声控制工程》常见双层墙的隔声量，声屏障材料选用双层2mm铝板填70mm超细棉，声屏障的形状选直立型，声屏障参数见表6-15。

表6-15　声屏障参数

声屏障参数	数值	声屏障参数	数值
形状	直立型	表面吸声材料	超细棉
材料	双层2mm铝板填70mm超细棉	吸声材料护面	玻璃布
面密度	12.0kg/m^2	两个立柱间的距离	5m
高度	4m	地基深度	1m
长度	113m		

6.3 固体废物处理设计计算

我国城市垃圾主要可分为以下几种：

（1）可回收垃圾　可回收垃圾主要包括废纸、塑料、玻璃、金属和布料五大类。废纸主要包括报纸、期刊、图书、各种包装纸、办公用纸、广告纸、纸盒等。塑料主要包括各种塑料袋、塑料包装物、一次性塑料餐盒和餐具、牙刷、杯子、矿泉水瓶等。玻璃主要包括各种玻璃瓶、碎玻璃片、镜子、灯泡、暖瓶等。金属主要包括易拉罐、罐头盒、牙膏皮等。布料主要包括废弃衣服、桌布、洗脸巾、书包、鞋等。通过综合处理回收利用，可以减少污染，节省资源。如每回收1t废纸可造好纸850kg，节省木材300kg，比等量生产减少污染74%；每回收1t塑料饮料瓶可获得0.7t二级原料；每回收1t废钢铁可炼好钢0.9t，比用矿石冶炼节约成本47%，减少空气污染75%，减少97%的水污染和固体废物。

（2）厨余垃圾　厨余垃圾包括剩菜剩饭、骨头、菜根菜叶等食品类废物，经生物技术就地处理堆肥，每吨可生产0.3t有机肥料。

（3）有害垃圾　有害垃圾包括废电池、废荧光灯管、废水银温度计、过期药品等，这些垃圾需要特殊安全处理。

（4）其他垃圾　其他垃圾包括除上述几类垃圾之外的砖瓦陶瓷、渣土、卫生间废纸等难以回收的废弃物，采取卫生填埋可有效减少对地下水、地表水、土壤及空气的污染。

6.3.1　水压式沼气池设计计算

农村的垃圾主要是有机垃圾，如人畜粪便、农业有机固体废物、厨余垃圾等，针对农村垃圾的主要成分，可以设计沼气池来进行处理。

1. 水压式沼气池的工作原理及类型

（1）水压式沼气池的工作原理　水压式沼气池的工作原理可以概括为两句话：产气时，气压水；用气时，水压气。

水压式沼气池装料封盖后处于启动前状态时，发酵间内的料液和水压间内的料液液面上同时受到大气压力的作用，两个液面处在同一水平面上，它们之间的气压差和液面差均为零。此时的工作状态称为“初始工作状态”，此时的料液液面高度为 $O—O$ 水平面，发酵间内存在的空间为 V_O（图 6-14）。

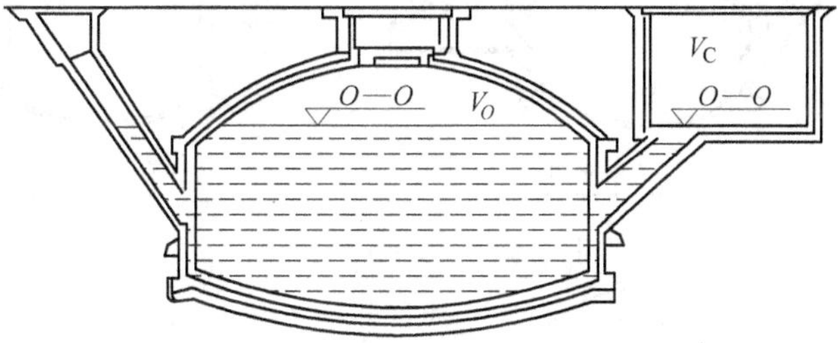

图 6-14　水压式沼气池初始工作状态

启动以后，沼气池内开始发酵产气，随着沼气产量的逐渐增加，发酵间上部气箱中的贮气量越来越大，同时所产生的沼气将发酵间内的料液压入水压间，压出的料液体积与所产的沼气体积相等。当发酵间内贮气量达到最大贮气量 V_O 时，水压间里增加的料液为最大贮液量 V_C。此时发酵间内的料液面下降到可能下降的最低位置 $A—A$ 水平面，水压间内的料液面上升到可能上升的最高位置 $B—B$ 水平面，此时的工作状态称为“极限工作状态”（图 6-15）。发酵间内料液面的下降和水压间内料液面的上升使得两液面产生了高度差，高位料液具有的势能使得发酵间内沼气产生了一定的压强，其数值等于两液面高差值与料液重度的乘积。在极限工作状态时的液面高差最大，数值等于：

$$\Delta H = H_1 + H_2$$

式中　ΔH——沼气池最大液面差（m）；

H_1——发酵间液面最大下降值（m）；

H_2——水压间液面最大上升值（m）。

以上就是“气压水”的全过程。

（2）水压式沼气池类型　随着我国沼气科学技术的发展和农村家用沼气的推广，根据当地使用要求和气温、地质等条件，家用沼气池有固定拱盖的水压式池、大揭盖水压式池、

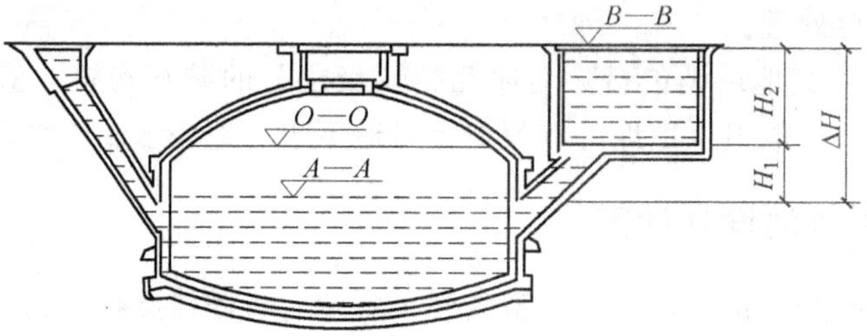

图 6-15　水压式沼气池极限工作状态

吊管式水压式池、曲流布料水压式池、顶返水水压式池、分离浮罩式池、半塑式池、全塑式池和罐式池。沼气池的形式虽然多种多样，但是归纳起来大体由水压式、浮罩式、半塑式和罐式四种基本类型变化形成。与四位一体生态型大棚模式配套的沼气池一般为水压式沼气池，最常见的是固定拱盖水压式沼气池（图 6-16）。

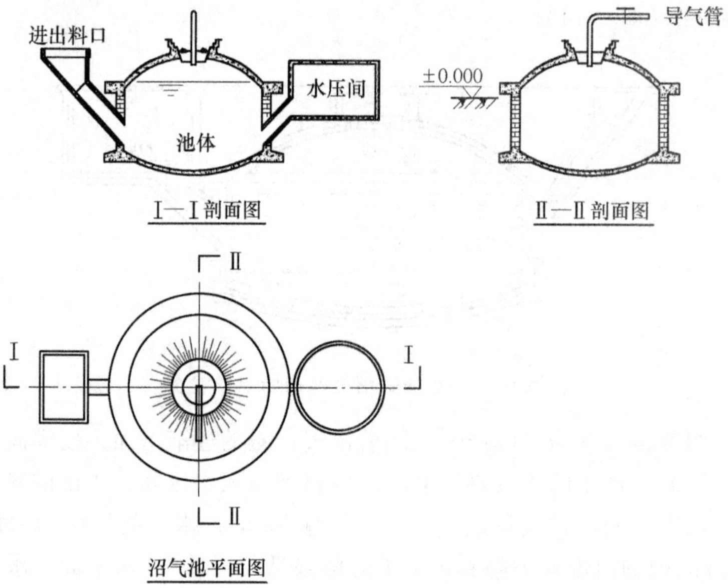

图 6-16　$8m^3$ 圆形水压式沼气池型

2. 沼气池的设计原理及依据

（1）沼气池的设计原理　建造“模式”中的沼气池，首先要做好设计工作。总结多年来科学实验和生产实践的经验，设计与模式配套的沼气池必须坚持下列原则：

1）必须坚持“四结合”原则。“四结合”是指沼气池与畜圈、厕所、日光温室相连，使人畜粪便不断进入沼气池内，保证正常产气、持续产气，并有利于粪便管理，改善环境卫生，沼液可方便地运送到日光温室蔬菜地里作肥料使用。

2）坚持“圆、小、浅”的原则。“圆、小、浅”是指以圆形池为主，池容 6 ~ $12m^3$，池深 2m 左右。圆形沼气池具有以下优点：第一，根据几何学原理，相同容积的沼气池，圆形比方形或长方形的表面积小，比较省料；第二，圆形池内部结构合理，池壁没有直角，容易解决密闭问题，而且四周受力均匀，池体较牢固；第三，我国北方气温较低，圆形池置于地下，有利于冬季保温和安全越冬；第四，适于推广。无论南方、北方，建造圆形沼气池都有利于保证建池质量，做到建造一个，成功一个，使用一个，巩固一个，积极稳步地普及推广。小，是指主池容积不宜过大。浅，是为了减小挖土深度，便于避开地下水，同时发酵液的表面积相对扩大，有利于产气，便于出料。

3）坚持直管进料，进料口加箅子、出料口加盖的原则。直管进料的目的是使进料流畅，也便于搅拌。进料口加箅子是防止猪陷入沼气池进料管中。出料口加盖是为了保持环境卫生，消灭蚊蝇孳生场所和防止人、畜掉进池内。

（2）沼气池的设计依据 设计与“模式”配套的沼气池，制定建池施工方案，必须考虑下列因素：

1）选择池基应考虑土质。建造沼气池，选择地基很重要，这是关系到建池质量和池子寿命的问题，必须认真对待。由于沼气池是埋在地下的建筑物，因此，与土质的好坏关系很大。土质不同，其密度不同，坚实度也不一样，允许的承载力就有差异。而且同一个地方，土层也不尽相同。如果土层松软或存在砂性土或地下水位较高的软土，池基承载力不大，在此处建池，必然引起池体沉降或不均匀沉降，造成池体破裂，漏水漏气。一般自然土层的允容许承载力都超过100kPa以上，在这样的自然土层上建造沼气池，是没有什么问题的。因此，池基应该选择在土质坚实、地下水位较低，土层底部没有地道、地窖、渗井、泉眼、虚土等隐患之处；而且池子与树木、竹林或池塘要有一定距离，以免树根、竹根扎入池内或池塘涨水时影响池体，造成池子漏水漏气；北方干旱地区还应考虑池子离水源和用户都要近些，若池子离用户较远，不但管理（如加水、加料等）不方便，输送沼气的管道也要很长，这样会影响沼气的压力，燃烧效果不好。此外，还要尽可能选择背风向阳处建池。

2）设计池子应考虑荷载。确定荷载是沼气池设计中一项很重要的环节。所谓荷载，是指单位面积上所承受的重量。如果荷载确定过大，设计的沼气池结构截面必然过大，结果用料过多，造成浪费；如果荷载确定过小，设计的强度不足，就容易造成池体破裂。荷载的计算标准一般为：池身自重（按混凝土量计算）为$25kN/m^3$左右，拱顶覆土为$20kN/m^3$左右，池内发酵原料为$12kN/m^3$左右，沼气池产气后池内受压为10kPa左右。此外，经常出现在池顶的人、畜等压力以最大量考虑为10kPa左右。所以地基承载力不能小于80kPa。

3）设计池子应考虑拱盖的矢跨比和池墙的质量。建造沼气池，一般都用脆性材料，受压性能较好，抗拉性能较差。根据削球形拱盖的内力计算，当池盖矢跨比在1:5.35时，是池盖的环向内力变成拉力的分界线；大于这个分界线，若不配以钢筋，池盖则可能破裂。因此，在设计削球形池拱盖时，矢跨比（即矢高与直径之比，矢高指拱脚至拱顶的垂直距离）一般为1:4～1:6；在设计反削球形池底时，矢跨比为1:8左右（具体的比例还应根据池子大小、拱盖跨度及施工条件等确定）。注意在砌拱盖前要砌好拱盖的蹬脚，蹬脚要牢固，使之能承受拱盖自重、覆土和其他荷载（如畜圈、厕所等）的水平推力（一般说来，一个直径为5m，矢跨比为1:5，厚度为10cm的混凝土拱盖，其边缘最大拉力约为100N），以免出现裂缝和塌落危险。池墙质量必须牢固。池墙基础（环形基础）的宽度不得小于40cm（这是工程构造上的最小尺寸），基础厚度不得小于25cm。一般基础宽度与厚度之比，以在1:(1.5～2)范围内为好。

（3）沼气池容积的确定 建造沼气池，事先要进行池子容积的计算，容积的大小原则上应根据用途和用量来确定。池子太小，产气就少，不能保证生产、生活的需要；池子太大，往往由于发酵原料不足或管理跟不上去等原因，造成产气率不高。目前，我国农村沼气池产气率普遍不够稳定，夏天一昼夜约可产气0.15m^3/m^3 池容，冬季约可产气0.1m^3/m^3 池容，一般农村五口人的家庭，每天煮饭、烧水约需用气1.5m^3（每人每天生活所需的实际耗气量约为0.2m^3，最多不超过0.3m^3）。同时，应考虑生产用肥。因此，农村建池，每人平均按1.5~2m^3 的有效容积计算较为适宜（有效容积一般指发酵间和贮气箱的总容积）。根据这个标准建池，人口多的家庭，平均有效容积小一点，人口少的家庭，平均有效容积大一点；北方地区一般气温较低，平均有效容积可大一点，南方地区一般气温较高，平均有效容积可小一点。如一个五口人的家庭，建造一个8~10m^3 的沼气池，管理得好，所产沼气基本上能满足一家人一年四季煮饭、烧水或点灯的需要，在北方即使在冬季气温较低，产气量有所减少的情况下，仍可供煮两餐饭或烧开水用。所以一般家庭养猪存栏6~10头，日光温室面积在100~150m^2，建6m^3、8m^3、10m^3 的沼气池为宜。对于建在野外的四位一体生态型大棚模式，一般“模式”面积为1亩（667m^2）左右，这时，养猪头数可增加，沼气池容积大一些为好，但这不是绝对的，因为若沼气池容积满足不了炊事用能及蔬菜生产用肥的需要，可由外界补充能源及肥料，从而使“模式”正常运行。

3. 设计参数及池体设计

(1) 设计参数

1) 气压：7480Pa（即80cm水柱）。

2) 池容产气率：池容产气率是指每立方米发酵池容积1昼夜的产气量，单位为m^3 沼气/(m^3 池容·d)。我国常采用的池容产气率有0.15m^3 沼气/(m^3 池容·d)、0.2m^3 沼气/(m^3 池容·d)、0.25m^3 沼气/(m^3 池容·d) 和0.3m^3 沼气/(m^3 池容·d) 几种。

3) 贮气量：贮气量指气箱内的最大沼气贮存量。农村家用水压式沼气池的最大贮气量以12h产气量为宜，其值与有效水压间的容积相等。

4) 池容：指发酵间的容积。农村家用水压式沼气池的池容有4m^3、6m^3、8m^3、10m^3 等。

5) 投料率：指最大投入的料液量所占的发酵间容积的百分比，一般为85%~95%。

6) 农家目前有6口人，两头猪，每天从外面平均收集0.1m^3 的有机废物。

(2) 沼气池池体设计实例

1) 发酵间的容积。

$$V=(V_1-V_2)k_1 \tag{6-30}$$

式中 V——发酵间的容积（m^3）；

V_1——发酵料液体积（m^3）；

V_2——气室容积（m^3）；

k_1——容积保护系数，取0.9~1.05。

① 发酵料液体积计算。

$$V_1=[(n_1+n_2)k_2+n_3]T \tag{6-31}$$

式中 V_1——发酵料液体积（m^3）；

n_1——产人粪便总量，按常住人口×(0.006~0.013)m^3/(人·d) 取值；

n_2——产牲畜粪便总量，按养猪头数×(0.03～0.07)m^3/(头·d) 取值；

n_3——每日舍外能定量收集粪便总量（m^3/d）；

k_2——收集系数，取值0.5～1.0；

T——原料滞留期（d），丘陵农区取40d。

$$V_1=[(6\times0.008+2\times0.03)\times0.7+0.1]\times40\text{m}^3=7.024\text{m}^3$$

② 气室容积。

$$V_2=\frac{1}{2}V_1k_3 \tag{6-32}$$

式中　V_1——发酵料液体积（m^3）；

V_2——气室容积（m^3）；

k_3——原料产气率，我国通常采用的产气率包括0.15m^3/(m^3·d)、0.2m^3/(m^3·d)、0.25m^3/(m^3·d)、0.3m^3/(m^3·d)。

$$V_2=0.5\times7.024\times0.25\text{m}^3=0.878\text{m}^3$$

$$V=(7.024-0.878)\times0.98\text{m}^3\approx6.0\text{m}^3$$

2）发酵间各部分尺寸的确定。

① 沼气池的直径根据用户平均布置确定。考虑充分利用土地资源，平面布局紧凑的原则，确定沼气池的直径为2.4m。

② 发酵间池盖削球体矢高和净容积计算如下：

a. 池盖削球体矢高：

$$f_1=\frac{D}{a_1} \tag{6-33}$$

式中　f_1——池盖削球体矢高（m）；

D——圆柱体池身直径（m）；

a_1——直径与池体矢高的比值，取5～6。

$$f_1=2.4/5\text{m}=0.48\text{m}$$

b. 池盖削球体净容积：

$$Q_1=\frac{\pi}{6}f_1(3R^2+f_1^{\ 2}) \tag{6-34}$$

式中　Q_1——池盖削球体净容积（m^3）；

f_1——池盖削球体矢高（m）；

R——池身圆柱体内半径（m）。

$$Q_1=\frac{3.1416}{6}\times0.48\times(3\times1.2^2+0.48^2)\text{m}^3=1.14\text{m}^3$$

③ 发酵间池底球体矢高和净容积。

a. 池底削球体矢高：

$$f_2=\frac{D}{a_2} \tag{6-35}$$

式中　f_2——池底削球体矢高（m）；

D——池身圆柱体直径（m）；

a_2——直径与池底矢高的比值，取值8~10。

$$f_2 = 2.4/8\text{m} = 0.3\text{m}$$

b. 池底削球体净容积：

$$Q_3 = \frac{\pi}{6} f_2 (3R^2 + f_2{}^2) \tag{6-36}$$

式中 f_2——池底削球体矢高（m）；

Q_3——发酵间池底削球体净容积（m^3）。

$$Q_3 = \frac{3.1416}{6} \times 0.3 \times (3 \times 1.2^2 + 0.3^2)\text{m}^3 = 0.69\text{m}^3$$

④ 发酵间池身圆柱体容积和池墙高度。

a. 发酵间池身圆柱体容积：

$$Q_2 = V - Q_1 - Q_3 \tag{6-37}$$

式中 Q_1——池盖削球体净容积（m^3）；

V——发酵间总容积（m^3）；

Q_2——发酵间池身圆柱体容积（m^3）；

Q_3——发酵间池底削球体净容积（m^3）。

$$Q_2 = (6.0 - 1.14 - 0.69)\text{m}^3 = 4.17\text{m}^3$$

b. 发酵间池身圆柱体高度：

$$H = \frac{Q_2}{\pi R^2} \tag{6-38}$$

式中 R——发酵间池身圆柱体半径（m）；

H——发酵间池身圆柱体高度（m）。

$$H = 4.17/(3.1416 \times 1.2^2)\text{m} = 0.92\text{m}$$

⑤ 发酵间内总表面积：

$$S = S_1 + S_2 + S_3 \tag{6-39}$$

式中 S——内总表面积（m^2）；

S_1——池盖削球体内表面积（m^2）；

S_2——池身圆柱体内表面积（m^2）；

S_3——池底削球体内表面积（m^2）。

a. 池盖削球体内表面积：

$$S_1 = \pi(R^2 + f_1{}^2) \tag{6-40}$$

式中 S_1——池盖削球体内表面积（m^3）；

R——池身圆柱体内半径（m）；

f_1——池盖削球面矢高（m）。

$$S_1 = 3.1416 \times (1.2^2 + 0.48^2)\text{m}^2 = 5.25\text{m}^2$$

b. 圆柱体池身内表面积：

$$S_2 = 2\pi RH \tag{6-41}$$

式中 S_2——池身圆柱体内表面积（m^2）；

R——池身圆柱体内半径（m）；

H——池身圆柱体高度（m）。

$$S_2 = 2 \times 3.1416 \times 1.2 \times 0.92\text{m}^2 = 6.94\text{m}^2$$

c. 池底削球体内表面积：

$$S_3 = \pi(R^2 + f_2{}^2) \tag{6-42}$$

式中　S_3——池底削球体内表面积（m^2）；

f_2——池底削球面矢高（m）；

R——池身圆柱体内半径（m）。

$$S_3 = 3.1416 \times (1.2^2 + 0.3^2)\text{m}^2 = 4.81\text{m}^2$$

d. 发酵间总表面积：

$$S = (5.25 + 6.94 + 4.81)\text{m}^2 = 17.0\text{m}^2$$

3）进料口（管）的设计。进料口（管）由上部长方形槽和下部圆管组成，其中上部长方形槽几何尺寸是长×宽×深=600mm×320mm×500mm；下部圆管用ϕ300mm 预制混凝土管，管与池墙角为40°。

① 死气箱拱的矢高：

$$f_{死} = h_1 + h_2 + h_3 \tag{6-43}$$

式中　h_1——池底拱顶点到活动盖下缘平面的距离，一般为10～15cm，取10cm；

h_2——导气管下露出长度，一般取3～5cm，本设计取4cm；

h_3——导气管下口到液面距离，一般取20～30cm，本设计取28cm。

$$f_{死} = (0.1 + 0.04 + 0.28)\text{m} = 0.42\text{m}$$

② 死气箱容积：

$$V_{死} = \pi f_{死}{}^2\left(r_1 - \frac{f_{死}}{3}\right) \tag{6-44}$$

式中　$V_{死}$、$f_{死}$、r_1——死气箱容积、死气箱矢高、池盖曲率半径。

$$r_1 = \frac{1}{2f_1}(R^2 + f_1^2) = \frac{1}{2 \times 0.48} \times (1.2^2 + 0.48^2)\text{m} = 1.74\text{m}$$

$$V_{死} = 3.1416 \times 0.42^2 \times (1.74 - 0.42/3)\text{m}^3 = 0.89\text{m}^3$$

③ 投料率。根据死气箱的容积，可计算出沼气池投料率，即

$$投料率 = \frac{V - V_{死}}{V} \times 100\% \tag{6-45}$$

式中　V、$V_{死}$——发酵间容积和死气箱容积（m^3）。

$$投料率 = \frac{6.0 - 0.89}{6.0} \times 100\% = 85.2\%$$

④ 最大贮气量：

$$V_{贮} = 池容 \times 池容产气率 \times 0.5 \tag{6-46}$$

$$V_{贮} = 6.0 \times 0.25 \times 0.5\text{m}^3 = 0.75\text{m}^3$$

⑤ 气箱总容积：

$$V_{气} = V_{死} + V_{贮} \tag{6-47}$$

式中　$V_{气}$、$V_{死}$、$V_{贮}$——沼气池气箱总容积、死气箱总容积和有效气箱容积（最大贮气量）(m^3)。

$$V_{气} = (0.89 + 0.75)m^3 = 1.64m^3$$

⑥ 发酵间最低液面位。

a. 气箱在圆筒形池身部分的容积为

$$V_{筒} = V_{气} - Q_1 \tag{6-48}$$

$$V_{筒} = (1.64 - 1.14)m^3 = 0.5m^3$$

b. 圆筒形池身内气箱部分的高度为

$$h_{筒} = \frac{0.5}{\pi \times 1.2^2}m = 0.11m$$

最低液面位在池盖与池身交接平面以下 $h_{筒}$ 的位置上，这个位置也就是进出料管的安装位置。

6.3.2 垃圾填埋场设计计算

1. 设计依据及主要设计资料

（1）设计依据　填埋场的设计应符合 CJJ 17—2013《生活垃圾卫生填埋技术规范》和现行的其他相关的标准，设计前应掌握下列资料：城市用地规划、区域环境规划、场址周围人群活动分布与城区的关系；城市环境卫生规划及垃圾处理规划；地形、地貌及相关地形图；地层结构、岩石及地质构造等工程地质条件；地下水水位深度、流向等场址水文地质资料及利用情况；夏季主导风向及风速；降水量、蒸发量等气象背景资料；周围水系流向及用水状况；洪泛周期（年）；待填埋处理的垃圾总量和日填埋量；垃圾类型、性质、组成成分；土石料条件，包括取土石料难易、远近和存储总量；交通条件及供水供电条件。

（2）基础资料　主要基本资料：某垃圾填埋场周围环境现状、环境功能区划要求。通过对基本资料的分析讨论来决定后续工作的开展，如垃圾填埋场的地理位置、形状等感官参数设计、填埋场的处理量等。根据环境功能区划要求来保证运入的垃圾经填埋后对环境质量的影响符合环境要求。

（3）采用的主要标准和规范

1）GB 3095—2012《环境空气质量标准》。

2）GB 14554—1993《恶臭污染物排放标准》。

3）GB 3096—2008《声环境质量标准》。

4）GB 12348—2008《工业企业厂界环境噪声排放标准》。

5）GB 50869—2013《生活垃圾卫生填埋处理技术规范》。

6）GB 16889—2008《生活垃圾填埋场污染控制标准》。

7）ZBBZH/CS/1《城市生活垃圾卫生填埋处理工程项目建设标准》。

8）CJ/T 3037—1995《生活垃圾填埋场环境监测技术标准》。

9）GB 50337—2003《城市环境卫生设施规划规范》。

10）GB 50009—2012《建筑结构荷载规范》。

11）GB 50011—2010《建筑抗震设计规范》。

12）GB 50016—2014《建筑设计防火规范》。

13）GB 50057—2010《建筑物防雷设计规范》。

14）GB/T 50805—2012《城市防洪工程设计规范》。

15）GB 50201—2014《防洪标准》。

2. 总体设计

（1）工程规模

1）服务人口及面积。某镇国土面积 535.5km^2，下辖一个居委会、27 个行政村和 2 个林场，总人口 2 万人，大多数为农业人口，非农业人口 1600 人。未来的人口预测采用下列公式：

$$A_n = A_0(1+P)^n \tag{6-49}$$

式中　A_n——第 n 年的服务人口数（人）；

A_0——初始服务人口数（人），本次设计中根据当地的资料取 2 万人；

P——人口自然增长率，本次设计中根据当地的资料显示，$P=0.003$；

n——第 n 年。

2）垃圾产率。根据当地的调查资料显示，该镇现在的人均垃圾产生率为 0.7kg/（d·人），当年的垃圾产率为 5110t/a。结合该城市以农产品生产为主的特点，设计该镇的生活垃圾将在未来的几年呈连续增长的趋势，其增长系数取 0.01，采用下式预测该镇垃圾产生量在未来的变化趋势

$$a_n = a(1+0.01)^n \tag{6-50}$$

式中　a——初始垃圾人均日产生率［kg/(d·人)］；

a_n——第 n 年的垃圾人均日产率［kg/(d·人)］。

3）垃圾产生量预测：

$$W_n = \frac{A_n a_n}{1000} \tag{6-51}$$

式中　W_n——第 n 年的日产垃圾量（t/d）。

由以上三式得该镇各年的服务人口及垃圾产生量见表 6-16。

表 6-16　各年的垃圾产生量

序号	年份	人口/万人	人均垃圾日产量/(kg/d·人)	生活垃圾日产量/(t/d)	生活垃圾年产量/(t/a)	生活垃圾累积量/万 t	垃圾年均产量/(万 t/年)
1	2006	2.000	0.700	14.000	5110.000	0.511	0.511
2	2007	2.006	0.707	14.182	5176.583	1.029	0.514
3	2008	2.012	0.714	14.367	5244.034	1.553	0.518
4	2009	2.018	0.721	14.554	5312.364	2.084	0.521
5	2010	2.024	0.728	14.744	5381.584	2.622	0.524
6	2011	2.030	0.736	14.936	5451.706	3.168	0.528
7	2012	2.036	0.743	15.131	5522.742	3.720	0.531
8	2013	2.042	0.750	15.328	5594.703	4.279	0.535

（续）

序号	年份	人口/万人	人均垃圾日产量/(kg/d·人)	生活垃圾日产量/(t/d)	生活垃圾年产量/(t/a)	生活垃圾累积量/万 t	垃圾年均产量/(万 t/年)
9	2014	2.049	0.758	15.528	5667.602	4.846	0.538
10	2015	2.055	0.766	15.730	5741.451	5.420	0.542
11	2016	2.061	0.773	15.935	5816.262	6.002	0.546
12	2017	2.067	0.781	16.143	5892.048	6.591	0.549
13	2018	2.073	0.789	16.353	5968.821	7.188	0.553
14	2019	2.079	0.797	16.566	6046.595	7.793	0.557
15	2020	2.086	0.805	16.782	6125.382	8.405	0.560
16	2021	2.092	0.813	17.001	6205.196	9.026	0.564
17	2022	2.098	0.821	17.222	6286.050	9.654	0.568
18	2023	2.104	0.829	17.446	6367.957	10.291	0.572
19	2024	2.111	0.837	17.674	6450.931	10.936	0.576
20	2025	2.117	0.846	17.904	6534.987	11.590	0.579
21	2026	2.123	0.854	18.137	6620.138	12.252	0.583
22	2027	2.130	0.863	18.374	6706.398	12.922	0.587
23	2028	2.136	0.871	18.613	6793.783	13.602	0.591
24	2029	2.143	0.880	18.856	6882.306	14.290	0.595
25	2030	2.149	0.889	19.101	6971.982	14.987	0.599

4）工程规模。垃圾填埋场总库量为 12.85 万 m^3，日处理量为 15.51t/d。库容还未达到 ZBBZH/CS/1《城市生活垃圾填埋处理工程项目建设标准》的Ⅳ类规模（总容量为 100 万 ~ 200 万 m^3），日处理量也没达到Ⅵ级（日处理量为 200t/d 以下），此垃圾场的规模是小型的垃圾填埋场。

（2）处理方法选择　目前，国内外对垃圾的处理方法主要有焚烧技术，堆肥技术，卫生填埋技术，以及由上述三种技术结合起来，使缺点互相抵消，使优点更为显著的垃圾综合处理技术。

1）焚烧技术。焚烧处理是目前国内外生活垃圾处理的一种主要方法，能够达到理想的减量化的目的，其方法是采用专用设备如垃圾焚烧炉进行燃烧，但是投资大，运行费用高，同时要求有较大的垃圾量供应才能保证设备的正常运行，因此，在经济发达的大城市才能采用。

2）堆肥技术。堆肥技术有敞开式静态堆肥和机械化高温堆肥两种方式，其好处在于能变废为用，在一定程度上达到垃圾处理的资源化目的，但是由于近年来居民生活水平的提高和生活结构的改变，废旧塑料、废旧玻璃垃圾量剧增，如果没有对这种垃圾分类收集和预分选，很难进行堆肥处理。如果能自觉做好垃圾的分类处理，将各种金属、塑料和有机物区分开来，再将仅含有有机物的垃圾进行堆肥，既解决了垃圾出路问题，又可以增加土地地力。

3）卫生填埋技术。卫生填埋是采取防渗、铺平、压实、覆盖对城市生活垃圾进行处理和对气体、渗沥液、蝇虫等进行治理的垃圾处理方法。按地形分填埋有三种：山谷填埋、平地填埋、废坑填埋。填埋无法做到垃圾的减量化，但却是垃圾无害化处理的最终手段，方法简便易行，投资较低，能消纳的垃圾量大，比较适应于目前大部分的城市和乡村的经济承受能力，对于山区小集镇来说是较为合适的选择。

由于地形复杂、垃圾产生地相距较远、交通等基础设施不完善，所以不适合对垃圾进行集中大规模处理，只能建设小型垃圾填埋场，且一般都建在山谷中。结合镇垃圾填埋场工程设计，研究采用人工防渗的现代卫生填埋方式，建设经济技术合理的山谷型小型垃圾填埋场，选择山谷填埋法。

（3）场址选择

1）填埋场的选址原则。场址的选择是卫生填埋场全面设计规划的第一步。影响选址的因素很多，主要应从工程学、环境学、经济学、法律和社会学等方面来考虑。这些选择要求相辅相成，主要遵循两条原则：一是从防止环境污染角度考虑的安全原则，二是从经济角度考虑的经济合理原则。

① 安全原则是选址的基本原则。维护场地的安全性，要防止场地对大气的污染，对地表水的污染，尤其是要防止渗滤水的释出对地下水的污染。因此，防止地下水的污染是场地选择时考虑的重点。

② 经济原则对选址也有相当大的影响。场地的经济问题是一个比较复杂的问题，它与场地的规模、容量、征地费用，运输费，操作费等多种因素有关。合理的选址可充分利用场地的天然地形条件，尽可能减少挖掘土方量，降低场地施工造价。

③ 另外必须考虑的因素是土地的所有权和租期。选址的一个先决条件是要能确定场地中哪一个最能达到“可能选出的最好场地”所要求的标准。

2）场地的勘察。场地的勘察包括现场调查和实地勘测两个方面，勘察的步骤为：

① 根据现有资料对场地所在地区进行初步调查。

② 在初步调查的基础上进行实地考察。

③ 通过钻探或挖掘技术进行场地水文地质勘察。

④ 勘察资料整理，绘制较详细的处置场地地图。

在进行场地选择时，首先要进行现场调查。这个阶段的主要工作是文献资料调研和现场实地考察，以了解场地的地形、地貌、水文条件、工业布局、人口分布等情况，同时进行初步分析，判断该地区是否适合建造填埋场地。

3）场地选择。填埋场地的选择是处置工程设计的第一步，既要满足环保要求，又要经济可行，要从工程学、环境学、经济学及法律和社会等方面考虑。概括起来主要有以下几方面：确定填埋场的面积、运输距离、土壤与地形条件、气象条件、地质和水文地质条件、环境条件、场地的最后利用。

4）场址确定。最终垃圾场确定位于某山沟内，两侧山坡陡峭，由基岩构成，坡度50°~60°，表层风化壳较厚，为强风化花岗岩，坡面植被繁盛。沟长约360m，底宽度5~19m，纵坡降15%，是一个V形谷。

3. 垃圾处理场工程设计

（1）工程内容 垃圾填埋场由垃圾填埋主体工程、防洪工程、渗滤液收集及处理工程、生产生活设施工程、道路工程、输配电工程等内容组成。

1）垃圾填埋主体工程。填埋工程主要包括对山谷进行部分开挖，以及垃圾分区填埋后进行覆盖。

2）防洪工程。为避免雨水进入填埋场区内，增加渗滤液产生量和处理量，甚至在过大的山洪暴发的情况下发生垃圾被冲走等情况，在垃圾填埋场范围四周设截洪沟，对雨水进行导排。

3）渗滤液收集及处理工程。填埋场的垃圾渗滤液采用底部及填埋体内主次盲沟收集并汇集于垃圾坝后调节池供集中处理。

4）生产生活设施工程。供填埋厂内工作人员日常生活之用。

5）道路工程。利用现有的一段道路从旁边加分支，道路宽5m，为白色混凝土路面，作为垃圾进入填埋场的主干道。

6）输配电工程。由于填埋的规模不大，从节省成本考虑，从最近的电网供电。

（2）卫生填埋场

1）库容及使用年限。

① 库容。库容计算是采用CAD估算，具体根据填埋高程不同先将总填埋场划为6部分计算，划分情况如图6-17所示。总库容为每两条高程线间的库容之和，库容以绘制面域的方法计算，结果见表6-17。

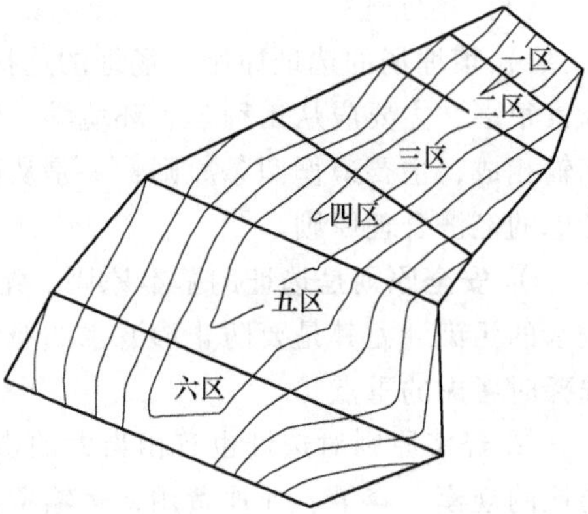

图6-17 库容估算图

表6-17 垃圾填埋场库容计算

序号	高程/m	高程差/m	面积/m^2	库容/m^3	累计库容/m^3	序号	高程/m	高程差/m	面积/m^2	库容/m^3	累计库容/m^3
1	750	2.5	74.97	62.48	62.48	6	775	5	5634.21	27854.68	76464.43
2	755	5	757.33	1784.30	1846.78	7	780	5	5332.80	27414.07	103878.51
3	760	5	2303.23	7302.13	9148.91	8	780	5	2427.49	18930.42	122808.92
4	765	5	4046.00	15669.85	24818.76	9	785	5	252.90	5773.19	128582.12
5	770	5	5422.42	23790.99	48609.76						

$$A_{总}=26251.25m^2$$

② 使用年限估算：

$$有效使用年限=\frac{垃圾场的有效容积\times垃圾质量容量}{每年产生的垃圾量\times垃圾填埋覆土系数}$$

本次设计中垃圾质量容量取0.86t/m^3，垃圾填埋覆土系数取1.3。有效使用年限为15年，即总处置垃圾累积量为8.506万t，使用年限内填埋场年均处理量为0.56万t，日均处理量为15.51t。

2）渗滤液及气体的产生量。

① 渗滤液产生量。渗滤液产生量的计算比较复杂，目前国内外已提出多种方法，主要有水量平衡法、经验公式法和经验统计法三种。水量平衡法综合考虑产生渗滤液的各种影响因素，以水量平衡和损益原理而建立，该法准确但需要较多的基础数据，而我国现阶段相关资料不完整的情况限制了该法的应用。经验统计法是以相邻相似地区的实测渗滤液产生量为依据，推算出本地区的渗滤液产生量，该法不确定因素太多，计算的结果较粗糙，不能作为渗滤液计算的主要手段，通常仅用来作为参考，不能用作主要计算方法。经验公式法的相关参数易于确定，计算结果准确，在工程中应用较广。其公式为

$$Q=\frac{I(C_1A_1+C_2A_2)}{1000} \tag{6-52}$$

式中　Q——渗滤液年产生量（m^3/a）；

I——降雨强度（mm），具体见表6-18；

C_1——正在填埋区渗出系数（一般取0.4～0.7，本设计取0.5）；

A_1——正在填埋区汇水面积（m^2）；

C_2——已填埋区渗入系数（一般取0.2～0.4，本设计取0.25）；

A_2——已填埋区汇水面积（m^2）。

由于是新设计的填埋场，因此 $A_2=0$，$A_1=A_{总}$，$Q=20528.48m^3/a$。

② 气体产生量：

$$L_0=W(1-\omega)\eta_{有机}C_{COD}V_{COD} \tag{6-53}$$

式中　L_0——填埋废物的理论产气量（m^3）；

W——废物质量（kg），本设计取5600kg；

C_{COD}——单位质量废物的COD（kg/kg），本设计取1.2kg/kg；

V_{COD}——单位COD相当的填埋场产气量（m^3/kg），本设计取0.7m^3/kg；

$\eta_{有机}$——垃圾中的有机物质量分数（%）（干基），本设计取45%；

ω——垃圾中的有机物质量分数（%），本设计取0.3。

$$L_0=1481.76m^3$$

③ 渗滤液及气体的收集设备。由于20年内最大月降水量为475.8mm，则可能由雨水带来的最大渗滤液为 $475.8\times26251.25\times0.5/(1000\times30)m^3/d=208.172m^3/d=0.0024m^3/s$。

盲沟的材料选择HDPE管，管道坡降为0.27，需要排除的渗滤液流量是0.0024m^3/s。根据曼宁公式：

$$Q=\frac{1}{n}r_h^{2/3}S^{1/2}A$$

$$r_h=A/P_w \tag{6-54}$$

式中　Q——管道净流量（m^3/s）；

n——曼宁粗糙系数，HDPE材料取0.011；

r_h——水力半径（m）；

A——管的内截面积（m^2）；

S——管道坡降；

P_w——湿周（m）。

将相关数据代入式（6-54）求得：$r_h=0.034m$，HDPE 管的管径 $d=4\times0.034m=0.136m$。

根据 HDPE 管的规格，主盲沟取公称外径为 160mm 的半花管，公称压力为 1.00MPa，壁厚 14.6mm，支盲沟采用 160mm 的半花管。竖盲沟比主盲沟小一号，选用公称直径 140mm 的半花管，壁厚 12.7mm。

④ 调节池的容积。根据国内外填埋场运行和设计经验，填埋场渗滤液量应根据当地 20 年逐月平均降水量分别计算每个月的渗滤液产生量，停留在调节池的量一般应扣除当月的处理量，累积最大余量即为调节池最低调节容量。渗滤液调节池容积计算见表 6-18。

表 6-18 渗滤液调节池容积计算

月份	降水量/mm	渗滤液产生量/m^3	渗滤液处理量/m^3	渗滤液未处理量/m^3	最大累积容量/m^3
1	55.8	732.409875	620	112.409875	
2	121.7	1597.388563	560	1037.388563	
3	188.8	2478.118	620	1858.118	
4	183.9	2413.802438	600	1813.802438	
5	221.1	2902.075688	620	2282.075688	
6	220	2887.6375	600	2287.6375	
7	152.8	2005.5955	620	1385.5955	
8	179.4	2354.737125	620	1734.737125	
9	120.1	1576.387563	600	976.387563	
10	46.6	611.654125	620	-8.345875	
11	37.5	492.2109375	600	-107.7890625	
12	36.3	476.4601875	620	-143.5398125	
全年	1564				13228.4775

因此，调节池的容积为 $13228.4775m^3$。考虑到填埋场露天操作的不可预见性，取安全系数 1.1，调节池容积应为 $14551m^3$，还有部分厂区的生活污水，取调节池容积 $15000m^3$。

3）防洪工程。截洪沟沿着填埋区的边界设置以导流雨水，阻止山坡上的雨水直接流进填埋区。洪峰流量的计算：

① 理论计算公式：

$$Q_p=0.278\frac{q}{\tau^n}\psi F \tag{6-55}$$

$$q=H_{24p}\cdot 24^{n-1} \tag{6-56}$$

$$H_{24p}=H_{24}(1+C_{V24}\Phi)=H_{24}K_p \tag{6-57}$$

式中 q——暴雨强度（mm/h）；

ψ——暴雨径流系数，本设计取 0.9；

τ——降雨历时，即汇水时间；

F——汇水面积（km^2）；

n——暴雨衰减指数，本设计取 0.60；

H_{24}——多年平均最大 24h 雨量（mm），本设计取 209mm；

H_{24p}——设计频率 p 最大 24h 雨量（mm）；

C_{V24}——最大24h雨量的变差系数，查《给水排水设计手册（第7册）城市防洪》“全国分区 C_V 值”，本设计的变差系数取0.60；

Φ——皮尔逊Ⅲ型曲线的离均系数，查《给水排水设计手册（第7册）城市防洪》得，当设计频率 $p=2\%$ 时，$\Phi=2.94$，当 $p=5\%$ 时，$\Phi=2.00$；

K_p——皮尔逊Ⅲ型曲线模比系数，在本设计中可以不用此系数进行计算，可以通过查变差系数 C_{V24} 和离均系数 Φ 来计算流量。

由于本填埋场汇水面积小，汇流时间短，属全面汇流，为了简化计算，上式计算中，汇流时间 τ 取10min，即0.167h，汇水面积根据1:500地形图及工程地质勘察报告计算，填埋场汇水面积为 $0.026km^2$，经计算：

a. 当 $p=5\%$，即重现期为20年时，$\Phi=2.00$。

$$H_{24p}=H_{24}(1+C_{V24}\Phi)=209\times(1+0.60\times2.00)\text{mm}=459.8\text{mm}$$

$$q=H_{24p}\cdot24^{n-1}=459.8\times24^{0.6-1}\text{mm/h}=128.97\text{mm/h}$$

$$Q_p=0.278\frac{q}{\tau^n}\psi F=0.278\times\frac{128.97}{0.167^{0.6}}\times0.9\times0.026\text{m}^3/\text{s}=2.45\text{m}^3/\text{s}$$

b. 当 $p=2\%$，即重现期为50年时，$\Phi=2.94$。

$$H_{24p}=H_{24}(1+C_{V24}\Phi)=209\times(1+0.60\times2.94)\text{mm}=577.676\text{mm}$$

$$q=H_{24p}\cdot24^{n-1}=577.676\times24^{0.6-1}\text{mm/h}=162.03\text{mm/h}$$

$$Q_p=0.278\frac{q}{\tau^n}\psi F=0.278\times\frac{162.03}{0.167^{0.6}}\times0.9\times0.026\text{m}^3/\text{s}=3.09\text{m}^3/\text{s}$$

② 暴雨强度计算公式：

$$q=\frac{1376.228\times(1+0.599\lg P)}{(\tau+7.133)^{0.608}} \tag{6-58}$$

式中 q——暴雨强度 $[L/(s\cdot hm^2)]$；

P——重现期（年）；

τ——降雨历时，本次设计取10min，即0.167h。

a. 当 $p=5\%$，即重现期为20年时，暴雨强度为

$$q=\frac{1376.228\times(1+0.599\lg P)}{(\tau+7.133)^{0.608}}=\frac{1376.228\times(1+0.599\times\lg20)}{(10+7.133)^{0.608}}\text{L}/(\text{s}\cdot\text{hm}^2)=435.2843\text{L}/(\text{s}\cdot\text{hm}^2)$$

汇水量公式：

$$Q_p=Fq\Phi \tag{6-59}$$

式中 F——汇水面积（km^2）；

Φ——径流系数，0.1~0.3，本设计取0.2。

填埋区 $Q_p=Fq\Phi=0.026\times435.2843\times0.2\text{m}^3/\text{s}=0.226\text{m}^3/\text{s}$

b. 当 $p=2\%$，即重现期为50年时，暴雨强度为

$$q=\frac{1376.228\times(1+0.599\lg P)}{(\tau+7.133)^{0.608}}=\frac{1376.228\times(1+0.599\times\lg50)}{(10+7.133)^{0.608}}\text{L}/(\text{s}\cdot\text{hm}^2)=493.5971\text{L}/(\text{s}\cdot\text{hm}^2)$$

填埋区 $Q_p=Fq\Phi=0.026\times493.5971\times0.2\text{m}^3/\text{s}=0.257\text{m}^3/\text{s}$

由上述计算可知：暴雨强度公式推导所得流量值远小于推理公式计算推导所得流量值，故洪水总量及管渠计算都按推理公式计算结果来求。

③ 一次洪水总量的计算（w）。

a. 按最大 24h 降水量算：

$$w = \Psi H_{24p} F \tag{6-60}$$

式中 Ψ——平均径流系数，取 0.8；

F——汇水面积（km^2），本设计的汇水面积为 $0.026km^2$；

H_{24p}——设计频率 p 最大 24h 降水量（mm）。

当 $p = 2\%$，即重现期为 50 年时：

$$w = \Psi H_{24p} F = 0.8 \times 577.676 \times 0.026 \times 1000m^4 = 1.202 \times 10^4 m^3$$

当 $p = 5\%$，即重现期为 20 年时：

$$w = \Psi H_{24p} F = 0.8 \times 459.8 \times 0.026 \times 1000m^4 = 0.956 \times 10^4 m^3$$

b. 按最大洪峰流量计算：

当 $p = 2\%$，即重现期为 50 年时：

$$w = 3.09 \times 600m^3 = 1854m^3$$

当 $p = 5\%$，即重现期为 20 年时：

$$w = 2.45 \times 600m^3 = 1470m^3$$

通过以上的计算进行对比可知，按最大 24h 降水量计算所得的洪水总量远远大于用最大洪峰流量计算所得的量，所以为了安全起见，必须以最大 24h 的降水量来算。

④ 截洪沟设计计算。截洪沟沟底宽度应满足施工要求，因此沟底宽度要不小于 0.4m，其过水断面为梯形。截洪沟的断面面积为

$$w = (b + mh)h \tag{6-61}$$

式中 b——截洪沟沟底宽度（m），本设计取 1.0m；

h——截洪沟内水深（m）；

m——边坡系数，本设计取 1.0。

由于山地的土质一般为黏土或非黏土的土壤，查《给水排水设计手册（第 7 册）城市防洪》得，其允许的不冲刷流速都很小，大部分都小于 1m/s，抗冲刷能力很差，所以必须进行防护处理。本设计采用混凝土护面进行防护，其抗冲刷能力很强。查《给水排水设计手册（第 7 册）城市防洪》得，混凝土护面的边坡系数 $m = 1.0$，混凝土护面（无抹灰的混凝土）的糙率 $n = 0.013$。流速计算公式为

$$v = C\sqrt{Ri} \tag{6-62}$$

式中 R——水力半径（m）；

i——沟底纵坡，其值不小于 0.2%，本次设计可取 2%；

C——谢才系数 $m^{1/2}/s$，其值与水力半径 R 和护面的糙率 n 有关，可按曼宁公式计算。

a. 假定设计水深 $h = 0.5m$。

断面面积　$w = (b + mh)h = (1.0 + 1.0 \times 0.5) \times 0.5m^2 = 0.75m^2$

湿周　$x = b + 2h\sqrt{1 + m^2} = (1.0 + 2 \times 0.5 \times \sqrt{1 + 1.0^2})m = 2.41m$

水力半径　$R = \dfrac{w}{x} = \dfrac{0.75}{2.41}m = 0.31m$

此时，流速系数 $C = \dfrac{1}{n}R^{1/6} = 63.26m^{1/2}/s$，则沟内流速为

$$v = C\sqrt{Ri} = 63.26 \times \sqrt{0.31 \times 0.02}\,\text{m/s} = 4.98\,\text{m/s}$$

流量 Q 为

$$Q = wv = 0.75 \times 4.98\,\text{m}^3/\text{s} = 3.735\,\text{m}^3/\text{s}$$

设计流量 Q_p 的计算公式为

$$Q_p = 0.278\frac{q}{\tau^n}\Psi F \tag{6-63}$$

由于本设计只给了20年内某镇的降雨情况，所以设计截洪沟的尺寸以20年一遇的流量进行计算。由理论推导所得设计流量 $Q_p = 2.45\text{m}^3/\text{s}$。

校核流量：

$\frac{|Q - Q_p|}{Q} = \frac{3.735 - 2.45}{3.735} = 33.4\% > 5\%$（5%为设计允许最大误差），所以必须重新假定 h 的值。

b. 假定设计水深 $h = 0.4\text{m}$，$w = 0.56\text{m}^2$，$x = 2.13\text{m}$，$R = 0.26\text{m}$，$C = 61.42\text{m}^{1/2}/\text{s}$，$v = 4.43\text{m/s}$，$Q = 2.4808\text{m}^3/\text{s}$。

$\frac{|Q - Q_p|}{Q} = \frac{2.4808 - 2.45}{2.4808} = 1.24\% < 5\%$，假定的 h 值符合要求，所以截洪沟的设计尺寸为：沟底宽度 $b = 1.0\text{m}$，设计水深 $h = 0.4\text{m}$，沟内流速为 $v = 4.43\text{m/s}$。

由于采用的是混凝土作为保护层的方法，因此其抗不冲刷的容许流速较大（一般在10m/s左右），所以完全不必担心产生冲刷；而一般黏性土壤的最小不淤流速都只在1m/s左右，所以混凝土护面的不淤流速要比黏性土壤小很多，基本不会存在淤积的情况。综上所述，本设计的沟内流速 $v = 4.43\text{m/s}$ 可以满足设计要求，同时，为了安全起见，设计水深应加上安全高度 $\Delta h = 0.2\text{m}$，所以最终的设计结果如下：

截洪沟过水断面为梯形，并采用混凝土护面进行防护，沟底宽度 $b = 1.0\text{m}$，设计水深 $h = 0.4\text{m}$，沟内设计流速为 $v = 4.43\text{m/s}$。

4）填埋工艺。本次设计的填埋作业方法为平面作业法、斜坡作业法、沟填法；作业单元采用分层压实方法，垃圾压实密度为860kg/m^3，单元每层垃圾厚度为2.5m。每层垃圾压实后，采用土壤进行覆盖。垃圾填埋场的主要设备有压实机、推土机、装载机、地磅、挖掘机、运输货车等。

5）防渗工程（水平防渗及垂直防渗）。根据填埋场防渗设施（或材料）铺设方向的不同，可将填埋场防渗分为垂直防渗和水平防渗，根据所用防渗材料的来源不同又可将水平防渗进一步分为自然防渗和人工防渗。

① 水平防渗技术方法。防渗是卫生填埋处理技术的主要标志，它能防止垃圾在填埋过程中产生的渗滤液、填埋气体对填埋场的水体和土壤造成污染，减少渗滤液的产生量，并为以后对填埋气体有序、可控制地收集和利用创造空间。防渗的技术关键是防渗层的构造，其结构形式直接决定了防渗效果和工程建设投资。

水平防渗层的构造形式，经历了最初的不加限制到早期的黏土单层设计，直至近期的柔性膜与黏土复合层的发展历程。用于填埋场防渗层的天然材料主要有黏土、亚黏土、膨润土，人工合成材料主要有聚氯乙烯（PVC）、高密度聚乙烯（HDPE）、条状低密度聚乙烯（LLDPE）、超低密度聚乙烯（VLDPE）、氯化聚乙烯（CPE）和氯磺化聚乙烯（CSPE）。

高密度聚乙烯（HDPE）膜作为一种高分子合成材料，有抗拉性好、抗腐蚀性强、抗老化性能高等优良的物理、化学性能，使用寿命在50年以上。防渗功能比最好的压实黏土高10^7倍（压实黏土的渗透系数级数为10^{-7}级，而HDPE膜的渗透系数级数为10^{-14}级），其断裂延伸率高达600%以上，完全满足垃圾填埋运行过程中由蠕变运动所产生的变形，有利于施工、填埋运行。

② 水平防渗方案设计。根据地质勘查情况，为达到既保证安全又经济可行的目的，本设计做出三种防渗方案进行技术经济比较，以便确定最合适的防渗结构体系。

方案一：单层HDPE膜+黏土复合衬垫。其竖向结构构造自上而下分别如图6-18所示。HDPE膜选用进口产品，土工网格、土工布选用国内产品，其余按当地市场价格，单位工程造价大概为142.5元/m^3。

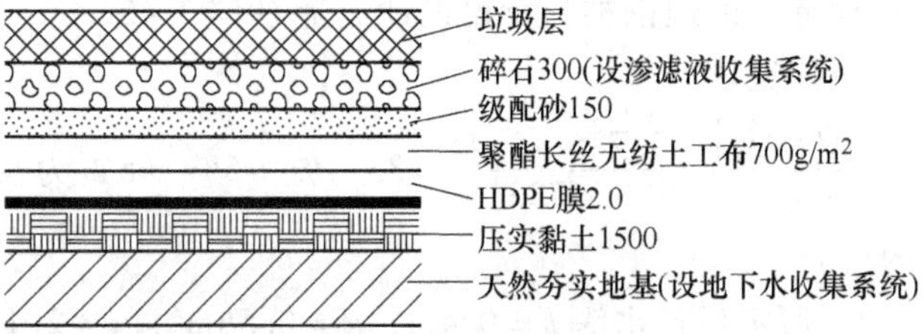

图6-18 单层膜+黏土复合衬垫

方案二：双层HDPE膜+黏土复合防渗衬垫。其竖向结构构造自上而下分别如图6-19所示。HDPE膜选用进口产品，土工网格、土工布选用国内产品，其余按当地市场价格，单位工程造价大概为173.1元/m^3。

方案三：单层HDPE膜+膨润土复合防渗衬垫。其竖向结构构造自上而下分别如图6-20所示。HDPE膜、含膨润土交织土工布选用进口产品，土工布选用国内产品，其余按当地市场价格，单位工程造价大概为166.1元/m^3。

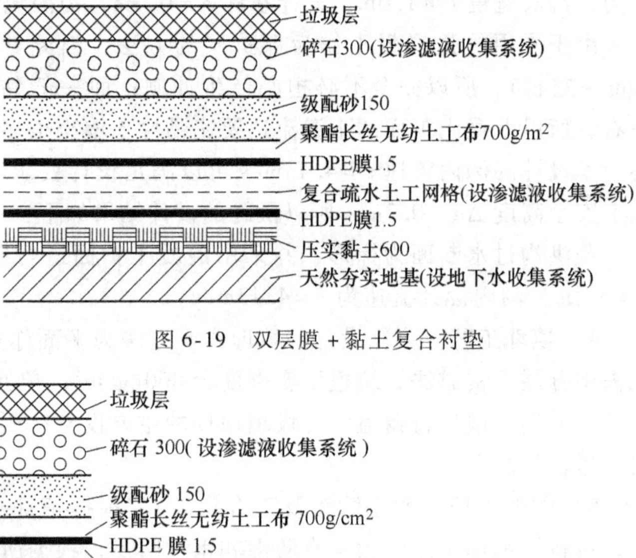

图6-19 双层膜+黏土复合衬垫

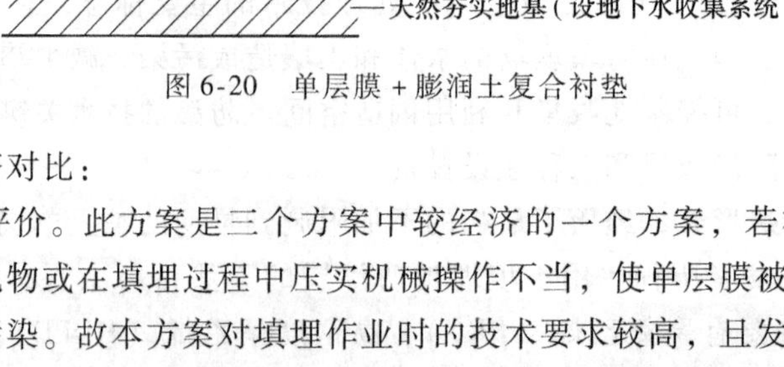

图6-20 单层膜+膨润土复合衬垫

各方案技术经济对比：

a. 对方案一的评价。此方案是三个方案中较经济的一个方案，若在填埋作业时，第一层所填垃圾中有尖锐物或在填埋过程中压实机械操作不当，使单层膜被刺穿，则防渗系统基本失效，造成水体污染。故本方案对填埋作业时的技术要求较高，且发生膜刺穿时造成的危害较大。

b. 对方案二的评价。此方案造价较高，并要求较高的监管水平。双层膜具有双保险的作用，若第一层被刺穿，还有下层膜及土工布可阻挡渗滤液进一步向下渗透，因此可将经过上层膜孔洞的渗漏量减至最少，从而可大大减少通过防渗衬垫的渗漏量。

c. 对方案三的评价。此方案造价在三个方案中相对经济，单层膜 + 膨润土的复合防渗衬垫最为经济实用，既可解决单层膜的刺穿问题，又可减少造价，不仅防渗效果良好，可靠性、耐久性也好，且施工方便，膨润土能够对局部渗漏点起到补漏的作用。

因此，本设计采用方案三。

③ 水平防渗施工。施工工艺如图 6-21 所示。HDPE 膜是高密度聚乙烯合成材料，具有较强的延展性和良好的防渗性能，但遇尖锐物易破裂。因此，HDPE 膜的垫层、铺衬、覆盖及其他相关作业等应严格按设计要求施工，保证施工质量，这是保证垃圾填埋场防渗系统质量的关键。

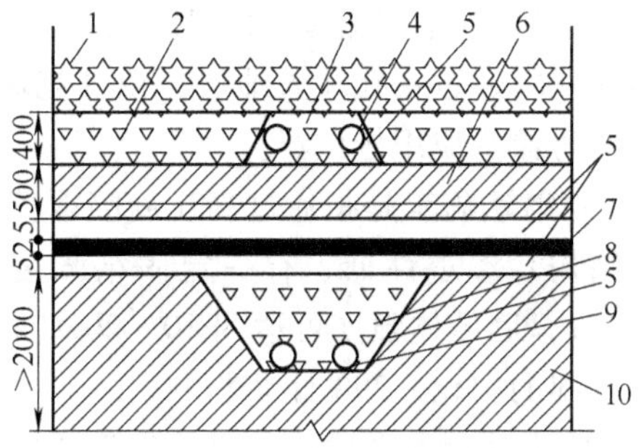

图 6-21　水平防渗结构图

1—垃圾体　2—碎石层　3—渗滤液收集沟　4—HDPE 多孔管　5—土工布　6—粗砂层　7—HDPE 膜 + 黏土复合层　8—地下水收集沟　9—钢筋混凝土多孔管　10—基础层

坡面可分为土质坡面和石质坡面，根据设计规定，坡面放坡系数不得低于 1∶1.25。土质坡面经机械开挖后，人工整平夯实，彻底清除树根、砾石等尖锐杂物，然后铺垫一层土工布（$400g/m^2$）、铺衬 HDPE 膜，再在膜上铺垫一层土工布；石质坡面应与周围土质坡面厚度一致，经修凿的石质坡面上用水泥砂浆抹平，然后铺衬 HDPE 膜，上覆一层土工布。

沟谷一般由数条支沟和 1 条主干沟组成。支沟上设渗滤液收集沟（下设地下水收集盲沟）和鱼刺状渗滤液收集支沟；主干沟上设汇集渗滤液收集沟的渗滤液主盲沟（下设地下水土干沟）。

场底为垃圾堆填区，场底基础为土方层填筑，机械碾压平整。场底土层（30cm 厚）应由人工彻底清除树根、石块等杂物，然后铺筑 40cm 厚粗砂层，粗砂层中不得含有粒径大于 2.5cm 的角砾或其他尖锐物。在粗砂层表面铺垫一层土工布，然后铺衬 HDPE 膜，上覆 50cm 厚过筛的优质黏土保护层，再铺筑 40cm 厚粗砂过滤层后，才能用于垃圾堆填。

在坡面进行 HDPE 膜铺衬时，坡面上端应进行锚固，锚固采用锚固沟法，即在坡面上端距坡口 100cm 处开挖宽、深各 100cm 的矩形沟槽，将 HDPE 膜和下层土工布沿沟槽底部及边缘铺设，然后用黏土分层回填夯实。石质坡面的锚固方法与土质基本相同，但锚固沟的尺寸可适当缩小，沟内采用低强度等级素混凝土回填。

HDPE 膜的拼接接口采用专用机械熔焊，局部破损也可采用焊接法修补。由于 HDPE 膜是进口产品，铺衬和焊接施工时应有专家现场指导。

④ 垂直防渗系统。填埋场的垂直防渗系统是根据填埋场的工程、水文地质特征，利用填埋场基础下方存在的独立水文地质单元、不透水或弱透水层等，在填埋场一边或周边设置垂直的防渗工程（如防渗墙、防渗板、注浆帷幕等），将垃圾沥出液封闭于填埋场中进行有控制地导出，防止沥出液向周围渗透污染地下水和填埋场气体无控制释放，同时也有阻止周围地下水流入填埋场的功能。

垂直防渗系统在山谷型填埋场中应用较多，在平原区填埋场中也有应用。垂直防渗系统广泛用于新建填埋场的防渗工程和已有填埋场的污染治理工程，尤其对于已有填埋场的污染治理，因目前对其基底防渗尚无办法，因此周边垂直防渗就特别重要。根据施工方法的不同，可用于垂直防渗墙工程施工的方法有地基土改性法、打入法和开挖法等。

⑤ 垂直防渗墙施工方法。

a. 地基土改性法。地基土改性法施工防渗墙是通过充填、压密地基土等方法使原土渗透性降低而形成的防渗墙，在填埋场垂直防渗墙施工中主要有注浆法、喷射法和原土就地混合法三种。

ⅰ. 注浆法即注浆帷幕的一种方法，按一定的间距设计钻孔，采用一定的注浆方法和压力把防渗材料通过钻孔注入地层，使其充填地层孔隙，达到防渗的目的。该方法在我国的垃圾填埋场防渗中应用较广泛。

ⅱ. 喷射法施工是指通过高压旋喷或摆喷方法使浆液与地基土搅拌混合，凝固后成为具有特殊结构、渗透性低、有一定固结强度的固结体。该方法可使防渗墙的渗透系数达到10^{-10}cm/s，固结体强度可达到10~20MPa。浆液可使用膨润土-水泥浆液或者化学浆液，如中科院研制的中化-798 注浆材料。

ⅲ. 原土就地混合法施工是将欲形成防渗墙位置的原状土用吊铲等工具挖出，并使其与水泥或其他充填材料就地混合后重新回填到切槽中。为了保证切槽的连续施工，采用膨润土浆液护壁。该方法在美国应用较多，这种方法适用于深度较浅的防渗墙。

b. 打入法。打入法施工防渗墙是利用夯击或振动的方法将预制好的防渗墙体构件打入土体成墙，或者利用夯击或振动方法成槽后灌浆成墙的一种方法。用这种方法施工的防渗墙有板桩墙、复合窄壁墙及挤压灌注防渗墙等。

ⅰ. 板桩墙的施工是将已预制好的板桩构件垂直夯入地层中。常用的板桩有钢板桩和外包薄钢板的木板桩，板桩之间要用板桩锁连接，两板桩之间要有重叠，间隙要保持闭合或进行密封，防止渗漏。板桩墙还要有耐腐蚀性。板桩墙比较适宜在软弱土层中使用，对于硬塑性土层则由于打夯困难而受到限制。

ⅱ. 复合窄壁墙施工首先通过夯击或振动将土体向周围排挤形成防渗墙空间，把防渗板放入已形成的防渗墙空间，然后注浆充填缝隙形成防渗墙体。复合窄壁墙的施工有梯段夯入法和振动冲压法等。梯段夯入法是先夯入厚的夯入件，最后分梯段夯入薄的夯入件达到预计深度。打夯结束后，把含有膨润土和水泥的浆液注入形成的槽内，硬化后便形成了防渗墙体。振动冲压法是用振动器把板桩垂直打入土体，直至进入填埋场基础下方的黏土层，板桩以外的空隙注浆充填。施工时还要求振动板之间的排列和搭接闭合成一体，两板的间隙要保证闭合和封闭板桩墙通常是耐腐蚀的。

ⅲ. 挤压灌注防渗墙利用冲击锤或振动器将夯入件打到所要求的深度，夯入件在土体中排挤出一个槽段空间，一般5~6个夯入件循环使用，当第3个和第4个夯入件打入后，前两个打入件可取出，向槽段灌注防渗浆材成墙。灌注浆材料可使用由集料（砂和粒级为0~8mm的砾石）、水泥、膨润土和石灰粉加水混合而成的土状混凝土。土状混凝土各成分配比要根据对防渗墙体要求的渗透性、强度和可施工性等指标而定。防渗墙体材料应满足制成的防渗墙体的渗透系数（$k \leqslant 10^{-10}$cm/s），并满足抗腐蚀性、能用泵抽吸、具有流动性、便于填充等要求。

c. 开挖法。开挖法施工防渗墙是通过挖掘地下土形成沟槽，槽壁的稳定由灌入的泥浆维护，然后在沟槽中灌注墙体材料并将泥浆排挤出而形成的防渗墙。

6）渗滤液收集系统及调节池。垃圾填埋场渗滤液污染控制是填埋场运行的关键问题。渗滤液的产生量受多种因素影响，从填埋场工程设计和运行管理的角度看，渗滤液水量对渗滤液处理系统的规模、处理工艺和填埋场环境评价都是至关重要的。

经过计算，渗滤液产量为每年 20528.48m^3，调节池取 15000m^3。

调节池的结构形式主要有钢筋混凝土结构和自然开挖加 HDPE 土工膜防渗结构，这种结构形式主要考虑调节池的容积、场地的地形地貌、场地地质条件、资金等几个方面。通过对同等容量的钢筋混凝土池和土工膜防渗池结构的比较，本垃圾填埋场的渗滤液调节池采用 HDPE 土工膜防渗结构。调节池的进水处设有人工格栅，可以初步去除大块杂物。出水经过提升泵后送往污水处理厂。调节池的剖面图如图 6-22 所示。

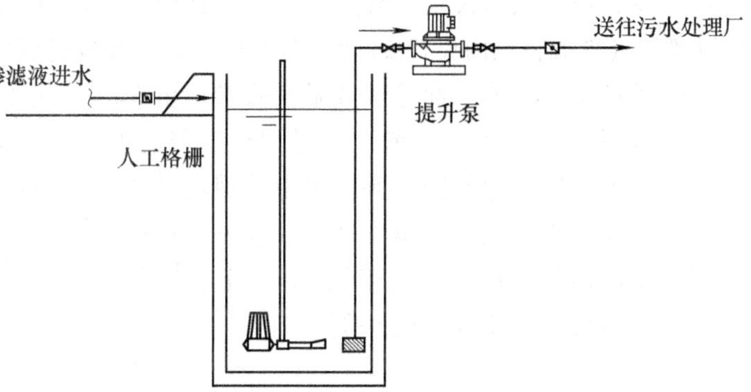

图 6-22　调节池的剖面图

施工时，黏土层密实度底部为 93% 以上，边坡可为 90% 以上；防渗膜的铺设从低位开始向高位延伸。与钢筋混凝土结构相比，此种结构具有防渗性能高、价格便宜、便于施工等优点。

以往的调节池设计通常采用露天敞口形式，导致填埋场及周边地区臭气污染严重，影响工作人员的身体健康，为了控制蚊蝇滋生、臭气外逸，本设计中调节池采用浮盖密封的形式。这种 HDPE 土工膜浮盖，密度比水低，可浮在渗滤液表面，使得整个调节池呈封闭厌氧状态，在去除臭味的同时，对 COD 有一定的去除率，还可以收集沼气用于发电，同时可避免雨季过多的雨水注入调节池。

7）地下水层排水系统。

① 雨水分流系统。由于垃圾渗滤液主要是垃圾在填埋过程中被压实和有机物降解过程等造成垃圾中水分脱离垃圾而形成的，大气降雨进入卫生填埋场垃圾内的水量则构成渗滤液的主要来源，因此垃圾填埋场必须导排垃圾场内外的雨水，从而最大限度地减少大气降水进入垃圾内并与之接触后转化而形成的渗滤液。雨水分流系统分为三部分，即场外径流与场内雨水分流系统、作业区域与非作业区域的雨水分流系统、填埋封场后雨水的径流排出系统。填埋场四周修筑截洪沟以拦截场外的雨水汇入场内。将场区分为甲乙两区，各区设独立排渗系统。先期使用甲区时，乙区雨水将通过排渗系统引至场外，不进调节池，实现清污分流，减少污水处理负荷，节省基建投资与运行费用。封场后，填埋场顶面要形成 4% 的平整斜坡。垃圾坝上修筑雨水渠以汇集封场后的场顶径流水，最终排入湖区。

② 垃圾渗滤液的收集系统。盲沟和石笼的布置，为了能够有效排除填埋场底部的渗滤液，渗滤液收集系统采用纵向主盲沟与横向支盲沟系统和竖向石笼相结合的构造形式，即在场底盲沟内设置水平收排渗管网，垂直方向设置石笼，形成一个纵横相连、上下相接的收排渗系统。排渗管网主、支管分别采用 *DN*300 与 *DN*200 的聚乙烯（YSHDPE C 型）花管。主支管均设于盲沟内，并采取管外壁包缠 2002Ë 型号的水井专用土工布，外填粒径 12 ~ 50mm 的填砾构成防淤堵的技术措施。石笼直径小于 1500mm，外包钢丝网，其中心设置 *DN*200 穿孔 ABS 管，钢丝网包垫土工布，然后用粒径 20 ~ 30mm 碎石填充于 ABS 管与钢丝网间的环状空间内。

8）填埋气体导排。填埋场中有机垃圾的生物降解分为好氧阶段、厌氧阶段、厌氧甲烷不稳定阶段、厌氧甲烷稳定阶段四个过程，前三个阶段的持续时间为 180 ~ 500 d，而厌氧甲烷阶段的稳定时间可持续多年，这主要取决于垃圾构成、填埋深度、气候条件和土壤类型等条件，在稳定阶段甲烷易爆炸，从而决定了导气系统的设计成为垃圾卫生填埋的重要环节。

垃圾填埋场应设置导气管道，场内设置 64 个导气竖管，每个导气竖管的服务半径为 20m，导气竖管与场底水平收排渗系统相连，起导气及垂直收渗双重作用，导气竖管随着垃圾堆高而加高。为避免操作机械对导气竖管的碰撞，以保护导气竖管的稳定，同时为加强导气效果，在导气竖管的外侧设置石笼。导气竖管高出卫生填埋场封场顶面 2m。

采用石笼导气，并增设小型清洗、过滤装置及燃烧喷嘴定期处理产出的沼气，以便为将来气体回收利用打下基础。其简易处理流程如图 6-23 所示。

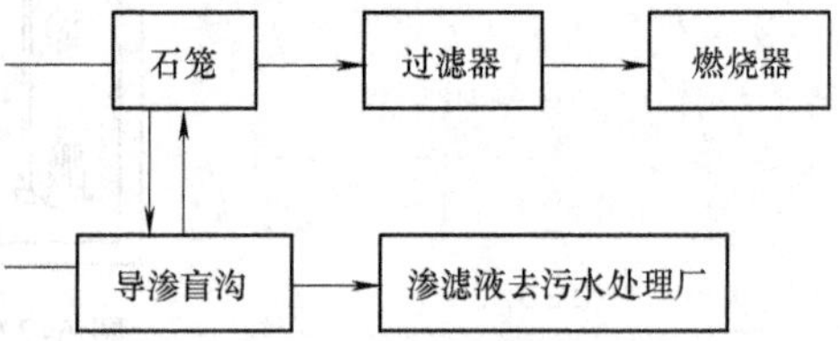

图 6-23 简易处理流程

9）防洪工程设计（截洪沟）。为了确保垃圾填埋场的防洪安全，必须截取填埋库区四周山坡的地表径流，尤其是降雨时期产生的地表径流，减少进入填埋库区的水量和垃圾渗滤液的处理负荷，在工程措施上采取截洪沟来进行防洪。

根据现场地质勘探结果可知，镇内地形、地貌复杂，中山、低山、丘陵、盆地互相交错，河流峡谷穿过其间，大部分地区为山脉所盘踞，地势高峻，四周群山耸峙，溪水贯穿全境，形成平均海拔 750m 左右的山间盆地。垃圾场位于山沟内，两侧山坡陡峭，由基岩构成，坡度 50° ~ 60°，表层风化壳较厚，为强风化花岗岩，坡面植被繁盛。沟长约 360m，底宽度 5 ~ 19m，纵坡降 15%，是一个 V 形谷。截洪沟范围内表面积 14707m^2，垃圾场长度 245m，宽度 45 ~ 90m，有效容积 12 万 m^3。现场调查初步确定，该沟是一个相对独立的水文地质单元，沟口是地下水和地表水排泄的唯一通道。调查时沟内未见地表径流，估计雨后沟内有流水，平时没有水。

由于该区属山地地形，填埋区坡度从垃圾坝开始沿填埋方向逐步升高，整个填埋区呈口袋形，此填埋场地区采用环场截洪沟，作业面（坡面）采用排水沟和排洪渠组成的场区排水系统，而污水调节池采用截洪沟方式排除雨水。

截洪沟设计防洪标准以 20 年一遇设计、50 年一遇校核。沿填埋场垃圾最终填埋边界线外侧设置永久截洪沟，沟渠采用混凝土保护层设计，断面形式为等边梯形，沟渠底宽 1.0m，沟高 0.6m，设计水深 0.4m，沟底纵坡为 2%。截洪沟总长为 430m，通过地形高差较大的地段时，用陡坡连接上下游沟渠，每5m设一陡坡，以调整纵坡，达到消能的目的。水流进入陡坡即成为跌落急流，脉动剧烈，有很大的冲刷能力，常用砌石或混凝土做护面，本设计中采用与截洪沟相同的浆砌块石护面。

截洪沟的设计是根据场区周围的汇水面积、降水量、地表径流等因素来确定的。通过计算截洪沟的洪峰流量，就可以求出截洪沟的设计尺寸。

10）垃圾坝及截污坝。填埋区地形为一山沟，呈簸箕形，为增加填埋容量，在沟口设垃圾坝，拦挡和防止垃圾下滑。可行性研究曾确定此坝为不透水的石坝，坝基采用帷幕灌浆，兼有截污坝作用。经研究，认为截污坝和垃圾坝合并建造虽能节约少量投资，但国内尚无成熟的经验，且存在一定问题。为稳妥可靠，故本设计将垃圾坝与截污坝分别设置。按照填埋场的地形、地质条件，尽量减小坝的长度，确定坝址设在沟下游两山坡接近的沟口处。要根据产生的渗滤液的量算出调节池的容积来确定截污坝的高程和坝高。截污坝是防污的重要设施，必须设置在山谷的狭窄处，其主要作用就是防止调节池内的渗滤液渗出。本工程设计的截污坝的尺寸为25m×40m×15m。

11）垃圾填埋场终场处理。当填埋场的填埋容量使用完毕后，需要对整个填埋场或填埋单元进行最终覆盖。填埋场最终覆盖系统的基本功能是将垃圾与环境分隔，减轻感官上的不良印象，避免为小动物或细菌提供滋生的场所，便于设备的使用和车辆的行驶，为植被的生长提供土壤，同时控制填埋气体的迁移扩散并使地表水的渗入量最小化，从而减少渗滤液的产生。根据垃圾的特性、可获取的覆盖材料及场址情况的不同，最终覆盖系统必须和每一个特定填埋场的特殊情况相适应。

填埋场上应覆一层20～30cm厚、渗透率不大于10^{-7}cm/s的黏土，其上再覆盖45～50cm厚的自然土，并均匀压实。如果种植浅根系植物，应在最终覆土上加营养土15cm，如果种植深根系植物，应适当加厚营养土，总覆土厚度应在1m以上。封场顶面坡度不应大于33%，封场顶面坡度超过10%的地方应建造水平台阶，坡度小于20%时，坡度每升2m建一台阶，坡度大于20%而小于33%时，根据实际情况适当增加台阶。

我国的垃圾填埋场终场覆盖系统仅采用了单层的防渗系统，且不设导流层和基础层，阻隔层黏土厚度较低。同欧美国家相比，我国的垃圾终场覆盖要求偏低，且越来越不适应经济水平的发展及环境保护的要求。目前我国已逐渐开展这方面的研究，并开始在实际封场中采用高标准的覆盖要求。

本设计的填埋垃圾属于生活垃圾，应采用多重覆盖处理系统，并吸收借鉴发达国家的终场覆盖技术策略，根据当地的经济发展水平和环境保护的要求，制定高标准的技术规范或技术指导，用以指导填埋场的封场工程。

思考题与习题

1. 锅炉烟气设计训练。

设计内容：某锅炉车间有一台4t/h链条燃煤锅炉，试对该锅炉烟尘进行脱硫除尘系统设计。

已知技术条件与参数：锅炉类型，4t/h链条燃煤锅炉；排烟温度，200℃；烟气密度，1.34kg/m^3；处理气量，12000m^3/h；烟气在锅炉出口前的阻力，1000Pa；排放标准，执行GB 13271—2001《锅炉大气污染物排放标准》二类。

设计要求：写出锅炉烟尘治理方案；设计锅炉烟尘脱硫除尘器（直管冲击水浴式），并绘制相关设计图；设计净化系统管路，并绘制系统平面及立面布置图。

2. 某泡沫塑料生产车间在发泡、成型、冷却、烘干工序易形成以戊烷、异戊烷为主要污染物的非甲烷总烃，在操作过程中戊烷、异戊烷全部挥发，通过计算可知，非甲烷总烃小时挥发量为 6.25kg，平均质量浓度为 1389mg/m^3。根据 GB 16297—1996《大气污染物综合排放标准》，非甲烷总烃废气排放标准为 120mg/m^3，废气质量浓度严重超标，而且戊烷等废气属于有毒气体，对人体有较大的伤害，因此，建设单位拟采用活性炭吸附法处理非甲烷总烃废气，在发泡车间产生废气的设备上部设置集气罩，收集产生的废气，将其引入活性炭吸附柱。活性炭吸附柱的吸附效率可达到95%左右，经过一级活性炭吸附柱处理即可达标，废气通入 15m 高烟囱排入高空。

试根据非甲烷总烃的质量浓度及排放标准设计风机和活性炭吸附床层。

3. 水压式沼气池设计训练。

设计要求：针对农业固体废弃物中常见的秸秆和粪便两种废弃物，设计一座水压式沼气池，对沼气池尺寸进行详细的计算，确定沼气池容积。

设计资料：农业固体废物主要有猪粪和秸秆两种，其年产生量为 60t。

设计内容：水压式沼气池尺寸设计，包括沼气池主体容积、高度、直径，水压间容积、高度、直径等，最后绘制沼气池平面图。

4. 某污水处理厂机房内部尺寸为长 × 宽 × 高 = 11.2m × 6.6m × 4.1m。五窗一门，窗户尺寸为高 × 宽 = 1.8m × 1.6m，门尺寸为：高 × 宽 = 2.95m × 2.38m，室内没留通风孔。

机房内安装有六台 NODSR-150 型三叶罗茨鼓风机，其中两台流量为 14.4m^3/min，四台流量为 12.4m^3/min。使用 HS6280D 噪声频谱分析仪，对机房噪声源现场进行了测量，室内噪声强度为 90.5dB（A），室外最高声级为 81.4dB（A）。机房处于污水处理厂区域范围内，是典型的工业区，依据 GB 12348—2008《工业企业厂界环境噪声排放标准》三类区标准，机房内外噪声均超标。各监测点测量数据见表 6-19。代表性测点频带声压级测量数据见表 6-20。

表 6-19 各监测点测量数据 ［单位：dB（A）］

测点编号	1	2	3	4	5	6	7	8	9
测量数值	90.6	94.3	95.2	91.3	89.6	90.5	90.1	79.6	76.8
测点编号	10	11	12	13	14	15	16	17	18
测量数值	75.1	74.7	74.3	76.7	75.8	70.3	72.6	76.9	81.4

表 6-20 代表性测点频带声压级测量数据 ［单位：dB（A）］

倍频程/Hz	63	125	250	500	1k	2k	4k	8k
3 号测点	91.1	102.3	87.9	92.8	87.8	81.7	82.6	74.6

试根据以上资料为风机设计消声器，使其噪声能够达到 3 级排放标准。

5. 某县设计服务人口 8 万人，平均垃圾产量 1.28kg/d，人口增长率 5%。平均气温在 14.1℃，极端最低气温 -16.2℃，极端最高气温 43.0℃。6～8 月份降水量占全年的 44.3%，年平均降水量为 672.8mm，最大降水量为 1138.9mm，最低降水量为 353.2mm，年平均蒸发量为 1840.0mm。冬季主导风向：偏北风，夏季主导风向：偏南风，年均风速 3.4m/s，最大风速为 22 m/s。填埋场渗滤液必须经过处理，出水水质必须达到 GB 16889—2008《生活垃圾填埋场污染控制标准》中的一级标准，紧挨填埋场有水、电源及公路。设计内容：

（1）计算库区总容量和填埋总量。

（2）填埋场主体工程工艺、主体设施的工艺参数，确定主要尺寸。

（3）填埋场配套工程及辅助设施和设备的工艺布置。

（4）垃圾填埋场平面布置、剖面及主要构筑物工艺图。

附　　图

附图 1　某污水厂平面布置图

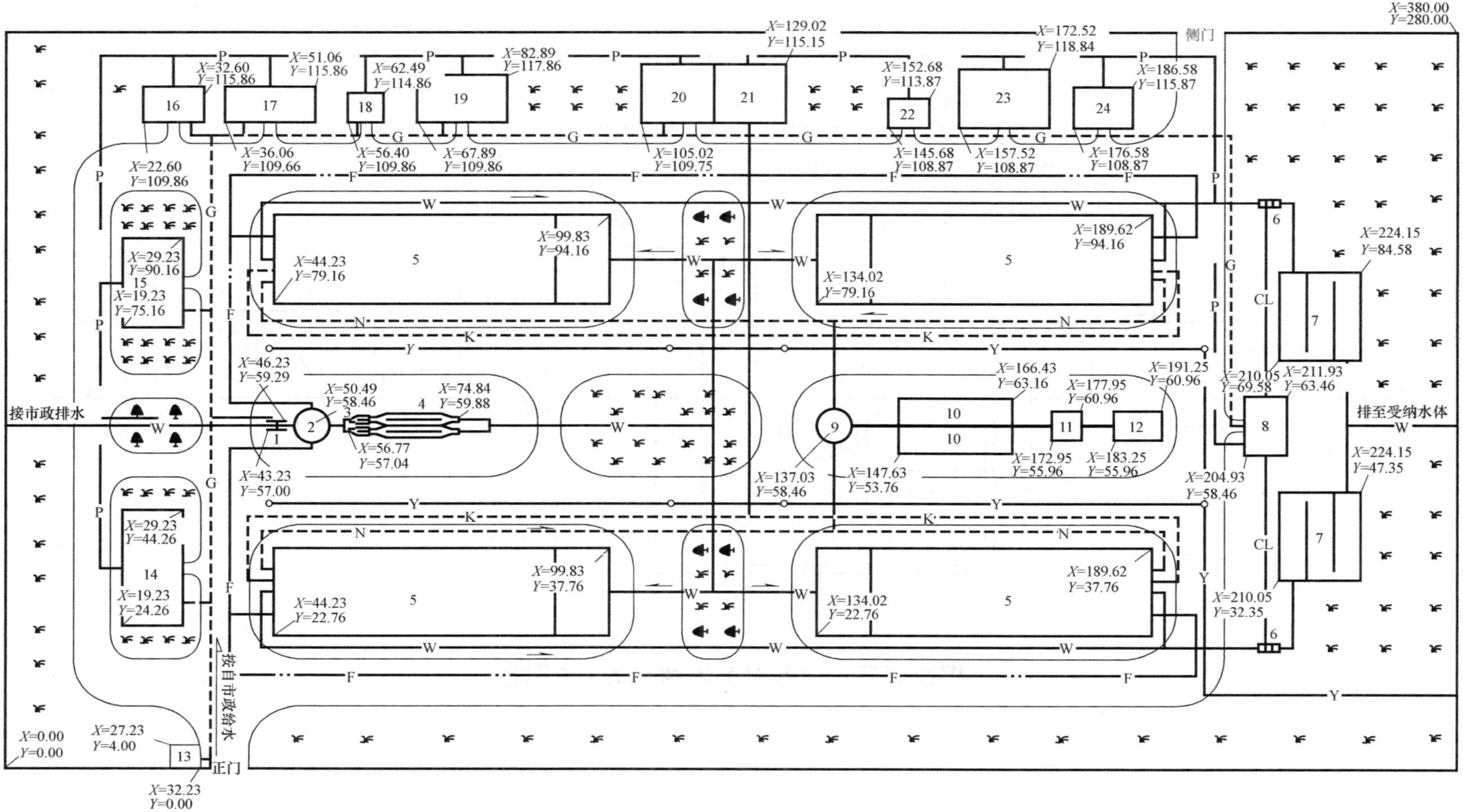

附图 2　某厂废水气浮处理工艺高程图

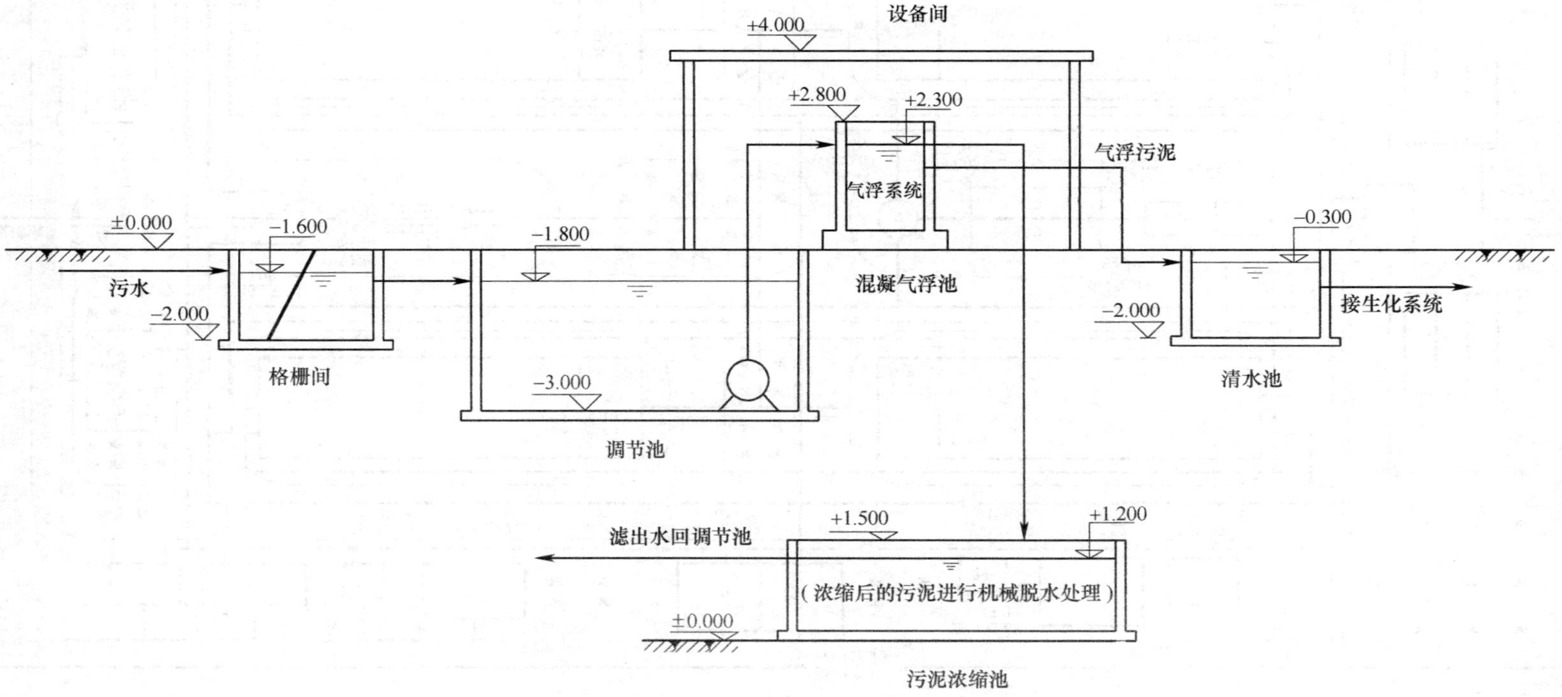

附图 3　曝气管安装图

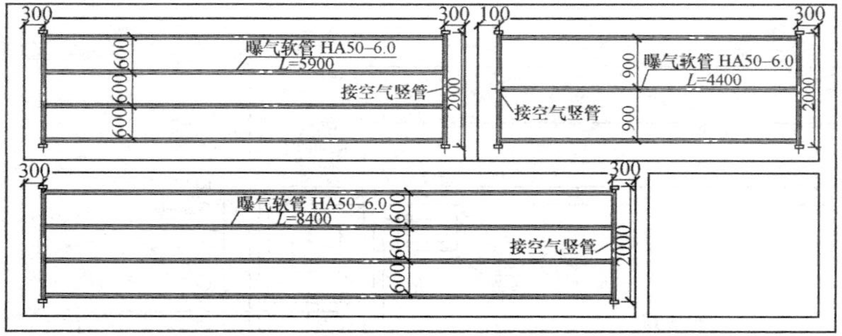

曝气管安装平面图

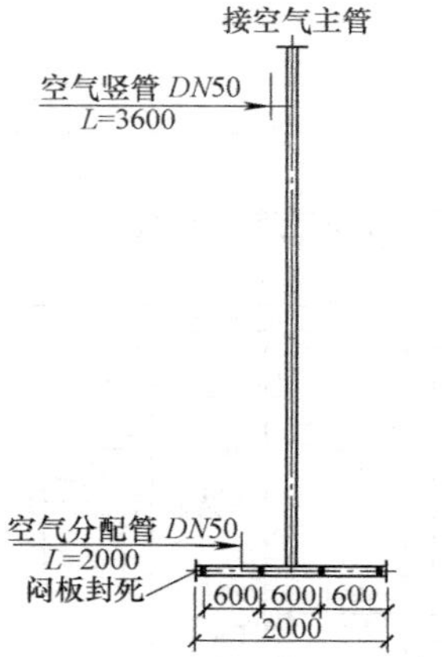

好氧生化池空气分配管图

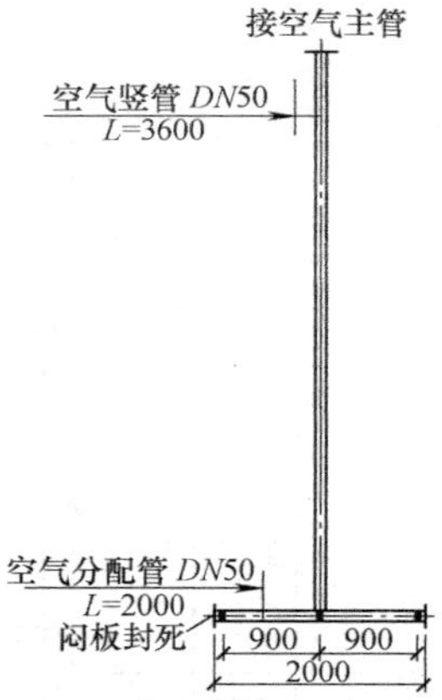

兼氧生化池空气分配管图

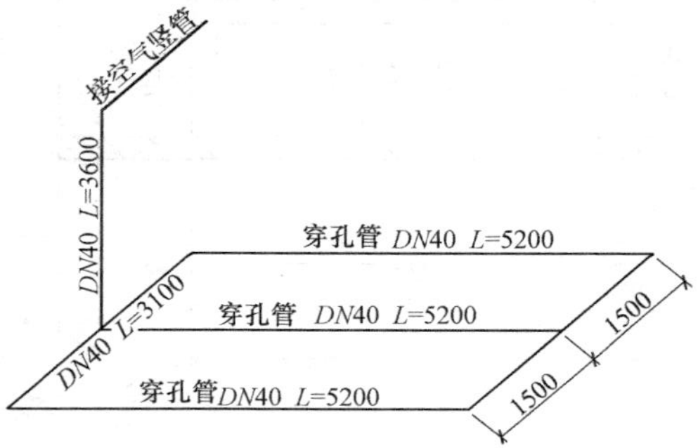

调节池穿孔管系统图

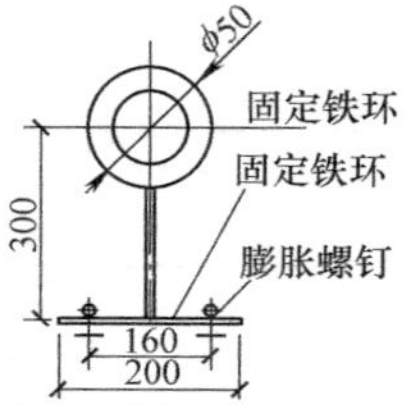

穿孔管支架详图

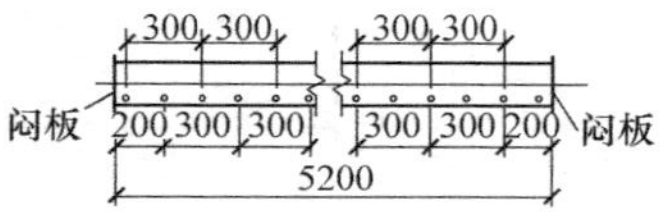

穿孔管

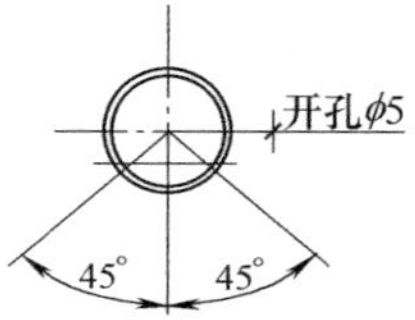

穿孔管剖面图

附图 4-1　某厂废水处理站平面布置图

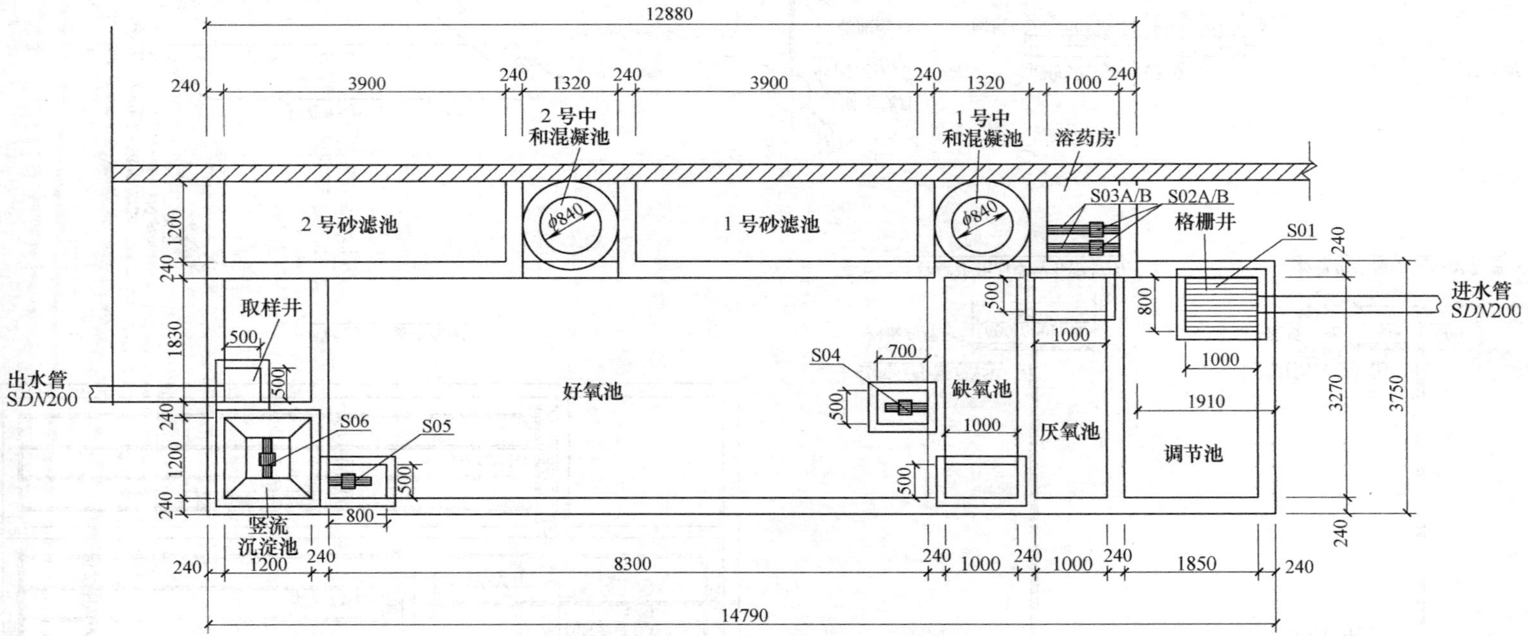

附图 4-2　好氧池平面图

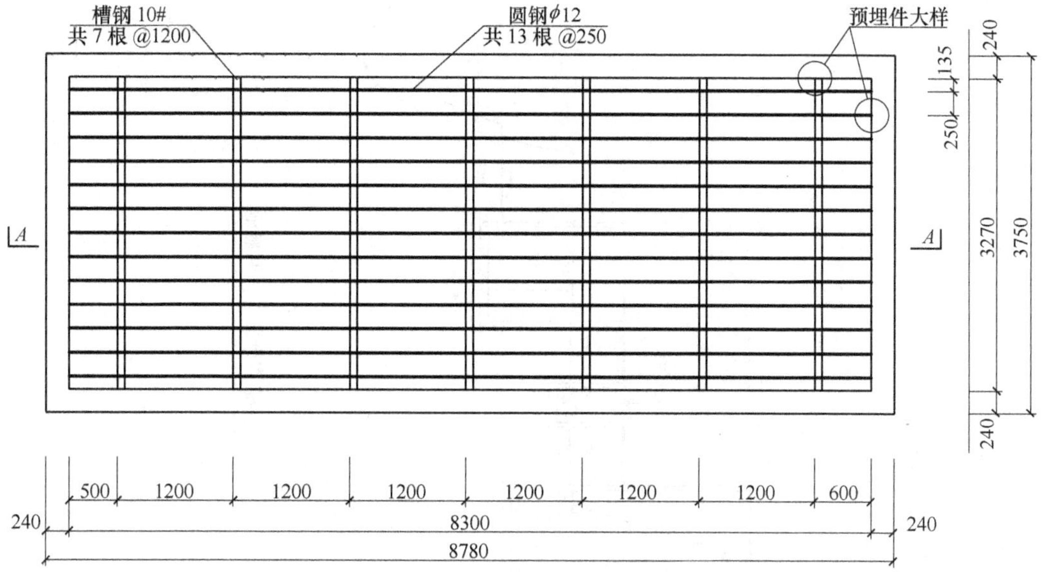

附图 4-3　好氧池 A—A 剖面图

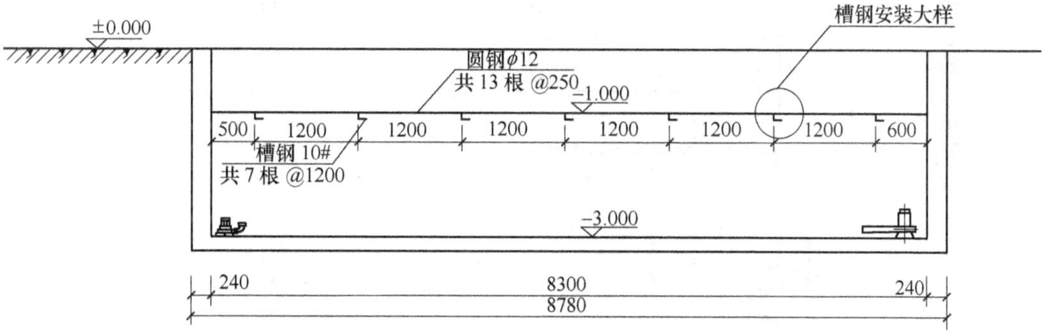

好氧池

A—A 剖面图

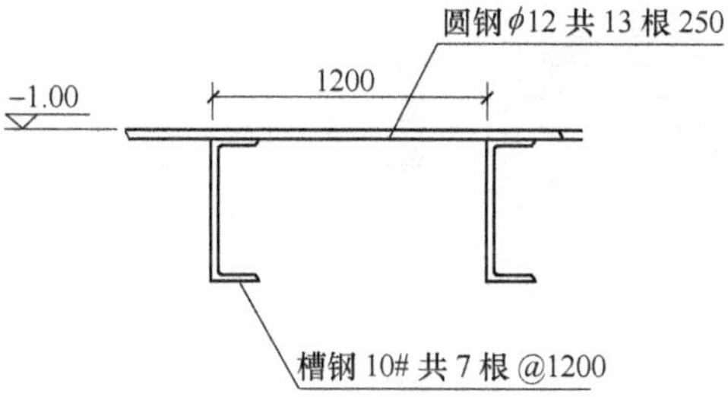

槽钢安装大样

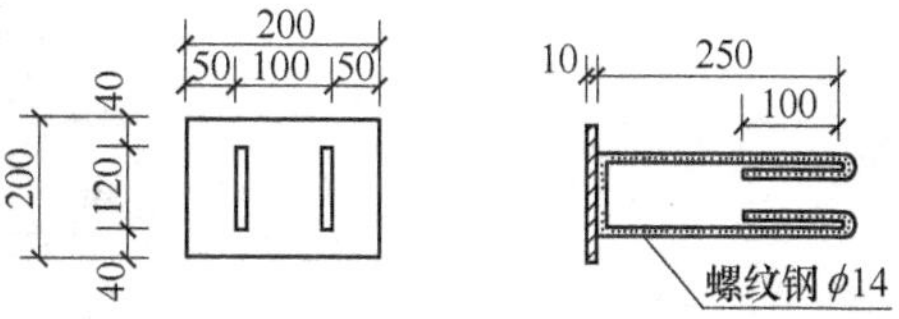

预埋件大样

附图5　某污水厂高程图

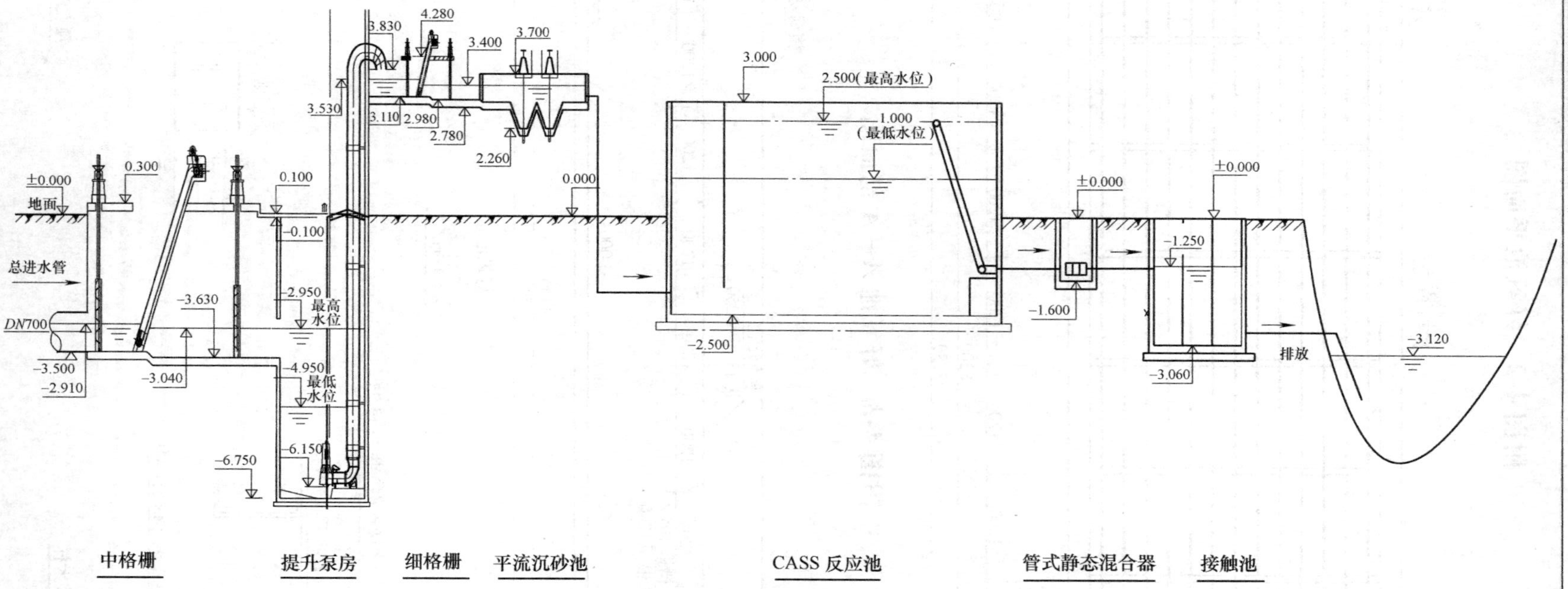
±0.000
地面
总进水管
DN700
0.300
–3.500
–2.910
–3.630
–3.040
0.100
–0.100
–2.950
最高
水位
–4.950
最低
水位
–6.150
–6.750
3.530
3.830
4.280
3.400
3.110
2.980
2.780
3.700
2.260
0.000
3.000
2.500(最高水位)
1.000
(最低水位)
–2.500
±0.000
–1.600
±0.000
–1.250
–3.060
排放
–3.120
中格栅
提升泵房
细格栅
平流沉砂池
CASS 反应池
管式静态混合器
接触池

附图 6-1 某药厂废水处理站平面布置图

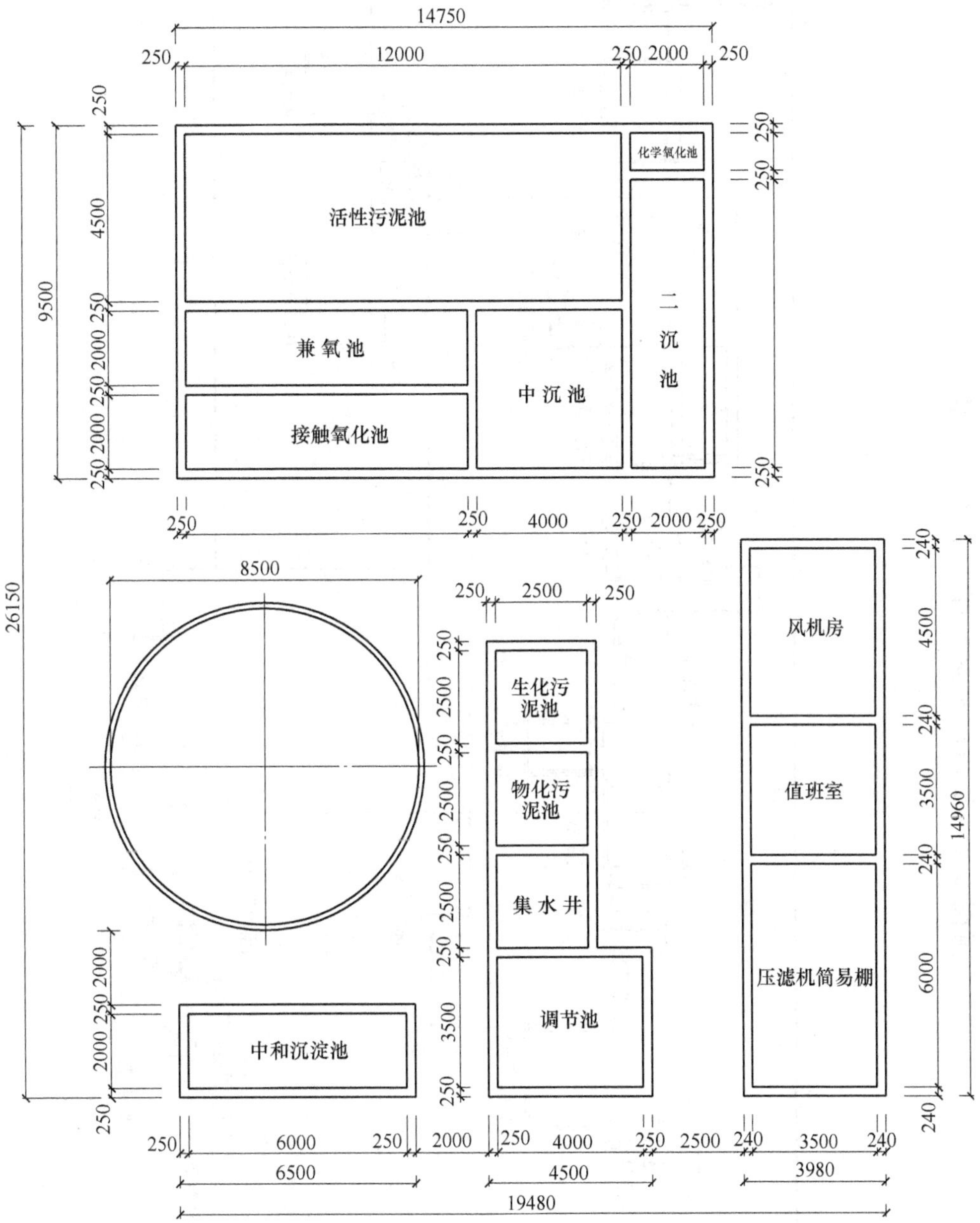

附图 6-2 某药厂废水处理站工艺流程图

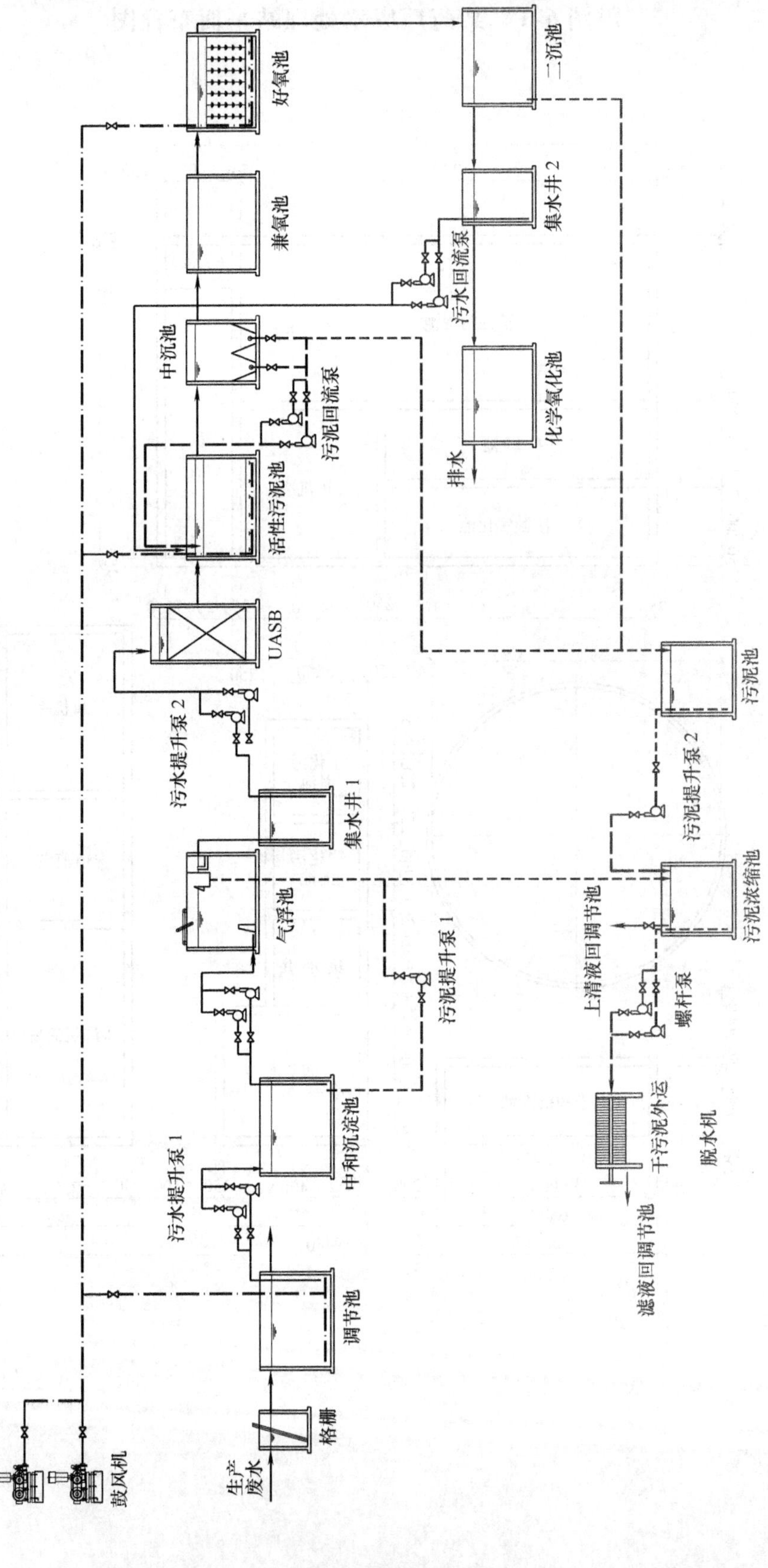

附图 7-1　斜管沉淀池平面图

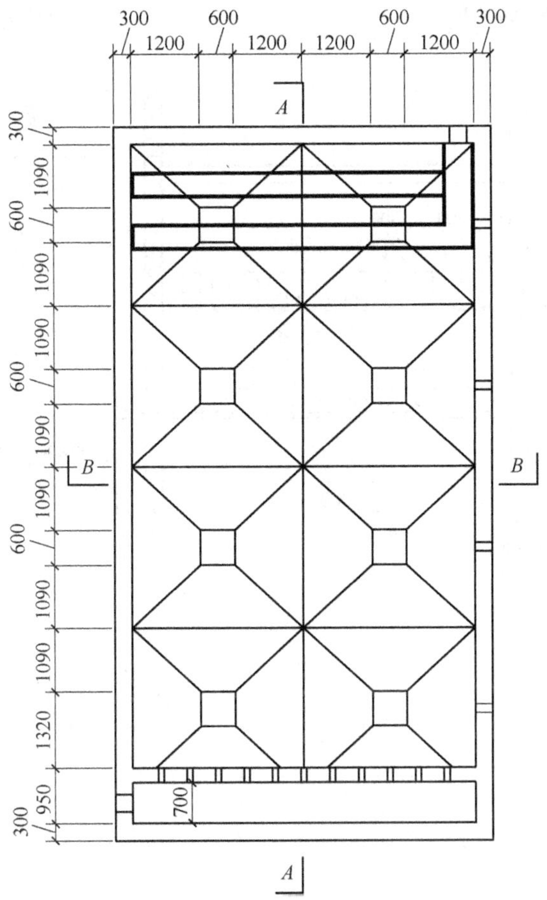

附图 7-2　斜管沉淀池 A—A 剖面图

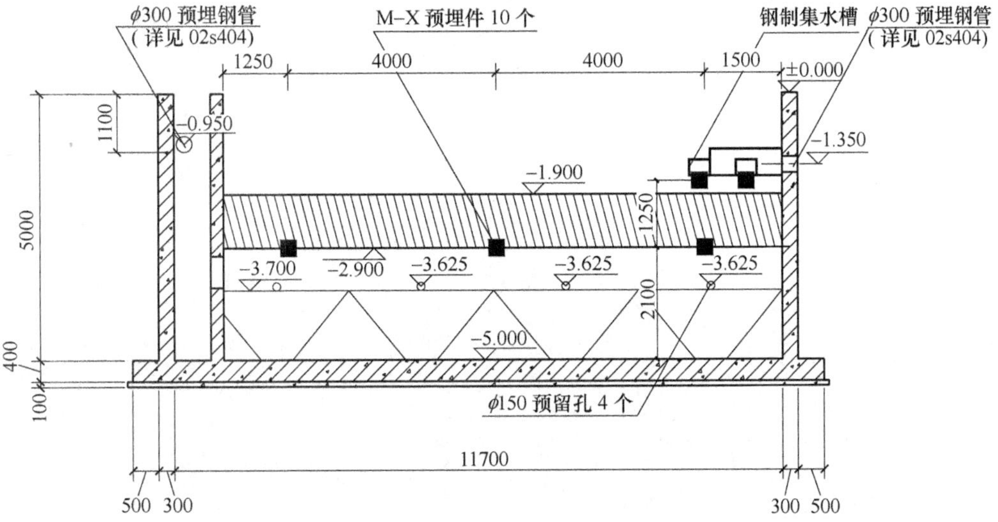

附图 7-3 斜管沉淀池 *B*—*B* 剖面图

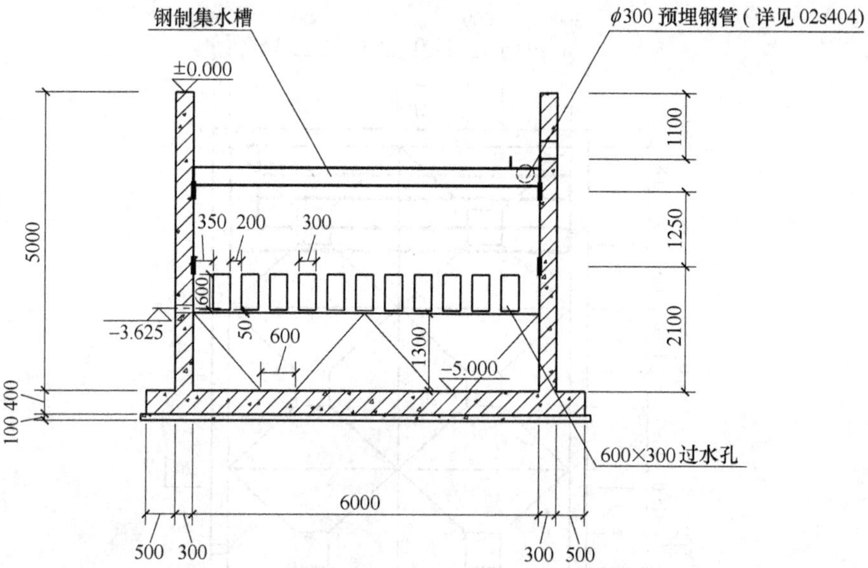

参考文献

[1] 给水排水设计手册编委会．给水排水设计手册［M］．北京：中国建筑工业出版社，2000.
[2] 顾夏声，等．水处理工程［M］．北京：清华大学出版社，1985.
[3] 张自杰，等．排水工程：下册［M］．4版．北京：中国建筑工业出版社，2000.
[4] 李来峰，尹士君．给水排水工程专业毕业设计指南［M］．北京：化学工业出版社，2003.
[5] 杨强，单敏．地下车库汽车尾气污染源强计算浅析［J］．环境科学与管理，2006，31（5）：75-77.
[6] 刘灿生，等．给水排水工程施工手册［M］．北京：中国建筑工业出版社，1994.
[7] 张秀青．石化企业废气无组织排放源及排放量估算简介［J］．装备环境工程，2008，5（5）：74-77.
[8] 崔玉川．净水厂设计知识［M］．北京：中国建筑工业出版社，1987.
[9] 金毓峑，李坚，孙治荣．环境工程设计基础［M］．北京：化学工业出版社，2008.
[10] 钱易，等．现代废水处理新技术［M］．北京：中国科学技术出版社，1993.
[11] 陈杰瑢，周琪，蒋文举．环境工程设计基础［M］．北京：高等教育出版社，2007.
[12] 高廷耀，顾国维，周琪．水污染控制工程［M］．3版．北京：高等教育出版社，2007.
[13] 郭功佺，等．给水排水工程概预算与经济评价手册［M］．北京：中国建筑工业出版社，1993.
[14] 章非娟．工业废水污染防治［M］．上海：同济大学出版社，2001.
[15] 陈学民．环境评价概论［M］．北京：化学工业出版社，2011.
[16] 常效明．环境保护使用手册［M］．郑州：河南科学技术出版社，1986.
[17] 赵由才，牛冬杰，柴晓利．固体废物处理与资源化［M］．北京：化学工业出版社，2012.
[18] 刘永淞，陈纯．SBR法工艺特性研究［J］．中国给水排水，1990，6（6）：5-11.
[19] 张辰．污泥处置技术研究进展［M］．北京：化学工业出版社，2005.
[20] 王彩霞，等．城市污水处理新技术［M］．北京：中国建筑工业出版社，1990.
[21] 陈杰瑢．环境工程技术手册［M］．北京：科学出版社，2008.
[22] 王凯军．低浓度废水厌氧-水解处理工艺［M］．北京：中国环境科学出版社，1991.
[23] 韩洪军．污水构筑物设计与计算［M］．哈尔滨：哈尔滨工业大学出版社，2002.
[24] 冯生华．城市中小型污水处理厂的建设与管理［M］．北京：化学工业出版社，2001.
[25] 毛东兴，洪宗辉．环境噪声控制工程［M］．2版．北京：高等教育出版社，2010.
[26] 姚枝良．潜流人工湿地处理城市受污染水体研究［D］．上海：同济大学，2007.
[27] 崔玉川，等．城市污水厂处理设施设计计算［M］．北京：化学工业出版社，2004.
[28] 张恩惠，殷金英，邢书仁．噪声与振动控制［M］．北京：冶金工业出版社，2012.
[29] 郝吉明，马广大，王书肖．大气污染控制工程［M］．3版．北京：高等教育出版社，2010.
[30] 马广大．大气污染控制技术手册［M］．北京：化学工业出版社，2010.
[31] 叶建锋，等．废水生物脱氮处理新技术［M］．北京：化学工业出版社，2006.
[32] 曾科，朱喜礼，李自勋．污水处理厂设计与运行［M］．北京：化学工业出版社，2005.
[33] 金适．环境工程制图［M］．北京：中国环境科学出版社，2004.
[34] 区岳州，等．氧化沟污水处理技术及工程实例［M］．北京：化学工业出版社，2005.
[35] 吴国祖，等．生物接触氧化法及其变形工艺［J］．工业水处理，2009，29（6）：9-11.
[36] 钱易，等．水体颗粒物和难降解有机物的特性与控制技术原理：下卷［M］．北京：中国环境科学出版社，2000.
[37] 沈耀良，等．废水生物处理新技术——理论和应用［M］．北京：中国环境科学出版社，2006.
[38] 张兰英，等．现代环境微生物技术［M］．北京：清华大学出版社，2005.

参考文献